天然植物源抗菌剂
在农业和食品领域的应用

周 敏 著

科 学 出 版 社

北 京

内 容 简 介

本书是一部深入剖析植物源天然抗菌剂在农业病害防控和食品加工保质领域的专著。全书共分九章，第一章综合介绍天然植物源抗菌剂的基本概念、特性、分类，并分析农业和食品领域内的常见致病菌及其潜在风险。第二章详尽阐述天然植物酚类抗菌剂的化学结构与抗菌特性，包括简单酚类、二苯乙烯类、黄酮类、香豆素类和木脂素类。第三章讨论萜类化合物，包括单萜、倍半萜、二萜和三萜类抗菌剂，展现其多样性和抗菌潜力。第四章专注于生物碱类抗菌剂，如小檗碱、血根碱等，评估这些含氮杂环化合物的抗菌效能。第五章探讨天然醌类抗菌剂的结构特征和抗菌功能，包括苯醌、萘醌、菲醌和蒽醌等。第六章介绍脂肪烷类抗菌剂，如牛油果脂肪醇、鱼腥草素等，讨论它们的抗菌特性及其应用。第七章详细描述甾体皂苷类抗菌剂，重点阐述葱属植物中的甾体皂苷。第八章深入探讨天然抗菌肽，如 nisin、ε-多聚赖氨酸等，分析它们的氨基酸组成和抗菌活性。第九章介绍其他类型的天然抗菌剂，如 γ-氨基丁酸、大蒜素等，拓宽了抗菌剂的研究视野。

本书旨在为医药、农业和食品工业的研究人员及研究生提供一个关于天然抗菌剂的详尽知识资源，助力于发掘和利用这些天然物质在抗菌领域的无限潜力。

图书在版编目（CIP）数据

天然植物源抗菌剂在农业和食品领域的应用 / 周敏著. -- 北京：科学出版社, 2025. 3. -- ISBN 978-7-03-081594-1

Ⅰ. TS205

中国国家版本馆 CIP 数据核字第 2025FJ1761 号

责任编辑：刘 冉 / 责任校对：杜子昂
责任印制：徐晓晨 / 封面设计：北京图阅盛世

科学出版社 出版
北京东黄城根北街 16 号
邮政编码：100717
http://www.sciencep.com

北京厚诚则铭印刷科技有限公司印刷
科学出版社发行 各地新华书店经销

*

2025 年 3 月第 一 版 开本：720 × 1000 1/16
2025 年 3 月第一次印刷 印张：13
字数：260 000
定价：**108.00 元**
（如有印装质量问题，我社负责调换）

作 者 简 介

　　周敏，博士，教授，博士研究生导师，云南省优秀青年科学基金获得者，云南省中青年学术和技术带头人，云南"兴滇英才支持计划"青年拔尖人才。2014 年博士毕业于中国科学院昆明植物研究所，师从孙汉董院士，同年作为高层次人才进入云南民族大学民族医药学院独立开展科研工作，主要从事活性天然产物研究。近年来，以第一作者或通讯作者在 *Nature Communications*，*Angewandte Chemie International Edition*，*Organic Letters*，*Journal of Agricultural and Food Chemistry* 等期刊上发表研究论文 80 余篇，获授权专利 10 项，获云南省科学技术奖二等奖和三等奖各 1 项，主持国家自然科学基金 4 项。

前　言

在全球化的背景下，食品安全和农业生产的可持续性受到了前所未有的关注。随着抗生素耐药性问题的日益严峻，人们开始寻求更为自然、环保的解决方案来应对农业病害和食品腐败的挑战。《天然植物源抗菌剂在农业和食品领域的应用》正是在这一背景下应运而生，旨在深入剖析植物源天然抗菌剂在农业病害防控和食品加工保质领域的应用潜力。

本书是一部全面覆盖植物源天然抗菌剂的专著，详细探讨了植物酚类、萜类、生物碱类、醌类、脂肪烷类、甾体皂苷类以及天然抗菌肽等多种天然植物抗菌剂。我们不仅追溯它们的起源，揭示它们的分子结构，还深入研究了它们对植物和动物病原菌以及食源性致病菌的抗菌活性和作用机制。特别值得一提的是，本书还特别关注这些抗菌剂在农业和食品行业的潜在研究前景与实际应用，为读者提供一个全面的知识平台。

全书共分为九章，第一章综合介绍天然植物源抗菌剂的基本概念、特性、分类，并深入分析农业和食品领域内的常见致病菌及其潜在风险。接下来的章节则分别深入探讨各类特定的天然抗菌剂，从第二章的天然植物酚类抗菌剂到第九章的其他类型天然抗菌剂，每一章都旨在为读者提供一个详尽的视角，以理解这些天然物质的复杂性和多样性。

在第二章中，我们详尽阐述天然植物酚类抗菌剂，包括简单酚类、二苯乙烯类、黄酮类、香豆素类和木脂素类，揭示它们的化学结构与抗菌特性。第三章细致讨论萜类化合物，包括单萜、倍半萜、二萜和三萜类抗菌剂，展现它们的多样性和广泛的抗菌潜力。第四章专注于生物碱类抗菌剂，如小檗碱、血根碱等，评估这些含氮杂环化合物的抗菌效能。第五章探讨天然醌类抗菌剂，包括苯醌、萘醌、菲醌和蒽醌等，描述它们的结构特征和抗菌功能。第六章介绍脂肪烷类抗菌剂，如牛油果脂肪醇、鱼腥草素等，讨论它们的抗菌特性及其应用。第七章详细描述甾体皂苷抗菌剂，包括葱属、百合科等植物中的抗菌甾体皂苷。第八章深入探讨天然抗菌肽，如 nisin、ε-多聚赖氨酸等，分析它们的氨基酸组成和广泛的抗菌活性。第九章介绍其他类型的天然抗菌剂，如 γ-氨基丁酸、大蒜素、异硫氰酸酯类化合物等，拓宽了抗菌剂的研究视野。

在本书的编撰过程中，我们倾注了三年的心血，这一旅程中，我们有幸得到了国内众多同行的宝贵指导和无私帮助。在此，我要特别感谢本团队的耿慧春副教授、刘文星博士、胡秋芬教授，以及研究生徐倩硕士、钟远佳硕士、苏杰威硕士、周子程硕士等，他们在繁忙的工作和学习之余，为本书的完成贡献了巨大的精力和智慧。对他们的辛勤工作和卓越贡献，我表示最深切的敬意和感谢。

此外，本书的成书也离不开云南民族大学民族药资源化学教育部重点实验室的慷慨资助，他们的支持为本书的编写提供了坚实的基础。同时，云南民族大学民族医药学院的李干鹏教授、黄相中教授、何永辉副教授等同仁也对本书的出版给予了大力的支持和帮助，在此一并表示衷心的感谢。

本书旨在为医药、农业和食品工业的研究人员及研究生提供一个关于天然抗菌剂的详尽知识资源，助力于发掘和利用这些天然物质在抗菌领域的无限潜力。我们相信，这些内容将对专业技术人员的科研和教学工作有所裨益。同时，我们也期望本书能够启发新的研究思路，促进跨学科合作，并为实现更安全、更健康的食品供应和农业生产作出贡献。

然而，由于教学和科研任务繁重，加之著者水平的限制，书中难免存在疏漏和不足之处。我们诚恳期待广大读者的批评和指正，以便我们能够不断改进和完善。我们对所有读者的宝贵意见和建议表示最诚挚的欢迎和感谢。

周 敏

2024 年 12 月于昆明

目　录

第一章 天然植物源抗菌剂的研究与开发

第一节 天然植物源抗菌剂概念和特点

一、抗菌剂的概念和分类

（一）抗菌剂的概念

抗菌剂可以分为狭义和广义两种。狭义上的抗菌剂，也称为抗细菌剂（anti-bacterial agents）（天然的抗菌剂又称为抗生素），主要指的是那些能够抑制或杀死细菌（bacteria）的天然或合成化学物质。这些物质不仅针对细菌感染（bacterial infections），有时还涉及支原体（mycoplasma）、衣原体（chlamydia）、立克次体（rickettsia）、螺旋体（spirochete）等原核微生物或病原体。广义上的抗菌剂，或称为抗微生物剂（anti-microbial agents），涵盖了更广泛的范围，它包括能够抑制或消灭包括细菌（bacteria）、真菌（fungi）、病毒（virus）以及单细胞藻类、支原体、衣原体等在内的各种微生物的天然或合成化学物质。这个范畴进一步细分为抗细菌剂（anti-bacterial agents）、抗真菌剂（anti-fungal agents）和抗病毒剂（anti-viral agents）等[1-3]。

本书广泛探讨了抗菌剂的概念，重点是在农业和食品领域中常见的病原和食源微生物的抑制剂（包括病原细菌和真菌）。

（二）抗菌剂的分类

抗菌剂根据其物质组成，大致可分为无机抗菌剂和有机抗菌剂两类。无机抗菌剂主要包括溶出型、光催化型和纳米型抗菌剂。溶出型抗菌剂主要依赖于银、铜、锌等金属离子的抗菌特性，它们通过物理吸附或离子交换的方式固定在多孔材料表面。银离子抗菌剂因其抗菌谱广泛、耐热性好和安全性高而成为其中的佼佼者。光催化型抗菌剂主要包括二氧化钛（TiO_2）、氧化锌（ZnO）、二氧化硅（SiO_2）等，其中二氧化钛因其出色的光催化活性而备受瞩目，常用于制造自洁表面和抗菌涂层。这类抗菌剂在光照条件下能够产生强氧化性物质，有效杀灭细菌并分解其残留物。纳米抗菌剂则是基于纳米材料的抗菌剂，如纳米银，因其比表面积大、吸附能力强和卓越的抗菌性能而被广泛应用于纺织品和塑料制品等领域[1-6]。有机抗菌剂主要分为两大类：天然抗菌剂和人工合成或半合成抗菌剂。天然抗菌剂，如青霉素，通常来源于自然界中的植物、动物和微生物。本书特别聚焦于天然植物源抗菌剂，尤其是那些既安全无毒又可用于食用或药用的植物中所含有的抗菌活性有机化合物。

二、农业和食品领域的病原和食源微生物

农业和食品领域的病原和食源微生物包括：

（1）植物性经济作物在种植过程中涉及的病原性细菌或真菌感染。常见的植物病原细菌有假单胞菌属（*Pseudomonas*）、黄单胞菌属（*Xanthomonas*）、芽孢杆菌属（*Bacillus*）等；常见的植物病原真菌有链格孢属（*Alternaria*）、刺盘孢属（*Colletotrichum*）、镰刀菌属（*Fusarium*）等（表 1-1 和表 1-2）[7,8]。

（2）畜牧或鱼类养殖业中涉及的病原性细菌或真菌感染。常见的动物病原细菌有大肠杆菌（*Escherichia coli*）、金黄色葡萄球菌（*Staphylococcus aureus*）、肺炎链球菌（*Streptococcus pneumoniae*）、霍乱弧菌（*Vibrio cholerae*）、沙门氏菌（*Salmonella* sp.）、幽门螺杆菌（*Helicobacter pylori*）等；动物病原真菌有白色念珠菌（*Candida albicans*）、新型隐球菌（*Crytococcus neoformans*）、黄曲霉（*Aspergillus flavus*）等（表 1-3 和表 1-4）[9]。

表 1-1　农业种植中的主要植物病原细菌

编号	病原细菌中文名	拉丁名	主要致病情况
1	丁香假单胞菌番茄致病变种	*Pseudomonas syringae* pv. *tomato*	番茄细菌性斑点病
2	丁香假单胞菌斑点致病变种	*P. syringae* pv. *maculicola*	油菜细菌性黑斑病
3	丁香假单胞菌芝麻致病变种	*P. syringae* pv. *sesami*	芝麻细菌性角斑病
4	丁香假单胞菌流泪致病变种	*P. syringae* pv. *lachrymans*	黄瓜细菌性角斑病
5	丁香假单胞菌烟草致病变种	*P. syringae* pv. *tabaci*	烟草野火病
6	稻叶假单胞菌	*P. oryzihabitans*	玉米细菌性褐斑病
7	蚕豆假孢菌	*P. fabae*	蚕豆细菌性茎疫病
8	萨氏假单胞菌大豆致病变种	*P. savastanoi* pv. *glycinea*	大豆细菌性斑点病
9	甜菜疫病假单胞菌	*P. aptata*	甜菜细菌性斑枯病
10	皱纹假单胞菌	*P. corrugate*	番茄细菌性髓部坏死病
11	铜绿假单胞菌	*P. aeruginosa*	人参铜绿假单胞菌软腐病
12	青枯假单细胞杆菌	*P. solanacearum*	辣椒青枯病番茄青枯病
13	稻黄单胞菌稻致病变种	*Xanthomonas oryzae* pv. *oryzae*	水稻白叶枯病

续表

编号	病原细菌中文名	拉丁名	主要致病情况
14	稻黄单胞菌稻生致病变种	*X. oryzae pv. oryzicola*	水稻细菌性条斑病
15	野油菜黄单胞菌野油菜致病变种	*X. campestris pv. campestris*	十字花科黑腐病
16	野油菜黄单胞菌辣椒斑点致病变种	*X. campestris pv. vesicatoria*	番茄、辣椒细菌性疮痂病
17	野油菜黄单胞菌芒果致病变种	*X. campestris pv. mangiferaeindicae*	芒果细菌性黑斑病
18	野油菜黄单胞菌蒌叶致病变种	*X. campestris pv. betlicola*	胡椒细菌性叶斑病
19	野油菜黄单胞菌一品红致病变种	*X. campestris pv. poinsettiicola*	一品红细菌性疫病
20	地毯草黄单胞菌锦葵致病变种	*X. axonopodis pv. malvacearum*	棉花角斑病
21	地毯黄单胞菌大豆致病变种	*X. axonopodis pv. glycines*	大豆细菌性斑疹病
22	地毯草黄单胞菌木薯致病变种	*X. axonopodis pv. manihotis*	木薯细菌性萎蔫病
23	柑橘黄单胞菌柑橘亚种	*X. citri subsp. citri*	柑橘溃疡病
24	树生黄单胞菌桃李致病变种	*X. arboricola pv. pruni*	桃细菌性穿孔病
25	草莓黄单孢菌	*X. fragariae*	草莓角斑病
26	解淀粉欧文氏菌	*Erwinia amylovora*	梨火疫病
27	菠萝泛菌	*Pantoea ananatis*	玉米泛菌叶斑病
28	成团泛菌	*P. aggiomerans*	红小豆细菌性叶枯病
29	黑腐果胶杆菌	*Pectobacterium atrosepticum*	马铃薯黑胫病
30	胡萝卜果胶杆菌胡萝卜亚种	*P. carotovorum subsp. carotovorum*	十字花科蔬菜软腐病
31	洋葱伯克氏菌	*Burkholderia cepacia*	洋葱球茎腐烂病
32	颖壳伯克氏菌	*B. glumae*	水稻细菌性穗枯病
33	茄科雷尔氏菌	*Ralstonia solanacearum*	马铃薯青枯病
34	西瓜噬酸菌	*Acidovorax citrulli*	瓜类细菌性果斑病
35	水稻噬酸菌	*A. oryzae*	水稻细菌性褐条病
36	苛养木质部杆菌	*Xylella fastidiosa*	葡萄皮尔斯病
37	玉米迪基氏菌	*Dickeya zeae*	玉米细菌性茎腐病
38	达旦提迪基氏菌	*D. dadantii*	甘薯茎腐病
39	茄迪基氏菌	*D. solani*	马铃薯黑胫病
40	方中达迪基氏菌	*D. fangzhongdai*	梨锈水病
41	密执安棒形杆菌马铃薯环腐亚种	*Clavibacter michiganensis subsp. sepedonicus*	马铃薯环腐病
42	密执安棒形杆菌密执安亚种	*C. michiganensis subsp. michiganensis*	番茄溃疡病

表 1-2　农业种植中的主要植物病原真菌（包括食源性真菌）

编号	病原真菌中文名	拉丁名	主要致病情况
1	大白菜黑斑真菌	*Alternaria brassicae*	大白菜黑斑病
2	茄链格孢	*A. solani*	番茄早疫病
3	链格孢真菌	*A. alternate*	烟草赤星病
4	苹果链格孢真菌	*A. mali rob.*	苹果斑点落叶病
5	芸薹链格孢真菌	*A. brassicae*	花椰菜黑斑病
6	番茄钉头斑交链孢真菌	*A. tomato*	番茄黑斑病
7	灰葡萄孢菌	*Botrytis cinerea*	引起灰霉病
8	梨生囊孢壳真菌	*Botryosphaeria berengeriana*	苹果轮纹病
9	暗拟束梗霉真菌	*Phaeoisariopsis personata*	花生黑斑病
10	弯孢霉真菌	*Curvularia lunata*	菜用玉米弯孢霉叶斑病
11	玉米小斑病真菌	*Helminthosporium maydis*	玉米褐色病斑
12	草莓炭疽菌	*Colletotrichum fragariae*	草莓炭疽病
13	黑线炭疽菌	*C. dematium*	铁皮石斛叶斑病
14	葫芦科刺盘孢真菌	*C. orbiculare*	引起黄瓜炭疽菌
15	葡萄刺盘孢真菌	*C. ampelinum*	葡萄炭疽病
16	玉蜀黍球梗孢真菌	*Kabatiella zeae*	高粱北方炭疽病
17	烟草壳二孢菌	*Ascochyta nicotianae*	烟草破烂叶斑病
18	围小丛壳真菌	*Glomerella cingalata*	板栗炭疽菌
19	花生尾孢菌	*Cercospora arachidicola*	花生褐斑菌
20	烟草尾孢菌	*C. nicotianae*	烟草蛇眼病
21	小麦赤霉菌	*Gibberella zeae*	小麦赤霉病
22	黑曲霉	*Aspergillus niger*	谷物霉变
23	大斑病凸脐蠕孢真菌	*Exserohilum turcicum*	玉米大斑病
24	棉花枯萎真菌	*Fusarium oxysporum* f. sp. *vasinfectum*	棉花枯萎病
25	禾谷镰孢真菌	*F. graminearum*	玉米穗腐病
26	尖镰孢菌茄专化型真菌	*Fusarium oxysporum* f. sp. *melongenae*	茄子枯萎病
27	茄类镰孢菌	*F. solani*	花生根腐菌
28	禾顶囊壳禾谷变种	*Gaeumannomyces graminis* var. *graminis*	引起小麦全蚀病
29	大丽轮枝真菌	*Verticillium dahliae*	棉花黄萎病

续表

编号	病原真菌中文名	拉丁名	主要致病情况
30	稻瘟菌	*Magnaporthe oryzae*	引起稻瘟病
31	小麦隐匿柄锈菌	*Puccinia recondita*	小麦叶锈病菌
32	灰梨孢	*Phyricularia grisea*	水稻稻瘟病
33	葡萄生单轴霉	*Plasmopara viticola*	葡萄霜霉病
34	立枯丝核菌	*Rhizoctonia solani*	番茄果腐菌
35	烟草疫霉	*Phytophthora nicotiana*	茄子绵疫病
36	大豆疫霉病菌	*P. sojae*	大豆疫霉病
37	柑橘绿霉病菌	*Penicillium digitatum*	柑橘绿霉病
38	喙角担真菌	*Geratobasidium cornigeru*	小麦纹枯菌
39	颖枯壳针孢真菌	*Septoria nodorum*	小麦颖枯病
40	核盘菌	*Sclerotinia sclerotiorum*	油菜菌核病
41	玉米黑粉菌	*Ustilago maydis*	玉米黑粉病

表 1-3　养殖业中主要的动物病原细菌

编号	病原细菌中文名	拉丁名	主要致病情况
1	大肠杆菌	*Escherichia coli*	肠炎、尿路感染
2	肠出血性大肠杆菌	Enterohemorrhagic *E. coli*	出血性腹泻
3	金黄色葡萄球菌	*Staphylococcus aureus*	皮肤感染、食物中毒、败血症
4	流感嗜血杆菌	*Haemophilus influenzae*	呼吸道感染、脑膜炎
5	结核分枝杆菌	*Mycobacterium tuberculosis*	结核病
6	沙门氏菌	*Salmonella* spp.	食物中毒、肠炎
7	志贺氏菌	*Shigella* spp.	痢疾
8	霍乱弧菌	*Vibrio cholerae*	霍乱
9	幽门螺杆菌	*Helicobacter pylori*	胃溃疡、胃癌
10	淋病奈瑟菌	*Neisseria gonorrhoeae*	淋病
11	脑膜炎奈瑟菌	*N. meningitidis*	脑膜炎
12	百日咳博德特菌	*Bordetella pertussis*	百日咳
13	军团菌	*Legionella* spp.	肺炎
14	鼠疫杆菌	*Yersinia pestis*	鼠疫

续表

编号	病原细菌中文名	拉丁名	主要致病情况
15	炭疽杆菌	*Bacillus anthracis*	引起人畜炭疽病
16	破伤风杆菌	*Clostridium tetani*	破伤风
17	肉毒梭菌	*C. botulinum*	肉毒杆菌中毒
18	艰难梭菌	*C. difficile*	伪膜性肠炎
19	产气荚膜梭菌	*C. perfringens*	气性坏疽
20	白喉棒状杆菌	*Corynebacterium diphtheriae*	白喉病
21	麻风分枝杆菌	*Mycobacterium leprae*	麻风病
22	嗜麦芽窄食单胞菌	*Stenotrophomonas maltophilia*	呼吸道感染
23	副溶血性弧菌	*Vibrio parahaemolyticus*	食物中毒
24	肺炎克雷伯菌	*Klebsiella pneumoniae*	肺炎
25	鲍曼不动杆菌	*Acinetobacter baumannii*	引起菌血症、肺炎、脑膜炎
26	肠杆菌	*Enterobacteriaceae*	尿路感染、血流感染
27	铜绿假单胞菌	*Pseudomonas aeruginosa*	皮肤感染、肺炎
28	奇异变形杆菌	*Proteus mirabilis*	食物中毒
29	化脓性链球菌	*Streptococcus* spp.	猩红热、皮肤感染
30	肺炎链球菌	*Streptococcus pneumoniae*	肺炎、脑膜炎、中耳炎
31	钩端螺旋体	*Leptospira*	引起多种动物的钩端螺旋体病
32	巴氏杆菌	*Pasteurella multocida*	引起多种动物的呼吸道感染
33	副结核分枝杆菌	*Mycobacterium paratuberculosis*	引起约翰病，主要感染反刍动物
34	嗜水气单胞菌	*Aeromonas hydrophila*	鱼类败血症

（3）主要的食源性病原细菌或真菌见表 1-5[10]。粮食和果蔬在采收和贮藏等过程中都极易受到青霉属（*Penicillium*）、葡萄孢核盘菌属（*Botrytis*）、根霉属（*Rhizopus*）、曲霉属（*Aspergillus*）等病原性丝状真菌的侵染（表 1-2）。肉制品、乳制品、饮料等食品加工行业中存在单核细胞增生李斯特菌（*Listeria monocytogenes*）、蜡样芽孢杆菌（*Bacillus cereus*）、沙门氏菌（*Salmonella* sp.）、大肠杆菌 O_{157}:H_7（*E. coli* O157:H7）、溶血性链球菌（*S. hemolyticus*）、副溶血性弧菌（*V. parahaemolyticus*）等食源性细菌或假丝酵母菌属（*Candida*）真菌的污染。

表 1-4　养殖业中主要的动物病原真菌

编号	病原真菌中文名	拉丁名	主要致病情况
1	白色念珠菌	*Candida albicans*	鹅口疮、阴道炎、皮肤感染
2	黄曲霉	*Aspergillus flavus*	曲霉病、食物污染
3	巴西副球孢子菌	*Paracoccidioides brasiliensis*	南美芽生菌病
4	皮炎芽生菌	*Blastomyces dermatitidis*	肺、皮肤和骨骼慢性化脓性病变
5	荚膜组织胞浆菌	*Histoplasmosis capsulati*	荚膜组织胞浆菌病
6	新型隐球菌	*Crytococcus neoformans*	真菌性脑膜炎、脑炎
7	马尔尼菲篮状菌	*Talaromyces marneffei*	青霉病
8	茄镰刀菌	*Fusarium solani*	角膜溃疡
9	星形诺卡菌	*Nocardia asteroides*	诺卡菌病、肺部感染
10	猪丹毒杆菌	*Erysipelothrix rhusiopathiae*	猪丹毒，主要感染猪
11	多杀性巴氏杆菌	*Pasteurella multocida*	兔的呼吸道感染
12	溶血性巴氏杆菌	*P. haemolytica*	羊快疫，主要感染羊
13	鸭疫里氏杆菌	*Riemerella anatipestifer*	鸭疫，主要感染鸭
14	鸡白痢沙门氏菌	*Salmonella pullorum*	鸡白痢，主要感染鸡
15	猪霍乱沙门氏菌	*Salmonella choleraesuis*	猪霍乱症，主要感染猪
16	马红球菌	*Rhodococcus equi*	马的脓肿性淋巴炎
17	猪传染性胸膜肺炎放线杆菌	*Actinobacillus pleuropneumoniae*	猪传染性胸膜肺炎
18	猪丹毒杆菌	*Erysipelothrix rhusiopathiae*	猪丹毒，主要感染猪

表 1-5　常见食源性致病菌

编号	食源性致病菌中文名	拉丁名	主要致病情况
1	金黄色葡萄球菌	*Staphylococcus aureus*	产生肠毒素，引起恶心、呕吐、腹痛和腹泻。严重时导致肺炎、败血症等。污染食物有剩饭、牛奶、海鲜和熟肉等
2	溶血性链球菌	*Streptococcus hemolyticus*	导致猩红热和流行性咽炎。常见的受污染食品包括奶制品、肉类、蛋类及其加工品
3	大肠杆菌 O_{157}:H_7	*Escherichia coli* O_{157}:H_7	引发急性剧烈腹痛和水样腹泻，随后可能发展为出血性腹泻。这种细菌主要存在于未经充分烹饪的生畜肉中
4	沙门氏菌	*Salmonella enterica S. bongori*	引起发热、头痛、恶心、呕吐、腹痛和腹泻。污染食物有蛋类、家禽、其他肉类、生鲜奶和巧克力等
5	单核细胞增生李斯特菌	*Listeria monocytogenes*	人畜共患病是由能够感染动物和人类的病原菌引起的，这些病原体可能导致败血症、脑膜炎等多种严重疾病

续表

编号	食源性致病菌中文名	拉丁名	主要致病情况
6	霍乱弧菌	*Vibrio cholerae*	主要表现为剧烈的呕吐、腹泻、失水
7	副溶血性弧菌	*V. parahaemolyticus*	主要表现为急性胃肠炎症状，包括阵发性腹痛、绞痛，以及腹泻、恶心呕吐和发热。主要传播媒介为海产品，如墨鱼、海鱼、海虾、海蟹和海蜇等
8	蜡样芽孢杆菌	*Bacillus cereus*	引起食物中毒，中毒者常出现腹痛和呕吐腹泻等症状。米饭及其制品是导致呕吐型食物中毒的主要食品
9	炭疽杆菌	*B. anthracis*	可引起恶心、呕吐、食欲减退、腹痛、腹泻、发热等症状，食用感染的畜肉被感染
10	空肠弯曲杆菌	*Campylobacter jejuni*	急性肠炎，亦可引起腹泻的暴发流行或集体食物中毒。污染食物为未经巴氏杀菌的生鲜奶、生的或未煮熟的肉类及其制品，以及受污染的水源
11	志贺氏菌	*Shigella flexneri* *S. sonnei* *S. boydii* *S. dysenteriae*	表现为发热、腹痛、腹泻和呕吐等典型的痢疾症状。导致志贺氏菌感染的主要食品包括畜禽肉、果汁和乳制品
12	产气荚膜梭菌	*Clostridium perfringens*	气性坏疽、腹痛、腹胀、水样腹泻

在农业和食品产业中，病原体和食源性微生物所带来的威胁极为严峻，其影响广泛且深远。

（1）在粮食和果蔬产品的供应链中，从收获、分选、包装、运输到储存的各个环节，均面临着来自青霉属（Penicillium）、葡萄孢核盘菌属（Botrytis）、根霉属（Rhizopus）、曲霉属（Aspergillus）等丝状真菌的严重侵染风险，这在发达国家导致了10%～30%的经济损失，在发展中国家的损失更是高达40%～50%。这些丝状真菌不仅侵染作物，还可能产生超过 400 种已知的真菌毒素，包括黄曲霉毒素（AFs）、玉米赤霉烯酮（ZEN）、呕吐毒素（DON）、赭曲霉毒素（OTA）、伏马毒素（FUM）、链格孢酚（AOH）和展青霉素（PAT）等[11]。这些真菌毒素因其化学性质稳定而难以被消除，广泛分布于粮食、饲料和药材等植物源产品中。许多真菌毒素具有致畸、致癌和致突变的潜在毒性，摄入受污染的食物可能对人和动物健康造成严重威胁。据联合国粮食及农业组织（FAO）的调查，全球约有25%的粮油农产品受到真菌毒素的污染，造成的直接经济损失超过千亿美元。显然，真菌和真菌毒素污染是全球食品安全领域普遍面临的挑战。此外，在果蔬种植过程中，植物病原体真菌也带来潜在威胁。以灰葡萄孢菌（Botrytis cinerea）为例，它引发的灰霉病会导致植物幼苗猝倒、果实腐烂、落叶和花腐，严重损害葡萄、黄瓜、番茄等多种经济作物的产量，甚至可能造成绝收。核果褐腐病菌（*Monilinia fructicola*）作为灰葡萄孢菌的近亲，是全球核果类和仁果类褐腐病的主要致病菌。鉴于我国核果类（如桃、李、杏）和仁果类（如苹果和梨）品种的丰富性，褐腐病可能导致的产量损失范围从 20% ~ 80% 不等[12]。

　　（2）除了真菌污染问题，食源性细菌在果蔬、饮品、肉类及乳制品等食品加工领域的污染同样对人类饮食安全构成了严峻挑战。根据世界卫生组织 2019 年的统计报告，全球每年因食源性细菌及其分泌的毒素引发的食源性疾病案例高达 6 亿起，导致约 42 万人死亡。主要的食源性致病菌包括沙门氏菌（*Salmonella* sp.）、空肠弯曲杆菌（*Campylobacter jejuni*）、大肠杆菌（*E. coli*）、产气荚膜梭菌（*Clostridium perfringens*）、蜡样芽孢杆菌（*B. cereus*）、单核细胞增生李斯特菌（*L. monocytogenes*）和金黄色葡萄球菌（*S. aureus*）等。肠出血性大肠杆菌（*EHEC*），尤其是 $O_{157}:H_7$ 型，是严重威胁人畜健康的另一种关键致病菌，其产生的志贺氏毒素可引发宿主出现轻度腹泻、出血性结肠炎、溶血性尿毒症综合征等疾病[13]。在我国，蔬菜样本中蜡样芽孢杆菌（*B. cereus*）的检出频率显著高于沙门氏菌、金黄色葡萄球菌以及单核细胞增生李斯特菌等其他常见的食源性病原体。蜡样芽孢杆菌作为一种条件性病原体，能够通过其肠毒素或耐热呕吐毒素的作用干扰人体的胃肠功能，导致疾病发生。通常情况下，在摄入受污染食物后的 8 ~ 16 小时内，患者会出现腹痛和腹泻等消化系统症状，而在一些重症病例中，还可能引发心内膜炎、脑膜炎、菌血症以及眼部疾病等严重健康问题。根据统计数据，在中国由细菌引起的食源性疾病中毒事件中，由蜡样芽孢杆菌引起的事件数量和患者人数均位居前列[14]。而从蔬菜、水果到蛋品、乳制品，以及动物的屠宰、冷冻、运输和烹饪等各个加工环节，沙门氏菌（*Salmonella* sp.）的污染风险普遍存在。在众多细菌性食物中毒事件中，由沙门氏菌引起的案例占比高达 70% ~ 80%[15]。此外，单核细胞增生李斯特菌（*L. monocytogenes*）是一种常见的食源性致病菌，以其耐冷、耐盐、耐酸和耐碱的特性而闻名，其在低温如 4℃ 的环境中依然能够活跃繁殖，使得它成为冷链食品中尤为关键的病原体。世界卫生组织（WHO）的统计显示，李斯特菌感染的致死率惊人地高达 23.6%。鉴于这一严峻情况，2018 年，欧洲食品安全局（EFSA）采取了更为严格的措施，对蔬菜中的单增李斯特菌含量设定了更严格的限制，以减少其对公众健康的潜在风险[16]。因此，预防和控制新鲜农产品中的食源性细菌污染是确保食品安全的关键任务。目前，食源性细菌的灭菌方法包括物理、化学、生物抑菌以及这些方法的协同作用。含氯消毒剂清洗作为微生物日常防控的主要手段，但其效率低下和氯残留引发的健康问题促使人们迫切需要为农产品行业寻找天然源替代抗菌剂[17]。

三、天然植物源抗菌剂的概念和重要性

在现代农业和食品加工行业中，合成化学抗菌剂的广泛应用已成为防范腐败微生物、食源性病原体以及真菌和细菌毒素引发的谷物和果蔬病害、畜禽疾病和食品腐败问题的关键手段。然而，这种依赖合成化学品的策略所带来的挑战正日益显现。特别是在果蔬种植领域，由于现有抗菌剂的作用机制较为单一，许多农户为了提高防治效果，倾向于过量使用单一杀菌剂或不当混合多种杀菌剂，这种行为不仅加剧了病原菌的抗药性问题，还导致了农药残留和环境污染的加剧[18]。在多个地区，核果褐腐病菌（*Monilinia fructicola*）[19]、小麦赤霉病菌（*Fusarium graminearum*）[20]、灰葡萄孢菌（*Botrytis cinerea*）[21]等对传统杀菌剂产生了抗性，严重降低了多种化学杀菌剂的防治效果，甚至导致其失效。以灰霉病的防控为例，目前主要依赖化学药剂，尤其是苯胺基嘧啶类、苯并咪唑类、二甲酰亚胺类和酰胺类等化学杀菌剂的使用，这些药剂一直是灰霉病防控的主要手段。常用的杀菌剂包括嘧霉胺（pyrimethanil）、腐霉利（procymidone）、甲基硫菌灵（thiophanate-methyl）和啶酰菌胺（boscalid）等。然而，随着灰葡萄孢菌（*B. cinerea*）耐药菌株的扩散，这些杀菌剂的田间效果普遍下降。长期依赖传统杀菌剂导致了耐药菌株的激增，降低了治疗效果。农户为了提升效果，超量混合使用多种杀菌剂，这不仅增加了经济负担，也对生态环境造成了重大影响，形成了负面的连锁反应。因此，探索具有高活性、低毒性的天然产物，并基于这些天然产物的结构特性开发新型生物活性分子，已成为解决杀菌剂耐药性和防治作物病害的有效策略。减少合成化学抗菌素的使用，并积极寻求安全、环保的天然植物源抗菌剂，成为一项至关重要的任务[22]。

天然植物源抗菌剂，顾名思义，是指从自然界植物中提取的具有抗菌作用的有机化合物，尤其是从常见的食用蔬菜、水果、辛香调料、谷物等以及药用资源植物中发现的天然绿色抗菌成分，这些化合物包括植物多酚、萜类、醌类、生物碱、甾体和肽类等多种结构类型。因其天然来源、高安全性和环境友好性，这些物质越来越受到青睐，并且通常不会对人体健康或自然环境造成负面影响。植物源抗菌剂具有广泛的抗微生物谱、新型结构类型以及多靶点作用机制，与传统化学合成杀菌剂相比，它们不容易产生耐药性问题。这些抗菌剂的作用机制包括破坏微生物细胞膜结构或通过增强人体免疫功能来抑制病原微生物的生长。在医疗卫生、食品保鲜和农业等多个领域，植物源抗菌剂都显示出了其广泛的应用潜力，例如在制造抗菌敷料、口腔护理产品、食品防腐剂和植物病害防治等方面。随着消费者对健康和环保产品需求的不断增长，天然植物源抗菌剂正日益受到重视，

并展现出巨大的市场潜力。当前的科研进展已经表明，多种植物源提取物在抑制病原微生物生长方面具有显著效果。例如日本 Takex Labo 公司与美国杜邦丹尼斯克公司推出的毛竹提取物产品 Takeguard™ 和绿茶提取物产品 Biovia™ YM10，它们不仅能有效抑制病原微生物，而且因其源自天然的特性而成为化学合成杀菌剂的理想替代品，受到了市场的广泛推崇[23]。

第二节　天然植物源抗菌剂类型

（一）天然植物酚类抗菌剂（第二章）

酚类化合物家族庞大而多样，它们的特征在于至少含有一个芳香环与羟基（或其衍生物）相结合。这些化合物可以根据其分子结构和苯酚基团的数量进行分类。具体来说，酚类化合物可以根据分子结构的不同被划分为以下五大类别：

（1）简单酚类抗菌剂：肉桂酸及其衍生物（肉桂酸、咖啡酸、阿魏酸、肉桂醛等）、绿原酸及其衍生物、迷迭香酸、丁香酚及其衍生物、没食子酸及其衍生物、姜黄素及其衍生物等。

（2）二苯乙烯类抗菌剂：白藜芦醇、紫檀芪、3′-羟基紫檀芪等。

（3）黄酮类抗菌剂：儿茶素及其衍生物，黄腐酚及其衍生物，柚皮素及其衍生物，杨梅素、木犀草素和槲皮素及其衍生物，甘草异戊烯基黄酮类化合物，蜂胶中的黄酮类化合物，洛克米兰醇及其衍生物。

（4）香豆素类抗菌剂：8-甲氧基补骨脂素、异茴芹素、白芷素和欧芹素、东莨菪内酯、花椒毒酚、白蜡树精、异茴芹内酯、白花前胡醇、邪蒿内酯等。

（5）木脂素类抗菌剂：厚朴酚和和厚朴酚及其衍生物、二氢愈创木酸及其衍生物、五味子木脂素类化合物、丹参木脂素类化合物。

此外，根据酚羟基的数量，酚类化合物还可以进一步细分为简单酚和多酚两大类。简单酚酸类物质属于简单酚的范畴，而黄酮类、二苯乙烯类和木脂素类化合物则被归类为多酚类物质。

（二）天然萜类抗菌剂（第三章）

萜类化合物（terpenoids）是一类由异戊二烯（C_5H_8）单元构成的天然有机化合物，它们在自然界中广泛存在，尤其是在植物界。萜类化合物的通式为$(C_5H_8)_n$，其中 n 表示异戊二烯单元的数量。常见的萜类抗菌剂包括以下四个类别：

（1）单萜类抗菌剂：百里酚、香芹酚、香芹酮、p-伞花烃、柠檬烯、薄荷醇、紫苏醇、α-松油醇、牻牛儿醛和橙花醛等。

（2）倍半萜类抗菌剂：沉香呋喃烷倍半萜、丁香烷倍半萜、天名精内酯酮倍半萜、水蓼二醛及其衍生物、T-杜松醇、T-依兰油醇和雪松醇等。

（3）二萜类抗菌剂：穿心莲内酯，松香酸及其衍生物新松香酸、脱氢松香酸，丹参酮及其衍生物，向日葵中对映贝壳杉烷型二萜类化合物，环曼西醇烷型二萜类化合物，土荆皮酸二萜类化合物，克罗烷型二萜类化合物等。

（4）三萜类抗菌剂：齐墩果酸和熊果酸。

（三）生物碱类抗菌剂（第四章）

生物碱类抗菌剂是一类从植物中分离出的含氮杂环化合物，具有广泛的抗菌活性，包括小檗碱及其衍生物（药根碱等）、血根碱及其衍生物（白屈菜红碱等）、胡椒碱及其衍生物（胡椒酮碱等）、辣椒素及其衍生物、石蒜碱及其衍生物、苦参碱及其衍生物、喜树碱及其衍生物、千金藤碱、马铃薯碱和茄碱、黄皮酰胺类生物碱。

（四）天然醌类抗菌剂（第五章）

醌类化合物是一类含有邻位或对位取代的二酮与芳香核共轭的化合物，基本结构类型包括苯醌、萘醌、菲醌和蒽醌等，代表化合物包括胡桃醌、白花丹醌和枫杨萘醌等萘醌类化合物，紫草素及其衍生物（一类特殊的萘醌类化合物），蒽醌类抗菌剂（大黄素、大黄酸、大黄酚和芦荟大黄素等）。

（五）脂肪烷类抗菌剂（第六章）

脂肪烷类抗菌剂主要包括牛油果脂肪醇及其衍生物、鱼腥草素及其衍生物（鱼腥草素钠和新鱼腥草素钠等）、α,β-不饱和烯醛类化合物（(2E)-庚烯醛、(2E)-辛烯醛、(2E)-壬烯醛等）、多炔醇类化合物（falcarindiol、falcarinol 等）、脂肪酸类化合物、噻吩类化合物（三噻吩等）。

（六）甾体皂苷类抗菌剂（第七章）

甾体皂苷是一类由螺甾烷类化合物衍生的寡糖苷，它们通常由一个甾体骨架和一个或多个糖链组成。这些化合物在自然界中广泛分布，尤其是在一些药用植物中。本书重点介绍葱属甾体皂苷、百合科抗菌甾体皂苷、薯蓣科抗菌甾体皂苷、天门冬科抗菌甾体皂苷、茄科抗菌甾体皂苷。

（七）天然抗菌肽（第八章）

天然抗菌肽（antimicrobial peptides，AMPs）是一类由生物体天然免疫防御系统产生的小分子多肽，也被称为宿主防御肽（host defence peptides，HDPs）。天然抗菌肽通常由 7~100 个氨基酸组成，分子量在 3~6 kDa 之间，具有广谱的抗感染活性，包括对细菌（包括革兰氏阳性和阴性菌）、病毒、真菌等抑制和杀灭作用。本书重点介绍 nisin、ε-多聚赖氨酸、Pediocin PA-1、大麦肽、大豆肽、α-酪蛋白肽、Pv 肽、BAP、MOp3 肽等抗菌肽。

（八）其他天然抗菌剂（第九章）

除了以上结构类型之外，本书还介绍了其他类型的天然抗菌剂，包括 γ-氨基丁酸、大蒜素和蒜氨酸、异硫氰酸酯类化合物（萝卜硫素、烯丙基异硫氰酸酯和苄基异硫氰酸酯等）、小分子有机酸（水杨酸、苯甲酸、茉莉酸、抗坏血酸、柠檬酸等）。

参 考 文 献

[1] Cowan M M. Plant products as antimicrobial agents[J]. Clinical Microbiology Reviews, 1999, 12(4): 564-582.

[2] Gyawali R, Ibrahim S A. Natural products as antimicrobial agents[J]. Food Control, 2014, 46: 412-429.

[3] 欧佳存. 植物源抗菌剂的开发及应用[D]. 常州: 常州大学, 2022.

[4] 赵冬雪, 杨晓溪, 郎玉苗. 天然抗菌剂在食品抑菌保鲜中的研究进展[J]. 食品工业, 2021, 47(7): 204-207.

[5] 李培迪, 张德权, 田建文. 天然保鲜剂在肉制品保鲜应用中的研究进展[J]. 食品工业, 2015, 36(2): 235-238.

[6] 郭娟, 张进, 王佳敏, 等. 天然抗菌剂在食品包装中的研究进展[J]. 食品科学, 2021, 42(9): 336-346.

[7] 冯洁. 植物病原细菌分类最新进展[J]. 中国农业科学, 2017, 50(12): 2305-2314.

[8] 任伟. 石蒜碱和小檗碱对植物病原真菌抑制作用及其抑菌生理指标分析[D]. 郑州: 河南农业大学, 2014.

[9] 黄敏, 吴毅歆, 何鹏飞. 人和动物条件致病菌环境菌株侵染植物的研究进展[J]. 微生物学报, 2016, 56(2): 188-197.

[10] 赵怀龙, 付留杰, 唐功臣. 我国主要的食源性致病菌[J]. 医学动物防制, 2012, 28(11): 1212-1216.

[11] Dey D, Kang J, Bajpai V, et al. Mycotoxins in food and feed: Toxicity, preventive challenges, and advanced detection techniques for associated diseases[J]. Critical Reviews in Food Science and Nutrition, 2022, 21: 8489.

[12] 胡勇梅. 植物多酚及其衍生物的抗菌活性评价与作用机制研究[D]. 兰州: 兰州大学, 2023.

[13] 山珊, 赖卫华, 陈明慧, 等. 农产品中大肠杆菌 O157:H7 的来源及分布研究进展[J]. 食品科学, 2014, 35(1): 289-293.

[14] 瞿洋, 杨正阳, 周昌艳, 等. 生鲜蔬菜来源的蜡样芽胞杆菌毒力基因分布与 MLST 分析[J]. 上海农业学报, 2024, 40(3): 79-85.

[15] Zhao S, Xu Q, Cui Y, et al. *Salmonella* effector SopB reorganizes cytoskeletal vimentin to maintain replication vacuoles for efficient infection[J]. Nature Communications, 2023, 14(1): 478.

[16] Aissani N, Coroneo V, Fattouh S, et al. Inhibitory effect of Carob (*Ceratonia siliqua*) leaves methanolic extract on *Listeria monocytogenes*[J]. Journal of Agricultural and Food Chemistry, 2012, 60(40): 9954-9958.

[17] Bhargava K, Conti D S, Da Rocha S R, et al. Application of an oregano oil nanoemulsion to the control of foodborne bacteria on fresh lettuce[J]. Food Microbiology, 2015, 47: 69-73.

[18] Li M, Chen Q, Yang L, et al. Contaminant characterization at pesticide production sites in the Yangtze River Delta: Residue, distribution, and environmental risk[J]. Science of the Total Environment, 2023, 860: 160156.

[19] Egüen B, Melgarejo P, De Cal A. Sensitivity of *Monilinia fructicola* from Spanish peach orchards to thiophanate-methyl, iprodione, and cyproconazole: Fitness analysis and competitiveness[J]. European Journal of Plant Pathology, 2014, 141(4): 789-801.

[20] He Y, Ahmad D, Zhang X, et al. Genome-wide analysis of family-1 UDP glycosyltransferases (UGT) and identification of UGT genes for FHB resistance in wheat (*Triticum aestivum* L.)[J]. BMC Plant Biology, 2018, 18(1): 67.

[21] 毛玉帅, 段亚冰, 周明国. 琥珀酸脱氢酶抑制剂类杀菌剂抗性研究进展[J]. 农药学学报, 2022, 24(5): 937-948.

[22] 贾爽爽. 我国葡萄灰霉菌对主要杀菌剂的抗药突变型分布与多药抗性机制研究[D]. 北京: 中国农业科学院, 2020.

[23] Bouarab Chibane L, Degraeve P, Ferhout H, et al. Plant antimicrobial polyphenols as potential natural food preservatives[J]. Journal of Science and Food Agriculture, 2019, 99(4): 1457-1474.

第二章　天然植物酚类抗菌剂

天然酚类化合物是植物茎、叶、花和果实等器官中普遍存在的一类重要的次生代谢产物。尽管它们不是植物必需的营养成分，但在植物的生长和繁殖过程中，它们参与调节生长、化学防御等关键生命活动。在食品工业中，这些功能被间接应用于开发抗菌保鲜剂、防腐剂、抗氧化剂和香精香料等[1]。

酚类化合物的种类繁多，它们由至少一个芳香环与羟基取代基（或羟基衍生基团）连接而成。根据分子结构和苯酚亚基的数量，可以将酚类化合物分类。根据分子结构的差异，酚类化合物可以分为五大类：简单酚酸类（例如阿魏酸、绿原酸、没食子酸、迷迭香酸、丁香酚、姜黄素等）、黄酮类（例如茶多酚、黄腐酚等）、二苯乙烯类（例如白藜芦醇、紫檀芪等）、香豆素类（例如芸香素、异茴芹内酯等）和木脂素类（例如厚朴酚、和厚朴酚、松伯醇等）。此外，根据酚羟基的数量，酚类化合物还可以被分为简单酚和多酚。简单酚酸类物质属于简单酚类，而黄酮类、二苯乙烯类、木脂素类化合物则属于多酚类物质[2]。

天然酚类化合物无论是在种类和数量上，都是农业和食品领域应用最为广泛的抗菌剂，简单酚类，如丁香酚、百里香酚、单宁酸等，以及富含酚类物质的植物提取物，如迷迭香精油、柠檬提取物、芹菜籽提取物、绿茶提取物等，还有天然植物精油，例如生姜油、百里香油、肉桂皮油等，均显示出显著的抗菌活性。这些物质对人体安全且无毒性，已被中国国家标准 GB 2760—2014 批准作为抗氧化剂、天然色素和防腐剂直接添加至食品中。这些化合物和提取物因其天然的抗菌特性和对人体健康的潜在益处，在食品保藏和加工领域具有重要的应用价值[2]。

酚类化合物的抗菌活性受多种因素影响，包括其分子结构特征（尤其是与芳香环相连的羟基的位置和数量）、分子极性，以及酚类化合物之间的协同和拮抗作用。研究表明，多种酚类化合物的联合使用或植物提取物中两种及以上酚类化合物的共存，相较于单一化合物，能够更有效地抑制细菌生长[3]。王帆等[4]通过实验研究了肉桂醛、单宁酸、丁香酚、麝香草酚对五种常见食物源微生物的协同抑制效果，包括金黄色葡萄球菌（*Staphyrlococcus aureus*）、大肠杆菌（*Escherichia coli*）、铜绿假单胞菌（*Pseudomonas aeruginosa*）、肠炎沙门氏菌（*Salmonella enteritis*）、单核细胞增生李斯特菌（*Listeria monocytogenes*）。实验结果表明，这些化合物的复配使用能够降低各组分的最小抑菌浓度（MIC）。葡萄中富含多种酚类化合物，例如原花青素、没食子酸、白藜芦醇、儿茶素、单宁等。Serra 等[5]发现，20 μg/mL 的槲皮素与葡萄提取物的混合物对食源性细菌蜡样芽孢杆菌（*Bacillus cereus*）的抑制作用优于同等质量浓度的纯槲皮素，推测其原因可能在于葡萄提取物中的其他活性成分与槲皮素之间产生了积极的协同作用，从而增强了抗菌活性，类似的协同作用，在其他类型抗菌剂中也经常出现。

酚类化合物的抗菌作用机制涉及多个层面，具体包括以下五个主要方面[6,7]：第一，酚类化合物能够与细菌细胞壁发生相互作用，引起细胞壁结构的破坏和细胞内容物的外泄；第二，它们能够干扰细胞膜的功能，影响细胞膜的流动性与稳定性；第三，酚类化合物能够影响细菌生物膜的形成过程；第四，它们能够抑制细菌的蛋白质和核酸合成；第五，酚类化合物能够与金属离子形成螯合物。尽管如此，酚类化合物的抗菌活性的具体分子机制尚未完全阐明。此外，不同酚类化合物或其抑菌活性分子之间可能存在协同或拮抗效应，这表明酚类化合物可能通过多种途径同时影响微生物的生理活动，避免了耐药性的产生。这种多方位的作用机制使得酚类化合物在抗菌领域具有潜在的应用价值，但同时也需要进一步的研究来深入理解其作用机制，以便更有效地利用这些天然化合物。

第一节　简单酚类抗菌剂

根据酚羟基的数量分为简单酚和多酚，苯丙素类和酚酸类物质属于简单酚类。代表成分包括肉桂酸（**2-1**）、肉桂醛（**2-2**）、咖啡酸（**2-3**）、阿魏酸（**2-4**）、(*E*)-3-(4-甲氧基-3-(3-甲基丁-2-烯基)苯基)丙烯酸（**2-5**）、咖啡酸乙酯（**2-6**）和对香豆素（**2-7**）等。

一、肉桂酸及其衍生物（肉桂酸、咖啡酸、阿魏酸、肉桂醛等）

肉桂酸及其衍生物属于苯丙素类化合物[2]，它是一类由 C_6—C_3 单元构成的简单酚类化合物，代表抗菌活性化合物主要有苯丙素类肉桂酸（cinnamic acid，**2-1**）、肉桂醛（cinnamaldehyde，**2-2**）、咖啡酸（caffeic acid，**2-3**）、阿魏酸（ferulic acid，**2-4**）、(*E*)-3-(4-甲氧基-3-(3-甲基丁-2-烯基)苯基)丙烯酸（**2-5**）、咖啡酸乙酯（**2-6**）和对香豆素（**2-7**）等（图 2-1）[2]。其抗菌研究报道较多，包括苯丙素单体抗菌活性、苯丙素与其他抗菌剂联合抗菌、富含苯丙素的提取物、苯丙素类新型抗菌材料等在食品科学的相关研究和应用[2]。

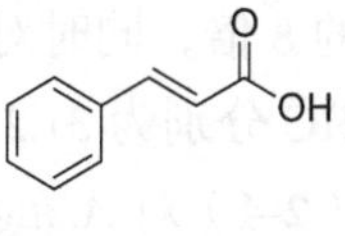

图 2-1　主要肉桂酸及其衍生物的化学结构

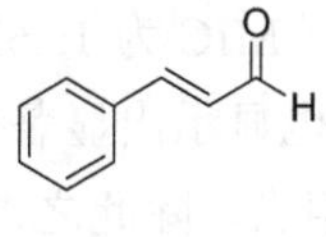

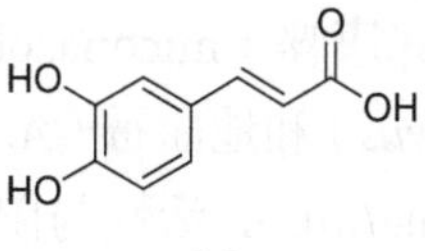

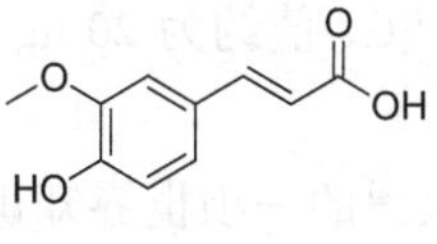

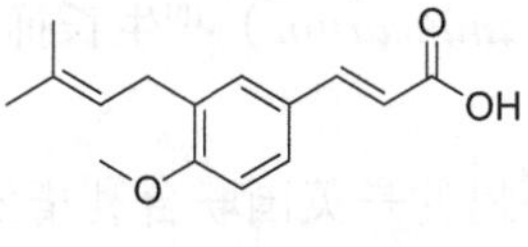

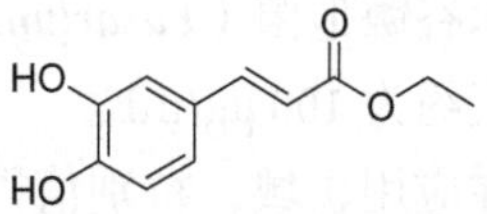

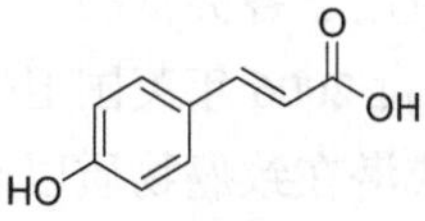

（一）肉桂酸及其衍生物的抗菌活性及其应用

肉桂酸（**2-1**），又名反式苯基丙烯酸，并不是一种严格意义上的酚类化合物，而属于一种有机酸类化合物，但它是大部分苯丙素类化合物的生源前体。肉桂酸作为一种天然香料，以其卓越的保香性能而著称，在香料配方中，它常扮演着增香剂的角色，能够显著提升主导香料的香气，使其更加清新且易于扩散，此外，肉桂酸的酯类化合物，包括甲酯、乙酯、丙酯和丁酯等，均展现出作为定香剂的潜力，它们被广泛应用于饮料、冷饮、糖果以及酒类等多种食品中，为这些产品增添了持久而迷人的香气[2]。同时，它还是一种天然的抗菌防腐剂。

在活性研究方面，胡勇梅等[8]对多种天然来源的肉桂酸及其衍生物的抗植物病原真菌和食源性细菌活性开展了研究，发现肉桂酸（**2-1**）能有效抑制食源性细菌匍枝根霉（*Rhizopus stolonifer*）、核果褐腐病菌（*Sclerotinia sclerotiorum*）以及灰葡萄孢（*Botrytis cinerea*）的生长，其 EC_{50} 分别为 54.44 μg/mL，147.11 μg/mL 和 83.06 μg/mL，除此之外，阿魏酸（**2-4**）对核果褐腐病菌（*S. sclerotiorum*）表现出一定的抑制活性（EC_{50} 为 84.16 μg/mL），咖啡酸乙酯（**2-6**）对匍枝根霉（*R. stolonifer*）和核果褐腐病菌（*S. sclerotiorum*）具有一定的抑制作用（EC_{50} 分别为 90.24 μg/mL 和 57.18 μg/mL）。其次，Bisogno 等[9]对 22 种植物来源的肉桂酸衍生物开展了抗黄曲霉（*Aspergillus flavus*）、地曲霉（*A. terreus*）和黑曲霉（*A. niger*）活性评估及构效关系研究，具有异戊烯基的化合物(*E*)-3-(4-甲氧基-3-(3-甲基丁-2-烯基)苯基)丙烯酸（**2-5**）表现出显著的抗黑曲霉（*A. niger*）活性（MIC 为 1.95 μg/mL），为阳性对照咪康唑（miconazole）活性（MIC 为 15.62 μg/mL）的 8 倍，同时对黄曲霉（*A. flavus*）和地曲霉（*A. terreus*）也显示出显著效果（其 MIC 分别为 31.25 μg/mL 和 62.5 μg/mL），活性与阳性对照相当。除此之外，阿魏酸（**2-4**）对 *A. niger* 和 *A. flavus* 也表现出显著的抗真菌活性，其 MIC 值分别为 62.5 μg/mL 和 31.25 μg/mL，其对禾谷镰孢菌（*Fusarium graminearum*）[10]生长抑制的 EC_{50} 值约为 20 μg/mL，EC_{90} 值约为 100 μg/mL。

　　在应用领域，特别值得一提的是英国联合利华公司获得的一项世界知识产权组织专利，该专利涉及肉桂酸与巴氏杀菌助剂的协同作用，展现出卓越的杀菌和防腐性能。肉桂酸本身具有显著的兴奋特性，已被广泛应用于各类食品中，并完全符合中国食品标准 GB 2760—2014 的添加规定。此外，自 2006 年英国卫生组织警示苯甲酸和山梨酸类防腐剂可能与抗氧化物质反应生成潜在致癌物质以来，茶饮料的品质与保存问题便成为了一个棘手的挑战。在全球范围内，许多国家已经明确禁止在茶饮料中使用苯甲酸和山梨酸等防腐剂。中国国家标准 GB 2760—2014 也明确规定，茶饮料中不得添加苯甲酸和山梨酸类防腐剂。荷兰鹿特丹尤尼利弗公司的创新发明，涉及含有茶提取物和具有抗微生物活性的肉桂酸或其酸性衍生物，能够维持饮料的 pH 值在 4.5 以下，这一发明能够制备出在常温下稳定的茶饮料，并适用于冷罐装工艺。与使用苯甲酸、山梨酸等传统防腐剂不同，该发明采用的肉桂酸本身就是一种天然香料，对人体无任何毒副作用，为茶饮料的品质和保存提供了一个安全、有效的解决方案。

（二）肉桂醛及其衍生物的潜在应用研究

　　肉桂醛（CIN，**2-2**）是香料肉桂挥发油中的主要成分（约占 50.13%），在食品工业中扮演着多重角色。它不仅广泛应用于食用香料领域，提升食品的香气和风味，还因其出色的保鲜、防腐和防霉特性而被用作纸张等材料的保护剂。此外，肉桂醛也是一种备受欢迎的调味油，它能够显著改善食品的口感和风味。这种多功能的香料被广泛应用于多种食品中，包括但不限于方便面、口香糖、槟榔等休闲食品，以及面包、蛋糕、糕点等烘焙食品，为这些产品增添了独特的香气和风味。

　　关于肉桂醛最新的应用研究主要涉及甘薯病害防治以及面包和香蕉的保鲜。

　　研究表明，肉桂醛可以有效抑制甘薯根腐病菌（*Fusarium solani*）的生长和繁殖[11]。0.075 mg/mL 的肉桂醛可完全抑制 *F. solani* 孢子的萌发和活力，并显著抑制菌丝生长和产孢量。利用 0.3 g/L 的肉桂醛蒸气处理可完全抑制 *F. solani* 在甘薯块茎上的生长，有效控制甘薯根腐病，并防止可溶性糖和淀粉的流失，保持其营养价值。其抗菌机制可能是通过破坏细胞膜完整性、降低线粒体膜电位、诱导 ROS

积累和细胞凋亡来抑制 *F. solani* 的生长。此外，肉桂醛还能促进线粒体特异性磷脂酰基 CL 的过氧化和降解，进而触发细胞凋亡过程。该研究揭示了肉桂醛对甘薯根腐病菌 *F. solani* 的特异性抑制机制，其能有效控制甘薯采后病害并延长甘薯的保鲜期，从而减少甘薯采后损失，提高经济效益，是一种理想的绿色保鲜剂。

此外，肉桂醛（2-2）对食源性真菌黑曲霉（*A. niger*）展现出显著的抑制效果[12]，在不同处理方式下表现出不同程度的抗真菌活性，其中液体培养基测试显示出最高的活性，其次是固体接触和气体扩散方法。初步机制研究表明，与未经处理的真菌相比，使用 100 μg/mL 肉桂醛处理的真菌中，活性氧和丙二醛的含量分别高出 2.74 倍和 2.07 倍，提示肉桂醛可能以剂量依赖的方式，通过诱导氧化应激，损伤细胞超微结构和膜完整性，从而杀灭食源性腐败菌。实际应用研究表明，在普通包装中使用肉桂醛可以通过抑制黑曲霉的生长来延长切片面包的保质期 3~4 天。总体而言，肉桂醛可以作为一种绿色安全的替代性食品防腐剂使用，尤其在面包保鲜领域显示出潜在的应用价值。

在香蕉保鲜方面，Li 等[13]开发了一种新型的以大豆蛋白分离物（SPI）为基础，加入植物源性肉桂醛（2-2）或简易合成的花状氧化锌纳米粒子（ZnONP）的复合涂层 SPI/CIN/ZnONP，可用于香蕉的采后保鲜。该涂层对黑曲霉等病原微生物具有显著的抑制作用，能有效防止果实腐烂，保证果实安全。机制研究表明，该涂层对病原微生物的抑制作用主要源于肉桂醛和 ZnONP 的协同抗菌作用，两者均能产生氧化应激，导致病原微生物产生过多的活性氧，从而会破坏病原微生物的细胞结构，干扰其正常的生理代谢过程，最终导致病原微生物凋亡。实际应用研究表明，该涂层能减少香蕉的水分损失，保持果实硬度、总可溶性糖和可滴定酸度在较高水平，并抑制病原微生物的生长，从而提高香蕉的品质和延长货架期。SPI/CIN/ZnONP 纳米复合涂层是一种安全、环保、高效的香蕉保鲜材料，具有广阔的应用前景。鉴于肉桂醛的显著抗菌活性和安全无毒的特点，加之其使用方法可浸果、熏蒸和采前喷布等灵活性，肉桂醛有望成为最普遍的水果防腐保鲜剂之一。

（三）阿魏酸及其衍生物的抗菌活性研究与应用

阿魏酸及其衍生物的应用研究主要涉及桃子保鲜和海鲜或腊肠防腐方面，同时，富含阿魏酸及其衍生物的蔬菜黑甘蓝也被认为是一种有前景的蔬菜。

Hernández 等[14]研究了柑橘皮多酚提取物（OPE）对果实采收后的 3 种真菌病原菌核果褐腐病菌（*Monilinia fructicola*）、灰葡萄孢（*B. cinerea*）和常见农业致病菌链格孢属 *Alternaria alternata* 的抑菌能力。1.5 g/L 的 OPE 提取物对 3 种目标真菌的菌丝生长和分生孢子萌发均有 100% 的抑制作用。进一步活性跟踪表明，甜橙皮中主要酚类化合物阿魏酸（2-4）和对香豆素（2-7）均表现出明显较高的抑菌能力，OPE 的抑制活性可能归因于两种苯丙素衍生物的作用。有趣的是，在基于桃子的介质中，阿魏酸仍然对 *M. fructicola* 和 *A. alternata* 有效，并且比对香豆素更有效地控制 *B. cinerea*。这些结果突出了富含阿魏酸的橙皮废弃物作为抗真菌化合物的极佳来源，无论是单独使用还是与其他收获后处理相结合，都有可能作为一种天然替代品，减少收获后损失，并延长水果的保质期。

Ayaz 等[15]通过高效液相色谱-质谱法（HPLC-MS）发现食用蔬菜黑甘蓝（*Brassica oleraceae* var. *acephala*）叶片中阿魏酸（2-4）和咖啡酸（2-3）的含量极高，总含量分别达到 4269 ng/g 和 4887 ng/g。抗菌活性测试显示，其提取物对致病菌金黄色葡萄球菌（*Staphylococcus aureus*）、粪肠球菌（*Enterococcus faecalis*）、枯草芽孢杆菌（*Bacillus subtilis*）和卡他莫拉菌（*Moraxella catarrhalis*）均表现出中等抗菌活性，提示该蔬菜是一种安全无毒的天然抗菌剂或是替代性的天然抗生素，具有一定的应用前景。

新鲜海产品在内源性酶和微生物等因素的影响下极易发生腐败，因此抑制微生物的生长对延长其货架期就显得尤为重要。王丽平等[16]研究发现，三种阿魏酸（2-4）-β-环糊精包合物 IC1:0.5、IC1:1 和 IC1:2 对带鱼特定腐败菌棕色类香味菌（*Myroides. Phates*）、摩氏摩根氏菌（*Morganella.morganii*）、居泉沙雷菌（*Serratia.fonticola*）和麦芽香肉杆菌（*Carnobacterium maltaromaticum*）均有一定的抑制效果，其中对麦芽香肉杆菌（*C.maltaromaticum*）的抑制效果是最佳的，同时随着包合物中阿魏酸比例的提高，对菌株的抑制效果明显增强。*M. phates* 对 IC1:2 的敏感性极高，抑制率高达 99.98%。进一步将环糊精-阿魏酸包合物应用于带鱼的保鲜研究中，结果发现，与对照组相比，采用环糊精-阿魏酸包合物 IC1:0.5、IC1:1 和 IC1:2 组能降低鱼肉中的挥发性盐基氮值（TVB-N 值）和硫代巴比妥酸值（TBARS 值），在延缓脂质氧化方面作用显著，这与阿魏酸的抗氧化特性密切相关，同时能提高样品鱼肉的感官品质，延长货架期 3~5 天。这种新型生物保鲜材料在海产品保鲜的应用中具有巨大潜力。此外，阿魏酸作为天然保鲜剂可延长南美白对虾的货架期[17]，用 0.5%和 1%的阿魏酸浸泡南美白对虾之后可显著减缓南美白对虾的菌落总数（TNC 值）、TVB-N 值、pH 值、TBARS 值及褐变情况，而且在两种浓度下的阿魏酸均可延长 5 天货架期。肖乃玉等[18]研究发现在腊肠上涂覆阿魏酸-胶原蛋白抗菌膜，可有效地隔绝微生物侵入途径，延缓食品成分的化学变化，将腊肠的货架期延长 8.5 天。

综上所述，鉴于这些植物来源的肉桂酸及其衍生物，普遍展现出安全、高效和低毒性的特质，我们可以预见这些化合物在未来拥有广阔的应用前景。

二、绿原酸及其衍生物

绿原酸（chlorogenic acid，CGA，**2-8**）（图 2-2），又名 3-咖啡酰奎尼酸，是植物在有氧呼吸过程中通过磷酸戊糖途径（HMS）合成的一种苯丙素类次生代谢产物，其广泛存在于药用及食用植物中。Marques 等[19]通过 HPLC-UV 和 LC-DAD-ESI-MS 确定了 14 种干燥药用植物中的绿原酸含量，其中巴拉圭冬青（*Ilex paraguariensis*）、*Bacharis genistelloides*、小茴香（*Pimpinella anisum*）、刺菊（*Achyrochine satureioides*）、茶树（*Camellia sinensis*）、香蜂花（*Melissa officinalis*）和柠檬草（*Cymbopogon citratus*）中含量较高，其干重含量达到 84.7 mg/100 g ~ 9.7 g/100 g。针对绿原酸的研究，主要集中在防腐保鲜和衍生物的发现上[20-24]。

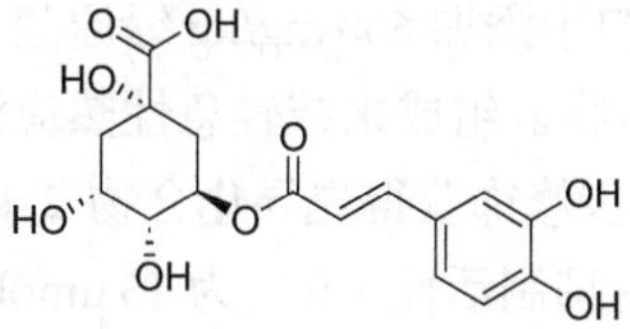

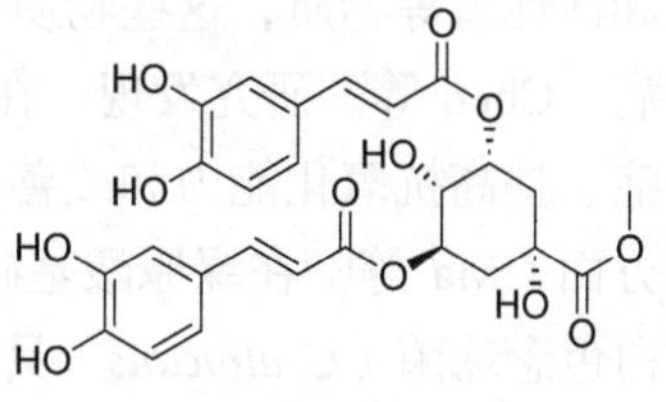

图 2-2　绿原酸及其衍生物的化学结构

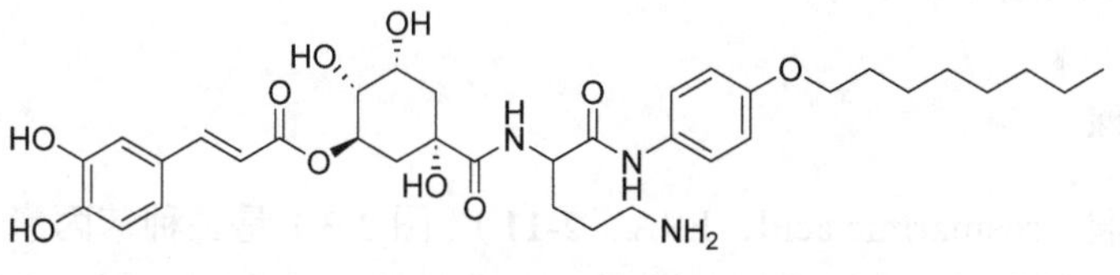

绿原酸的协同保鲜作用可以减少香肠中致癌亚硝酸盐的使用。研究发现，从甘薯（*Ipomoea batatas*）叶中[20]分离得到的绿原酸（**2-8**）对金黄色葡萄球菌（*S. aureus*）和大肠杆菌（*E. coli*）均有抑制作用，MIC 分别达到 200 μg/mL 和 250 μg/mL。基于此，甘薯叶绿原酸可与红曲色素和亚硝酸钠制备为复配型防腐剂（其比例为红曲色素 1200 mg/kg，亚硝酸钠 50 mg/kg，甘薯叶绿原酸 200 μg/g）应用于发酵香肠的防腐保存中，推测绿原酸能与食品中的亚硝酸盐结合，阻止亚硝酸盐与胺结合产生致癌的亚硝胺，从而有效降低发酵香肠中致癌亚硝酸盐的用量。

Zhang 等[21]评估了绿原酸对猕猴桃中 *Diaporthe* sp.感染的影响，结果表明，绿原酸显著抑制了 *Diaporthe* sp.孢子的萌发、芽管的伸长和菌丝的生长。可能的机制是绿原酸诱导了线粒体活性氧的爆发，这与 Ca²⁺ 的流入有关，导致线粒体功能障碍并触发了真菌细胞的凋亡。实际应用研究表明，将绿原酸应用于猕猴桃，以浓度依赖的方式抑制了采后病害，且对果实品质没有任何不良影响。说明绿原酸是一种安全的天然抗真菌剂，用于在储存期间维持猕猴桃果实品质。除此之外，从紫茎泽兰中（*Ageratina adenophora*）分离出绿原酸甲酯类衍生物 **2-9**（图 2-2），该分子具有较强的抗细菌活性。活性筛选表明，其对 5 株被试菌株（*S. aureu*、*B. thuringiensis*、*E. coli*、*Salmonella enterica*、*Shigella dysenteria*）均表现了一定的抑制活性，其 MIC 值分别为 59 μmol/L、59 μmol/L、59 μmol/L、7.4 μmol/L 和 117.9 μmol/L，尤其对肠道链球菌（*S. aenterica*）的抑菌活性接近阳性对照化合物卡那霉素（MIC 为 3.4 μmol/L）。

此外，抗感染方面，Takahama 等[22]发现绿原酸可以将硝酸盐还原成一系列氮氧化合物和活性氧等物质，这些物质可以抑制口腔细菌的滋生，从而预防牙周炎等口腔疾病。Chen 等[23]研究发现，在家禽日粮中添加 600 mg/kg 绿原酸，可以通过抑制炎症、提高抗氧化能力和改善盲肠微生物群组成来减轻急性热应激损伤。结构修饰方面，Ma 等[24]在绿原酸基础上进一步修饰获得先导化合物 **2-10**（图 2-2），其对白色念珠菌（*C. albicans*）具有明显的抑制活性（IC₅₀ 为 15 μmol/L，MIC 为 6 μmol/L），其抑制真菌膜酶的效力与已知的 1,3-*β*-D-葡聚糖合酶抑制剂（aculeacin A）活性相当。

三、迷迭香酸

迷迭香酸（rosmarinic acid，ERA，**2-11**）（图 2-3）是一种苯丙素二聚体类化合物。研究主要分析了迷迭香酸的含量、抗菌活性以及作用机制、蛋糕保鲜以及养殖方面的应用研究。

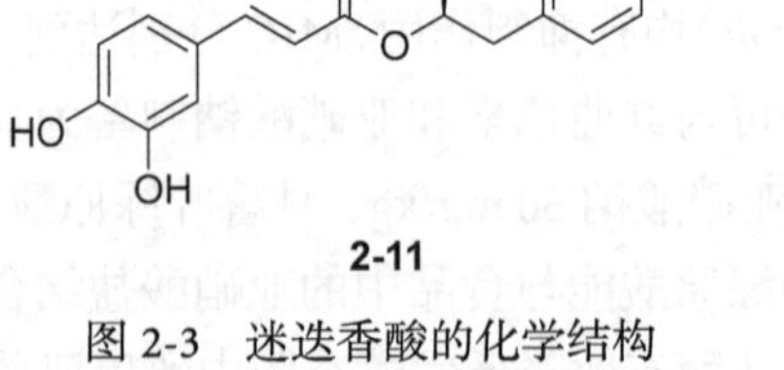

2-11

图 2-3　迷迭香酸的化学结构

张敏等[25]综合比较了不同品种、不同部位药食两用植物紫苏（*Perilla frutescens*）中迷迭香酸含量，并对迷迭香酸提取工艺、纯化方法及抑菌特性进行初步研究，结果表明，单面红叶中迷迭香酸含量最高，可达到 1.6 mg/g。活性筛选结果表明迷迭香酸对大肠杆菌（E. coli）、金黄色葡萄球菌（S. aureus）、沙门氏菌（S. enterica）、枯草芽孢杆菌（B. subtilis）等均具有一定的抑菌性，其中大肠杆菌的 MIC 和最小杀菌浓度（MBC）分别为 0.8 mg/mL、0.9 mg/mL，沙门氏菌的 MIC 和 MBC 分别为 0.9 mg/mL、1.0 mg/mL，金黄色葡萄球菌和枯草芽孢杆菌的 MIC 和 MBC 均为 1.0 mg/mL 和 1.1 mg/mL。其作用机制可能为迷迭香酸通过破坏细胞结构和菌体蛋白，抑制 Na^+/K^+-ATP-ase 活性等方式对菌体细胞产生不同程度的破坏，起到抑制作用。

抗菌保鲜方面，Caleja 等[26]研究发现，蜜蜂花（Melissa officinalis）提取物中富含迷迭香酸，其含量达到 181 mg/g ± 3 mg/g。进一步研究发现 ERA 对所有细菌种类，无论是革兰氏阳性还是革兰氏阴性（除金黄色葡萄球菌外），都给出了比链霉素和氨苄西林更低的 MIC 和最小杀真菌浓度（MFC），值得一提的是，其提取物对肠杆菌属（Enterobacter cloacae）的 MIC 和 MFC 分别为 0.075 mg/mL 和 0.15 mg/mL。另一方面，该提取物也表现出显著的抗真菌活性，对黄曲霉（Aspergillus ochraceus）的 MIC 和 MFC 分别为 0.1 mg/mL 和 0.2 mg/mL，是阳性对照酮康唑活性的 10 倍（MIC 和 MFC 分别为 1.5 mg/mL 和 2.0 mg/mL）。同时，除了烟曲霉（A. fumigatus）、绳状青霉（Penicillium funiculosum）和黄绿青霉（P. ochrochloron）中测量的 MFC 值外，该提取物对其他真菌种类，如赭曲霉（A. ochraceus）、杂色曲霉（A. versicolor）、黑曲霉（A. niger）、疣孢青霉（P. verrucosum）、绿色木霉菌（Trichoderma viride）都显示出比酮康唑和双胍唑更高的活性，无论是考虑 MIC 还是 MFC 结果。考虑到这些有益特性，将蜜蜂花提取物添加到标准杯子蛋糕中，其保鲜效果、化学成分、颜色等参数与添加山梨酸钾进行了比较，结果显示，富含迷迭香酸的柠檬香蜂草提取物可以为烘焙产品增添有益的功能性特性，从而潜在地促进消费者健康。

由于迷迭香酸较好的抗菌活性，在养殖业方面也有一些应用研究。研究发现，在断奶仔猪的饲粮中添加 500 mg/kg 的迷迭香酸可有效改善其结肠结构形态、调节结肠菌群组成、提高结肠食糜中类细菌代谢产物的含量，有利于维持断奶仔猪结肠屏障功能，从而缓解断奶仔猪腹泻[27]。此外，在肉鸡饲粮中分别添加 40 ~ 160 mg/kg 的迷迭香酸，能显著降低堆型艾美耳球虫肉鸡粪便中卵囊数量、三周龄肝脏指数和血清谷丙转氨酶活性，有效缓解鸡球虫病引起的肉鸡生长缓慢的问题[28]。

四、丁香酚及其衍生物

丁香酚（**2-12**）（图 2-4）是一种苯丙素类天然化合物，主要从药食两用植物丁香（*Eugenia caryophyllata*）的干燥花蕾中提取获得。《中国药典》载明，丁香酚是从丁香油、丁香茎叶油或其他含丁香酚的芳香油中蒸馏分离而得。世界卫生组织（WHO）提出人类每日可接受的丁香酚量为 2.5 mg/kg 体重，亦是美国 FDA 认可的安全食品添加剂[29,30]。在食品中主要作为食用香精使用，我国《食品安全国家标准　食品添加剂使用标准》（GB 2760—2014）中丁香酚的编码为 S0091。丁香酚及其衍生物具有较好的抗菌效果，与化学食品防腐剂（苯甲酸钠、山梨酸钾等）相比，丁香酚在抗菌活性、抗氧化性、芳香性和安全性方面表现出多种优势，是化学食品防腐剂的理想替代品，目前在食品、化妆品、水产养殖、家畜养殖、植物保护等领域有很广泛的应用[30]。针对丁香酚的研究非常多，主要包括抗菌活性研究、食品保鲜、保鲜膜、微胶囊以及防腐包等研究。

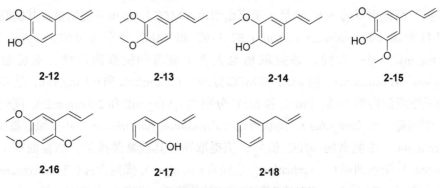

图 2-4　丁香酚及其衍生物的化学结构

丁香酚（**2-12**）[8]对五株植物病原真菌黄曲霉（*A. flavus*）、扩展青霉（*Penicillium expansum*）、匍枝根霉（*Rhizopus stolonifer*）、核果褐腐病菌（*S. sclerotiorum*）和灰葡萄孢（*B. cinerea*）的 EC_{50} 值分别为 129.68 μg/mL、72.24 μg/mL、50.04 μg/mL、37.46 μg/mL 和 86.54 μg/mL；异丁香酚甲醚（**2-13**）对五株供试菌的 EC_{50} 值分别为 281.18 μg/mL、34.08 μg/mL、48.71 μg/mL、35.34 μg/mL 和 13.18 μg/mL；异丁香酚（**2-14**）对五株供试菌的 EC_{50} 值分别为 75.04 μg/mL、80.50 μg/mL、52.21 μg/mL、15.92 μg/mL 和 14.22 μg/mL；α-细辛脑（**2-16**）对五株供试菌的 EC_{50} 值分别为 232.11 μg/mL、109.34 μg/mL、50.43 μg/mL、16.57 μg/mL 和 77.74 μg/mL；2-烯丙基苯酚（**2-17**）对五株供试菌的 EC_{50} 值分别为 79.86 μg/mL、85.83 μg/mL、15.33 μg/mL、36.19 μg/mL 和 41.09 μg/mL。同时，异丁香酚（**2-14**）对食源性细菌蜡样芽孢杆菌（*B. cereus*）的 MIC_{90} 值为 200 μg/mL。李建菲[31]在其研究中深入分析了丁香酚对一系列食源性致病菌的抗菌效果，包括金黄色葡萄球菌、白色葡萄球菌、枯草芽孢杆菌、单核细胞增生李斯特菌、大肠杆菌、伤寒沙门氏杆菌和痢疾杆菌。研究

结果显示，丁香酚对大肠杆菌和痢疾杆菌的 MIC 均为 0.3125 mg/mL，而对其他五种菌的 MIC 均为 0.625 mg/mL。

Ju 等[32]研究了丁香酚（**2-12**）（图 2-4）和柠檬醛（丁香酚和柠檬醛的混合物，简称 SEC）在黑曲霉（*Aspergillus niger*）抑制方面的协同效应，并探讨了其在面包保鲜方面的应用。通过分析发现，SEC 对黑曲霉细胞膜产生显著的作用效果。丙二醛（MDA）含量的增加表明 SEC 能有效诱导细胞膜的脂质过氧化，特别是柠檬醛在此过程中起到主导作用。在观察细胞表面形态时，SEC 处理引起了孢子表面的裂缝和溶解，丁香酚主要通过破坏细胞膜渗透性导致细胞分解，而柠檬醛主要影响细胞形态，导致细胞收缩或萎缩。最终，研究者将这一研究成果应用于开发了含有 SEC 的抗菌袋，成功延长了面包的保质期，且不产生令人不悦的气味。这项技术对食品行业具有潜在的应用前景，特别是满足了消费者对更清洁标签产品的需求。

在丁香酚复合材料研究方面，陈莹[33]通过将玉米/木薯淀粉膜作为基底，以丁香酚（**2-12**）作为抗菌剂，甘油作为增塑剂，成功制备了一系列含有不同浓度丁香酚的抗菌可食用包装膜。这些复合膜展现出了卓越的物理性能，如强大的抗拉强度、良好的溶解性、低水蒸气透过率、高效的紫外线屏蔽能力以及显著的抗氧化活性。特别是含有 8%和 16%丁香酚的复合膜，能在 5 小时内完全杀灭所有测试细菌。通过针对大肠杆菌和金黄色葡萄球菌的抑菌实验，发现当丁香酚浓度达到 0.8 mg/mL 时，复合膜的成膜液已展现出显著的抑菌效果。进一步的实验以苹果为对象，验证了复合膜的包覆效果。结果显示，使用该复合膜包裹的苹果在 7 天内保持新鲜，未出现腐败，这进一步证实了该复合膜的卓越抑菌性能。由于丁香酚淀粉复合膜是利用天然生物聚合物制备的，不仅具有良好的抗菌和抗氧化特性，而且在食品包装领域展现出巨大的应用潜力。这种环保的包装材料为目前难以降解的塑料包装膜提供了一种切实可行的替代方案。

Sasaki 等[34]研究了一种由果胶和丁香精油纳米乳液制成的生物纳米复合可食用膜，其机械性能和水蒸气透过性（WVP）等性能得到显著提升，该膜对金黄色葡萄球菌、大肠杆菌均具有一定的抑制作用，适合作为可食用包装使用。Talón 等 [35]通过浇铸技术成功制备了含有丁香酚的淀粉基薄膜。在这些薄膜中，丁香酚以自由态或被乳清蛋白和卵磷脂等不同壁材包埋后加入到成膜溶液中。研究发现，包埋丁香酚的添加显著改变了薄膜的微观结构，相较于未包埋丁香酚的薄膜，所得薄膜的拉伸性降低，对水的亲和力减少，透明度和氧气透过率也有所下降。特别是，含有油酸的丁香酚微胶囊的加入，有效促进了丁香酚在成膜过程中在淀粉基质中的稳定保留，使得这些薄膜展现出卓越的抗氧化性能。与对照样本相比，这些薄膜在长达 53 天、30℃ 的储存条件下，对于防止葵花籽油氧化具有显著效果，过氧化值、共轭二烯和三烯的含量维持在较低且几乎恒定的水平。Cheng 等[36]研制了一种创新的抗菌膜，该膜以山药淀粉为基材，D-山梨醇作为增塑剂，并掺入丁香酚，专为猪肉保鲜而设计。他们深入研究了膜的结构特性，并对比了甘油和 D-山梨醇两种增塑剂对膜的机械性能和阻隔性能的影响，以筛选出最适合作为丁香酚载体的材料。此外，他们还探讨了丁香酚的释放动力学和抗菌效果，并评估了这种膜在实际猪肉保鲜中的效能。研究发现，膜的机械性能和阻隔性能受到增塑剂种类的显著影响。丁香酚的释放过程受到扩散和侵蚀两种机制的协同控制。实验结果显示，丁香酚具有显著的剂量依赖性抗菌效果，对大肠杆菌的抗菌活性略高于其他两种细菌（金黄色葡萄球菌和李斯特菌）。值得一提的是，含有 3%丁香酚的膜能够将猪肉的保质期延长超过 50%，这一发现预示着该膜在活性包装领域具有巨大的应用潜力，能够有效延长食品的保鲜期限。Zheng 等[37]通过浇铸和溶剂蒸发技术，成功研制了一种含有不同比例橡子淀粉（AS）和丁香酚的壳聚糖（CH）基可食用膜。研究表明，适量添加 AS 能显著提升膜的机械强度和阻隔性能，而丁香酚的引入则大幅增强了膜的柔韧性、阻隔性、疏水性、抗菌性和抗氧化性。研究揭示，当 AS 与 CH 的质量比达到 0.9，丁香酚含量为 9%时，膜的综合性能达到最优。这类可食用膜的开发为包装行业在活性包装材料领域的创新提供了新的思路。

李密[38]将含有 0.2%、0.3%、0.4%丁香酚的明胶溶液与聚乳酸和纳米氧化锌（PLA/ZnO）基膜表面复合，制备出具有迁移型抑菌功能的复合膜。对大肠杆菌和金黄色葡萄球菌进行的抑制实验结果表明，该复合膜对这两种细菌均具有明显的抑制作用，且抑菌效果与丁香酚的添加量呈正相关。在丁香酚添加量为 0.4%时，复合膜的抑菌效果最佳，能够使大肠杆菌和金黄色葡萄球菌的菌落总数分别降低 3 个和 2.5 个对数值。将上述迁移型抑菌复合膜用于黄瓜在 4℃贮藏条件下的保鲜。研究表明，丁香酚可以刺激黄瓜自身氧化酶和脯氨酸的产生，延缓黄瓜的采后衰老，添加 0.3%丁香酚的抑菌复合膜可将黄瓜的保存期限从 15 天延长到 21天。

薛阳[39]研究了丁香酚-酪蛋白纳米体系（EL-CS-NPs）及溶菌酶-丁香酚-酪蛋白纳米体系（Ly-EL-CS-NPs）对枯草杆菌和金黄色葡萄球菌的协同抑菌效应。抑菌实验结果表明，EL-CS-NPs 纳米复合物对枯草杆菌和金黄色葡萄球菌的 MIC 和 MBC 分别为 0.24 mg/mL 和 0.48 mg/mL 以及 0.24 mg/mL 和 0.28 mg/mL，而 Ly-EL-CS-NPs 纳米复合物对枯草杆菌和金黄色葡萄球菌的 MIC 和 MBC 分别为 0.12 mg/mL 和 0.40 mg/mL 以及 0.16 mg/mL 和 0.24 mg/mL。Ly-EL-CS-NPs 相比 EL-CS-NPs 具有更低的 MIC 和 MBC。其作用机制可能是 Ly-EL-CS-NPs 纳米复合物能够共同作用于细菌细胞壁，促使丁香酚穿透细胞膜并改变其结构，进而促使细胞内容物释放，引发细胞凋亡，从而达到高效杀菌的目的。

魏彤竹[40]的研究深入探讨了丁香酚、香芹酚和百里香酚这三种植物精油主要成分对金黄色葡萄球菌、单核细胞增生李斯特菌、大肠埃希氏菌、沙门氏菌、阪崎克罗诺杆菌和铜绿假单胞菌等六种食源性致病菌的抗菌活性。研究结果表明，丁香酚在抑制这些致病菌方面的效果优于香芹酚，尤其是在 MIC 值方面，丁香酚的表现更为出色，显示出最佳的综合抗菌敏感性。另一方面，百里香酚对某些敏感菌株具有显著的抗菌作用，特别是在对抗单核细胞增生李斯特菌和沙门氏菌时，其 MIC 值低至 0.3 μL/mL。此外，研究还发现，将丁香酚和香芹酚以 1∶2 的比例复配，并以 β-环糊精作为壁材，成功制备出的精油微胶囊不仅保持了良好的抗菌活性，还展现出优异的稳定性和缓释性能。这项研究为开发新型天然抗菌剂提供了有价值的参考。

金佳幸等[41]进行了一项对比研究，探究了 β-环糊精包埋丁香酚、肉桂醛和柠檬醛的缓释防腐包在传统肉干中对抗霉菌的效果。研究发现，未添加任何防腐包的空白对照组肉干从第 28 天起开始出现霉菌生长，而添加了 2.0 克以上防腐包的肉干在 6 个月内均未发现霉菌。这一结果表明，所研制的防腐包展现出了显著的防霉效果，其中丁香酚的防腐性能尤为突出。

巴西学者[42]评估丁香酚（**2-12**）及其衍生物异丁香酚醚（**2-13**）、异丁香酚（**2-14**）和 4-烯丙基-2,6-二甲氧基苯酚（**2-15**）（图 2-4）对携带 NorA 外泌泵（EP）的金黄色葡萄球菌（*S. aureus*）的抗菌活性。抗菌活性分析表明，化合物 4-烯丙基-2,6-二甲氧基苯酚（**2-15**）对 SA 1199（野生型）菌株的 MIC 为 32 μg/mL，而异丁香酚（**2-14**）对 SA 1199 和 SA 1199B 菌株的 MIC 分别为 40.3 μg/mL 和 32 μg/mL，表明具有强大的抗菌活性，单萜烯直接的抗菌活性被归因于对细菌细胞膜结构和功能的毒性作用。事实上，由于它们的亲脂性，单萜烯更倾向于从水相移动到细菌膜，与多糖、脂肪酸和磷脂互动，这可能改变膜的渗透性。根据 Velluti 等[43]的说法，含有羟基基团的化合物的抗菌活性可能归因于它们与细菌酶的活性位点中的氨基酸形成氢键的能力。4-烯丙基-2,6-二甲氧基苯酚（**2-15**）、丁香酚（**2-12**）和异丁香酚（**2-14**）与诺氟沙星联合对抗 SA 1199B 菌株，显著降低了抗生素的 MIC，表明这些化合物具有增强抗生素作用的性质，可能与外泌泵抑制有关。与乙锭溴化物联合时，单萜烯 4-烯丙基-2,6-二甲氧基苯酚（**2-15**）、烯丙基苯（**2-18**）和异丁香酚（**2-14**）显著降低了该外泌泵底物对 *S. aureus* 1199B 菌株的 MIC，表明它们干扰了由外泌泵介导的抗性机制。对于 *S. aureus* 1199（野生型）菌株，与 4-烯丙基-2,6-二甲氧基苯酚（**2-15**）联合也观察到 MIC 的降低，暗示这种化合物的治疗可能影响其他抗性机制。总的来说，丁香酚衍生物在携带 NorA 外泌泵的菌株中具有用于抗菌药物或抗菌防腐剂开发的潜力。

五、没食子酸及其衍生物

没食子酸（**2-19**）及其衍生物（图 2-5）在自然界中广泛存在，不仅存在于五倍子、余甘子、石榴、葡萄、百合、月季、漆树、茶掌叶大黄、大叶桉、山茱萸、刺云实、红景天等植物中，提取没食子酸最主要的方法是以五倍子为原料。

在体外抗菌活性方面，张雅丽等[44]深入探讨了没食子酸（**2-19**）对一系列常见食源性致病菌和腐败菌的抑制效果。研究结果显示，没食子酸对单核细胞增生李斯特菌、大肠杆菌、金黄色葡萄球菌、枯草芽孢杆菌、蜡状芽孢杆菌和巨大芽孢杆菌的 MIC 值分别为 0.125 mg/mL、0.25 mg/mL、2 mg/mL、4 mg/mL、4 mg/mL、4 mg/mL。卢晓等[45]研究发现没食子酸对金黄色葡萄球菌具有较强的抑制作用，其 MIC 值为 0.01 mg/mL。胡勇梅等[8]发现没食子酸丁酯（**2-20**）对核果褐腐病菌（*S. sclerotiorum*）的 EC_{50} 值为 144.58 μg/mL，而没食子酸异戊酯（**2-21**）对匍枝根霉（*Rhizopus stolonifer*）和核果褐腐病菌的 EC_{50} 值分别为 50.28 μg/mL 和 77.03 μg/mL。同时，没食子酸异戊酯（**2-21**）对四种食源性细菌蜡样芽孢杆菌（*B. cereus*）、单核增生李斯特菌（*L. monocytogenes*）、大肠杆菌和肠炎沙门氏菌（*S. enterica*）的 MIC_{90} 值分别为 100 μg/mL、100 μg/mL、100 μg/mL 和 50 μg/mL。

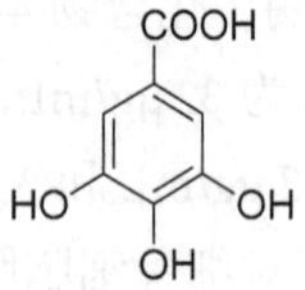

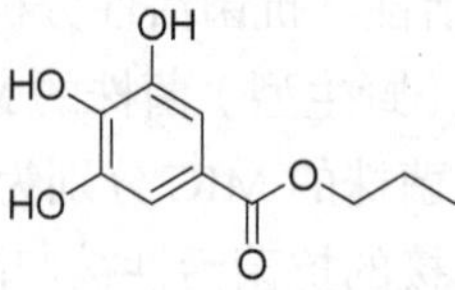

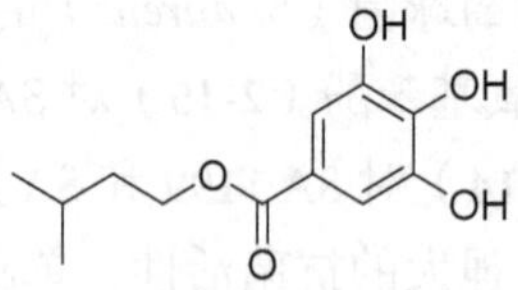

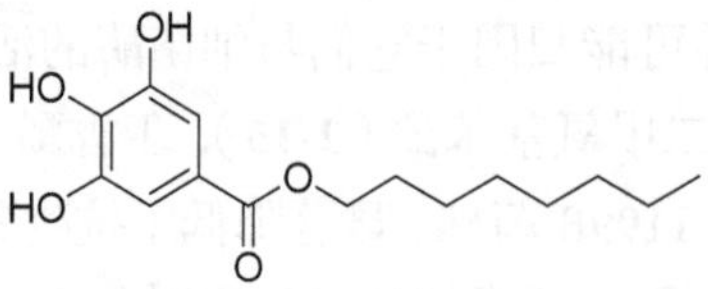

图 2-5　没食子酸及其衍生物的化学结构

在资源利用方面，Telles 等的研究[46]揭示了一个有趣的现象：在豆类样本中普遍呈现出较高的酚酸水平，花生豆样本的游离酚含量最高，达到 68 μg/g，红豆样本的游离酚含量略低，为 28 μg/g。这些酚酸主要是没食子酸（**2-19**）、绿原酸和原儿茶酸。更值得注意的是，所有样本中均未检出黄曲霉毒素，这表明酚类化合物可能在豆类中形成了一种天然的防御机制，有效防止了真菌污染和黄曲霉毒素的产生。该研究指出了一种潜在的方法，即从那些在质量控制过程中被丢弃的谷物中获得天然防腐剂。

Aguilar-Galvez 等[47]对塔拉豆荚（*Caesalpinia spinosa*）提取物（EE）和酸水解 4 小时和 9 小时的产物（HE-4 和 HE-9）中获得的没食子鞣质的组成、抗氧化活性、抗微生物活性（AA）和最小抑菌浓度（MIC）进行了表征。AA 和 MIC 的结果表明，EE 对荧光假单胞菌（*Pseudomonas fluorescens*）、枯草芽孢杆菌（*B. subtilis*）和肠炎沙门菌（*Salmonella enteritidis*）最为敏感，MIC 分别为 0.53 mg 没食子酸/mL、1.06 mg 没食子酸/mL 和 4.25 mg 没食子酸/mL；相应的 MBC 分别为 4.25 mg 没食子酸/mL、8.5 mg 没食子酸/mL 和 17 mg 没食子酸/mL。在这些细菌中，只有对金黄色葡萄球菌（*S. aureus*）的抗菌效力在 EE 水解后得到了增强。HE-4 对金黄色葡萄球菌的 MIC 值最低（0.13 mg 没食子酸/mL），相应的 MBC 为 14.0 mg 没食子酸/mL。这些结果表明，塔拉没食子鞣质有潜力抑制病原细菌，可能在食品中作为抗菌剂应用，且其 AA 可以通过酸水解得到增强。

在食品保鲜方面，主要探索了没食子酸在面包、鱼和水果保鲜方面的应用。

从红毛丹（*Nephelium lappaceum*）果皮[48]中提取酚类化合物。在果皮中鉴定出没食子酸（2-19）、鞣质、石榴苷和杨梅酸等主要化合物。用提取物添加的面包显示出更好的酚类含量和抗氧化活性，15 μg/mL 的强化水平具有出色的质地特性，且添加提取物的面包显示出卓越的抗真菌活性，有助于保护面包免受变质，从而延长了面包屑的保质期。

Shi 等[49]通过酶促反应合成了一系列没食子酸烷基酯，并在大肠杆菌和金黄色葡萄球菌中测定了 MIC 和 MBC。研究发现，随着烷基链长度的增加，MIC 和 MBC 值呈现出一种先降低后升高的截止效应。在这些化合物中，没食子酸辛酯（OG，2-22）显示出卓越的抗菌效果，对大肠杆菌的 MIC 和 MBC 均为 0.1 mmol/L，对金黄色葡萄球菌的 MIC 和 MBC 分别为 0.05 mmol/L 和 0.1 mmol/L。在抗菌作用机制方面，研究表明 OG 通过多种途径对细菌产生抑制作用。首先，OG 能够破坏细菌细胞壁的完整性，抑制细菌细胞的生长。其次，OG 进入细菌细胞后与 DNA 发生相互作用，干扰细菌的基因复制。此外，OG 还影响了细菌的呼吸电子传递链（ETC）的功能，导致高水平的活性氧（ROS）产生，并促使 ROS 相关基因表达上调。这些机制的协同作用导致了细菌的抑制和死亡。同时，含有 OG 的静电纺丝纳米纤维在维持冰鱼的新鲜度方面展现出了独特的优势。这项研究不仅深化了对 OG 与微生物相互作用的理解，还突显了 OG 作为一种安全多功能食品添加剂在食品保鲜领域的广阔应用前景。

闫莹莹[50]研究发现没食子酸（**2-19**）通过共价键与壳聚糖接枝改性，形成了没食子酸-壳聚糖（CS-GA）衍生物。抑菌试验表明，CS-GA 对金黄色葡萄球菌的抑菌效果最为显著，其最小抑菌浓度为 1.0 mg/mL，低于壳聚糖的抑菌浓度。CS-GA 衍生物涂膜能有效减少赛买提杏果实的质量损失，保持果实的高硬度和良好色泽。空白对照组在第 14 天达到呼吸高峰和乙烯释放量高峰，而经 CS-GA-0.5%处理的组别呼吸高峰推迟至第 28 天，乙烯释放量高峰推迟至第 21 天。这表明 CS-GA 处理能够减缓呼吸速率和乙烯产生，从而延迟呼吸高峰和乙烯释放高峰的到来，并有助于维持赛买提杏较高的外观品质。

六、姜黄素及其衍生物

姜黄素（**2-23**）及其常见衍生物脱甲氧基姜黄素（**2-24**）、双脱甲氧基姜黄素（**2-25**）和四氢姜黄素衍生物（**2-26 ~ 2-28**）（图 2-6），是一类来源于草本植物姜黄根茎中的天然植物多酚，已被世界卫生组织（WHO）和美国食品药品监督管理局（FDA）批准作为绿色安全的色素和香料添加到食品中（人体最大摄入量 12 g/d）[51]。已有多项研究表明，姜黄素是一种具有可食用、安全、有效和

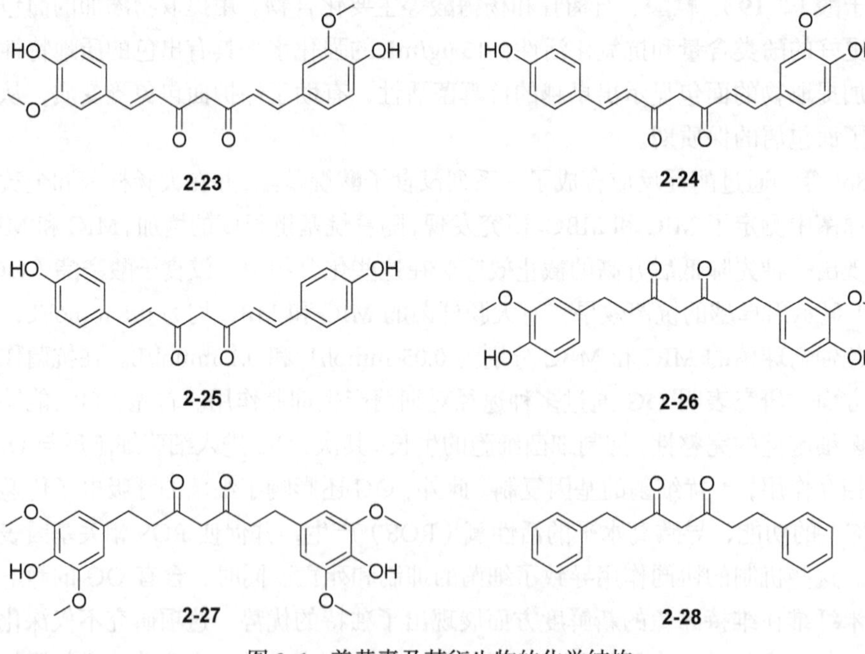

图 2-6　姜黄素及其衍生物的化学结构

环保特性的天然光敏剂，能够消毒和抑制微生物[52]。姜黄素介导的光动力疗法（curcumin mediated PDT，Cur-PDT）已被研究用于抑制一些微生物，包括细菌如大肠杆菌（*E. coli*）和表皮葡萄球菌（*Staphylococcus epidermidis*）[53]，白色念珠菌（*C. albicans*）[54]，以及丝状真菌如扩展青霉（*P. expansum*）[55]、灰霉菌（*B. cinerea*）[56]、黄曲霉（*A. flavus*）和青霉菌（*Penicillium chrysogenum*）[57]。

许多文献报道了姜黄素介导的光动力疗法及其抗菌活性的相关研究。Corrêa 等[58]评估了紫外光 C（UV-C）和姜黄素介导的光动力失活（Cur-PDT）技术在肉类和水果去污染方面的应用。结果表明该方法能有助于减少肉类和水果表面的大肠杆菌和金黄色葡萄球菌污染水平，且对食品的外观和质量没有明显影响。Tao 等[59]也表明 Cur-PDT 对新鲜切割苹果表面的大肠杆菌具有良好的杀菌效果，姜黄素的浓度和照射时间是影响杀菌能力的主要因素。Chai 等[60]发现，Cur-PDT 能够有效降低新鲜切割梨表面单核细胞增生李斯特菌的存活率，从而保持梨的质量。Huang 等[61]探讨了姜黄素介导的蓝光发光二极管（LED）光动力灭活（PDI）在保持受李斯特菌污染三文鱼品质方面的应用效果。实验结果表明，在 25℃ 的储存条件下，PDI 能显著抑制李斯特菌在三文鱼中的增长，最高抑制效果可达 4.0 $\log_{10}$ CFU/g（99.99%），远超阴性对照组。PDI 还显著延缓了 pH 值的升高（$P < 0.05$）和挥发性盐基氮（TVB-N）的生成，减缓了游离脂肪酸的累积，并降低了蛋白质的分解速度，从而有效保持了三文鱼的营养品质。此外，PDI 还有效防止了三文鱼颜色的变化，减少了水分流失，保持了其良好的质地和感官特性。PDI 作为一种前景广阔的非热处理技术，在鱼类保鲜领域显示出了其有效性和实用性。

然而，姜黄素的水溶性低大大限制了其在食品工业中 PDT 治疗的应用。Lai 等[62]为了克服姜黄素的水溶性差的问题，制备了一种姜黄素-β-环糊精（Cur-β-CD）复合物作为新型杀菌光敏剂。此外，测量了活性氧（ROS）生成能力和光动力杀菌效果，以确认这种 Cur-β-CD 复合物保持了姜黄素的光动力活性。结果显示，Cur-β-CD 在蓝光照射下能有效产生 ROS。平板计数法表明 Cur-β-CD 复合物对食源性病原体，包括金黄色葡萄球菌、单核细胞增生李斯特菌和大肠杆菌具有理想的光动力抗菌效果。初步机制研究表明，Cur-β-CD 能引起细菌的细胞变形、表面塌陷和细胞结构损伤，导致细胞质泄漏；同时，Cur-β-CD 还能诱导细菌 DNA 的损伤和蛋白质降解，从而发挥杀菌作用。

此外，Coma 等研究发现[63]四氢姜黄素（**2-26 ~ 2-28**）类化合物（图 2-6）在体外能控制层生镰刀菌（*Fusarium proliferatum*）生长及其真菌毒素-伏马毒素 B_1（fumonisin B_1）产生的效率。初步构效关系研究表明，含有两个愈创木酚亚基的四氢姜黄素（**2-26**），在 13.6 μmol/mL 浓度下对层生镰刀菌抑制率为 67%，含有丁香酚单元 **2-27** 在 11.5 μmol/mL 浓度下抑制率为 36%，芳香环上无任何取代基的 **2-28** 在 13.6 μmol/mL 浓度下抑制率为 30%。研究还表明，**2-26** 还在液体培养基中分别在 0.8 μmol/mL、1.3 μmol/mL 和 1.9 μmol/mL 浓度下将伏马毒素 B_1 的产量降低了约 35%、50% 和 75%。这些非常低的抑制浓度表明，四氢姜黄素类化合物可能是控制霉菌毒素产生菌株最有前途的生物基分子之一。

第二节　二苯乙烯类抗菌剂

二苯乙烯类化合物通常是指含有两个苯环，其间由乙烯基相连的二苯乙烯母体结构的化合物，其中最具代表性的就是白藜芦醇（resveratrol，**2-29**）、紫檀芪（pterostilbene，**2-30**）和 3′-羟基紫檀芪（**2-31**）等（图 2-7）。

（一）二苯乙烯类化合物的体外抗菌活性

胡勇梅等[8]对一系列二苯乙烯类化合物（化合物 **2-29 ~ 2-36**）（图 2-7）开展了食源性细菌和植物病原真菌的抑制活性研究，结果表明，白藜芦醇（**2-29**）[10]对食源性细菌大肠杆菌的 MIC_{90} 值为 100 μg/mL；氧化白藜芦醇对蜡样芽孢杆菌（*B. cereus*）、单核细胞增生李斯特菌（*L. monocytogenes*）、大肠杆菌的 MIC_{90} 值均为 200 μg/mL；白皮杉醇（**2-33**）对蜡样芽孢杆菌和大肠杆菌的 MIC_{90} 值均为 200 μg/mL；紫檀芪（**2-30**）和 3′-羟基紫檀芪（**2-31**）对蜡样芽孢杆菌的 MIC_{90} 值均为 50 μg/mL。同时，紫檀芪（**2-30**）对五株植物病原真菌黄曲霉（*A. flavus*）、扩展青霉（*P. expansum*）、匍枝根霉（*R. stolonifer*）、核果褐腐病菌（*S. sclerotiorum*）和灰葡萄孢（*B. cinerea*）的 EC_{50} 值分别为 15.94 μg/mL、62.28 μg/mL、33.39 μg/mL、17.42 μg/mL 和 27.02 μg/mL；3′-羟基紫檀芪（**2-31**）的 EC_{50} 值分别为 56.70 μg/mL、139.19 μg/mL、36.04 μg/mL、51.31 μg/mL 和 260.92 μg/mL；苯烯莫德（**2-36**）的 EC_{50} 值分别为 171.29 μg/mL、45.00 μg/mL、27.94 μg/mL、16.15 μg/mL 和 15.00 μg/mL。Filip 等[64]研究发现白藜芦醇（**2-29**）对霉菌的抑制作用较强，其中，黑曲霉（*Aspergillus niger*）对白藜芦醇最为敏感，11 mg/L 和 22 mg/L 浓度下的抑制率分别为 36.4% 和 55.8%。

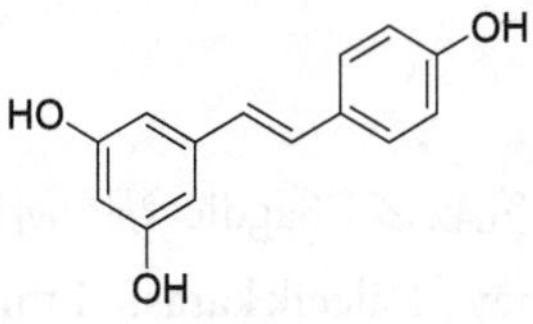

图 2-7　二苯乙烯类的化学结构

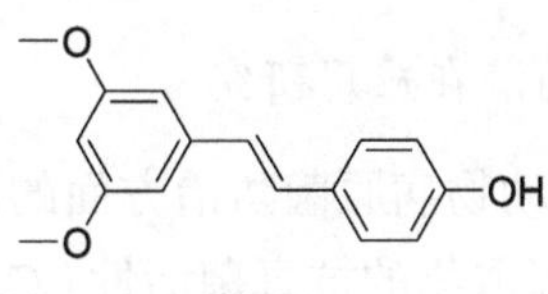

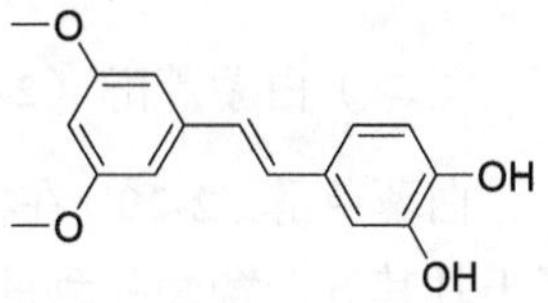

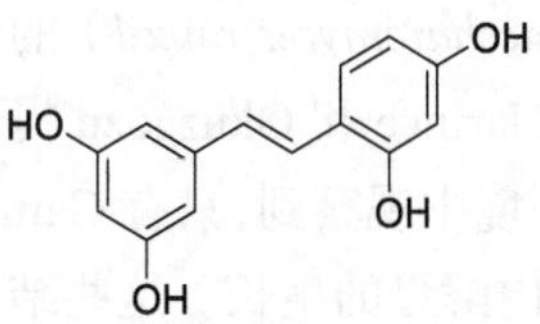

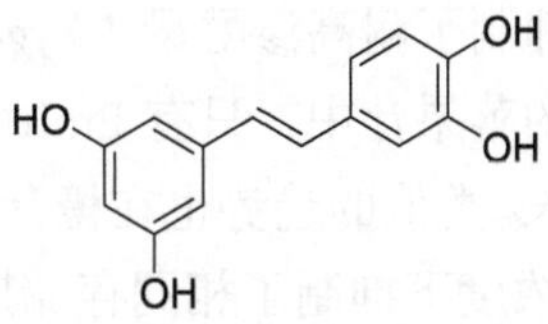

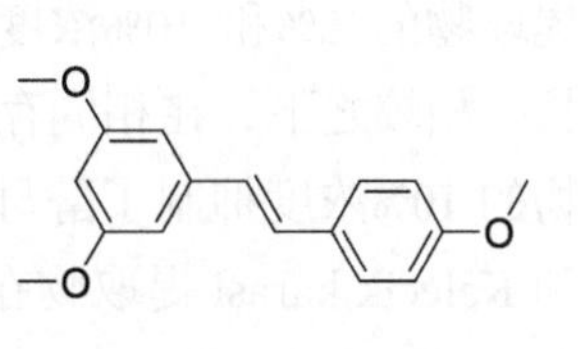

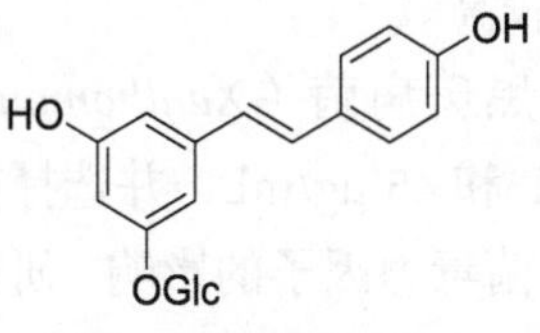

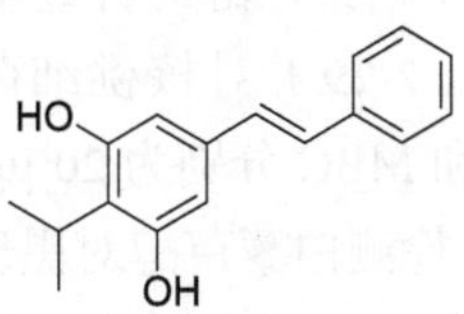

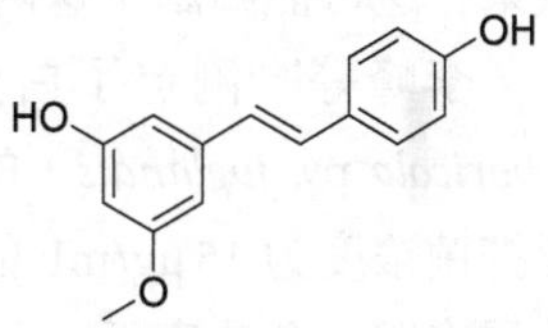

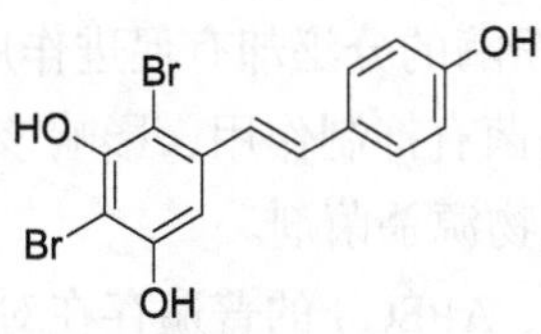

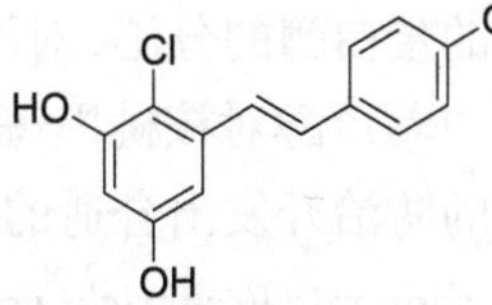

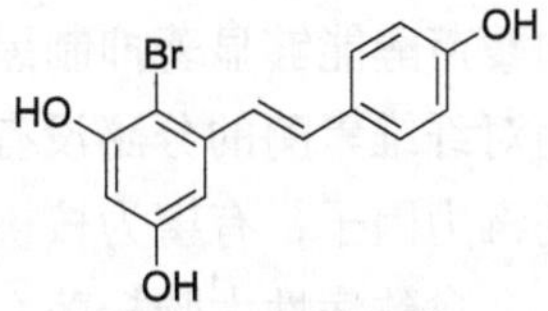

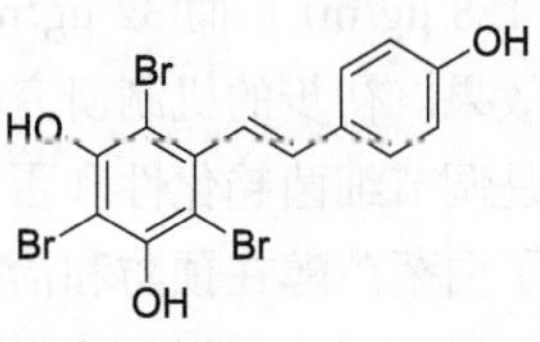

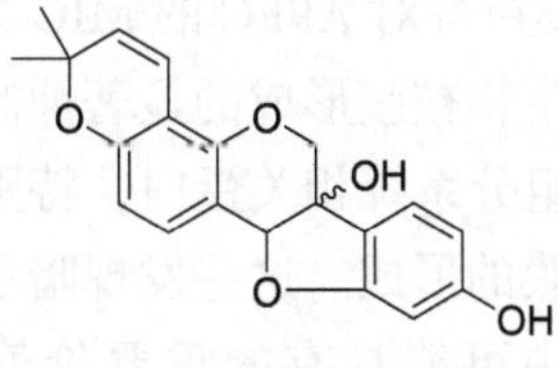

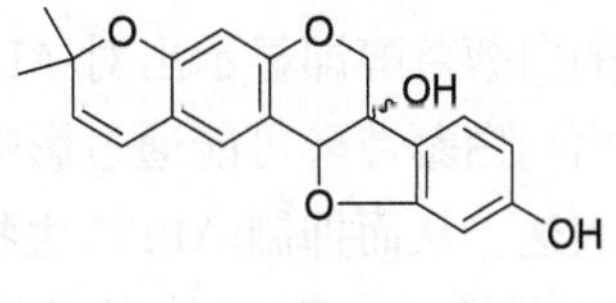

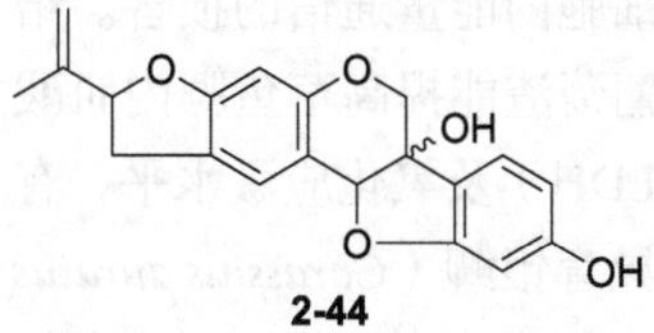

（二）白藜芦醇（2-29）的潜在应用研究

白藜芦醇（2-29）在植物和动物病原菌防治方面的研究较多。Sagdic 等[65]研究了土耳其五个葡萄品种的乙醇提取物的抗真菌活性（Gamay、Kalecik karasi、Emir、Narince 和 Okuzkozu）。在存储期的第 18 小时后，Gamay 和 Kalecik karasi 果渣和提取物的 5% 和 10% 浓度完全抑制了耐高渗酵母（*Zygosaccharomyces rouxii*）的生长。相较之下，在相同存储期的苹果汁中，只有 Emir、Narince 和 Okuzgozu 提取物的 10% 浓度抑制了酵母的生长。类似的趋势也在橙汁环境中观察到，只有 Gamay 和 Kalecik karasi 提取物在 10% 浓度下抑制了相同存储期内酵母的生长。这些结果强调了 Gamay 和 Kalecik karasi 果渣和提取物可能比其他品种具有更强的抗真菌效果，这可能归因于这两种品种中白藜芦醇的含量相对较高。

李峰等[66]测定了白藜芦醇（2-29）对核桃细菌性黑斑病菌（*Xanthomonas arboricola* pv. *juglandis*）的 MIC 和 MBC 分别为 20 μg/mL 和 45 μg/mL，并选择在亚抑菌浓度为 15 μg/mL 的条件下检测白藜芦醇对黑斑病菌毒力因子的影响。研究结果表明在此浓度下白藜芦醇能够显著抑制黑斑病菌生物被膜的形成；该菌对胞外多糖（EPS）的产生也有明显抑制作用；而在检测对胞外酶分泌的影响时发现，白藜芦醇能够显著抑制黑斑病菌的蛋白酶的分泌，对淀粉酶的分泌却有促进作用，而对纤维素酶的分泌没有影响。白藜芦醇对核桃黑斑病菌有抑制作用，影响该菌的毒力因子，有望为核桃黑斑病的防治开发出合适的植物源杀菌剂。

禽致病性大肠杆菌（Avian pathogenic *Escherichia coli*，APEC）的普遍存在对家禽养殖业造成了重大经济损失，其中生物被膜的形成是 APEC 产生耐药性的关键机制之一。研究揭示[67-69]，白藜芦醇对 APEC 的 MIC 为 128 μg/mL，而 32 μg/mL 的白藜芦醇即显示出对 APEC 生物被膜形成的显著抑制效果。初步的机制研究指出，白藜芦醇可能通过影响双组分系统相关蛋白，特别是调节细菌趋化性和蛋白表达，从而抑制 APEC 生物被膜的形成。这些发现暗示了白藜芦醇在预防和治疗由大肠杆菌引起的禽类疾病中可能具有的重要价值。Baldissera 等[70]以草鱼（*Ctenopharyngodon idellus*）幼鱼为试验模型，评估在膳食中补充 GPF 是否能够减少试验性感染铜绿假单胞菌（*P. aeruginosa*）的鱼类鳃细胞内能量通信的损害。结果表明，在饲料中添加 300 mg/kg 的富含白藜芦醇的葡萄渣能提高草鱼腮内肌酸激酶（CK）、丙酮酸激酶（PK），降低其乳酸脱氢酶（LDH）及氧化应激水平，有效缓解铜绿假单胞菌造成的草鱼感染。谭宏亮等[71]在异育银鲫（*Carassius auratus gibelio*）上的人工感染试验表明，攻毒前 2 h 腹腔注射白藜芦醇能显著抑制嗜水气单胞菌（*Aeromonas hydrophila*）的毒力。当注射剂量为 25 ～ 100 mg/kg 时，异育银鲫 TNF-α 和 II 型干扰素（IFN-γ）的 mRNA 表达量也显著下降，这意味着白藜芦醇可避免嗜水气单胞菌对异育银鲫造成的感染，减缓炎症反应的发生，对感染病原菌的异育银鲫具有一定保护作用。Zheng 等[72]在评估遗传改良的尼罗罗非鱼（GIFT, *Oreochromis niloticus*）的肠道菌群情况后发现，饮食中添加不同浓度（0 ~ 0.1 g/kg）白藜芦醇，45 天后可有效改善肠道菌群比例，随着浓度的增加，有益微生物类群（如醋酸菌科 Acetobacteraceae 和甲基杆菌科 Methylobacteriaceae）的比例增加，而有害微生物类群（如链球菌科 Streptococcaceae）的比例减少，且白藜芦醇不影响罗非鱼肠道微生物群的丰富度和多样性。

白藜芦醇（**2-29**）在食品保鲜（尤其是水果保鲜）方面的研究较多。张静等[68]的研究发现，不同浓度的白藜芦醇（**2-29**）处理能够显著延长接种了扩展青霉菌（*P. expansum*）的草莓果实的保鲜期，并且能在不同程度上延缓草莓果实的腐烂、水分流失以及可溶性固形物含量的降低。此外，100 μmol/L 和 200 μmol/L 的白藜芦醇处理还能在不同程度上减缓草莓果实硬度和总糖含量的下降。100 μmol/L 的白藜芦醇处理有助于维持草莓果实中较高的维生素 C 含量，以及较高的总酚、总黄酮和花青素含量。不同浓度的白藜芦醇处理对草莓果实的果皮颜色、pH 值和可滴定酸度均无显著影响。初步机制研究表明，白藜芦醇处理能够抑制草莓果实病斑的扩大和发病率，同时保持较高的酪氨酸解氨酶（TAL）、苯丙氨酸解氨酶（PAL）、过氧化氢酶（POD）、β-1,3-葡聚糖酶和几丁质酶活性。此外，100 μmol/L 和 200 μmol/L 的白藜芦醇处理能够促进草莓果实中抗病相关基因的表达。

张玮圳[69]对白藜芦醇（**2-29**）-壳聚糖可食用复合膜在鲜食蓝靛果保鲜方面的机理进行了初步研究。研究发现，使用白藜芦醇-壳聚糖可食用复合膜处理蓝靛果后，可以显著降低果实的呼吸强度，减少呼吸过程中的能量消耗和乙烯释放，维持较高水平的超氧化物歧化酶（SOD）和过氧化物酶（POD）活性，减少丙二醛（MDA）的积累，从而减缓蓝靛果成熟衰老的过程，延长保鲜期，并对腐败菌有明显的抑制效果。特别是，含有 1.00% 白藜芦醇和 1.00% 壳聚糖的复合膜展现出最显著的保鲜效果。在 28℃ 的恒温培养箱中储存 5 天后，随着白藜芦醇添加量的增加，蓝靛果表面的腐败菌生长得到了有效抑制。当白藜芦醇的添加量达到 1.00% 或以上时，腐败菌几乎不再在蓝靛果表面生长。这表明白藜芦醇-壳聚糖可食用复合膜对蓝靛果腐败菌具有显著的抑制作用，且随着白藜芦醇浓度的提高，其抑菌效果愈发增强。

（三）紫檀芪（**2-30**）的潜在应用研究

近年来，紫檀芪（**2-30**）作为一种类似白藜芦醇的化合物，因其卓越的生物活性而受到广泛关注。Koh 等[73]的研究显示，紫檀芪对十字花科蔬菜的黑胫病菌（*Leptosphaeria maculans*）具有显著的抑制作用，其半数有效浓度（EC_{50}）为 53.59 μg/mL。徐丹丹等[74]研究发现，紫檀芪在 32 μg/mL 的浓度下对荔枝霜霉病菌（*Peronophythora litchii*）的孢子囊萌发具有 100% 的抑制率，其 IC_{50} 为 6.8 μg/mL。此外，200 ~ 1600 μg/mL 的紫檀芪处理能有效降低荔枝果实和叶片的腐烂程度，0.25 g/L 的浓度能有效抑制灰葡萄孢菌对新鲜葡萄的侵害，保持果实品质[31]。Vaňková 等[75]的研究发现，紫檀芪显著影响了革兰氏阳性细菌如表皮葡萄球菌（*Staphylococcus epidermidis*）和粪肠球菌（*E. faecalis*）形成生物膜的能力，这得益于其较低的亲水性，使其能够穿透生物膜，展现出较高的生物膜根除活性。Shih 等[76]发现紫檀芪（**2-30**）、白皮杉醇（**2-33**）和松树皮素（**2-37**）对食源性病原体蜡样芽孢杆菌（*B. cereus*）具有出色的抑菌效果，其 MIC 为 25 μg/mL、100 μg/mL 和 100 μg/mL，MBC 为 50 μg/mL、100 μg/mL 和 100 μg/mL。紫檀芪以剂量依赖性方式减少了 *B. cereus* 细胞存活，增加了细胞内活性氧（ROS）并诱导了类凋亡细胞死亡（ALD）并引起 ALD 相关的基因表达，如 *RecA* 基因表达增加和 *LexA* 基因表达减少。此外，紫檀芪对肠道微生物群有益，增加了 Bacteroidetes 的丰度并降低了 Firmicutes 的丰度。

（四）其他合成和天然的二苯乙烯类化合物

白藜芦醇结构修饰和抗菌类似物发现方面，Li 等[77]研究了白藜芦醇与次氯酸（HOCl）或次溴酸（HOBr）的卤代反应，在芳香环 A 引入卤原子，并测试了白藜芦醇及其卤化衍生物对革兰氏阳性细菌、革兰氏阴性细菌和真菌的抗菌活性，结果发现，白藜芦醇及其二溴化（**2-38**）和三溴化（**2-41**）衍生物被证明对金黄色葡萄球菌最有效，其 MIC 值分别为 3.90 μg/mL、3.90 μg/mL 和 7.81 μg/mL；2-氯白藜芦醇（**2-39**）和 2-溴白藜芦醇（**2-40**）对白色念珠菌（*C. albicans*）的 MIC 值都是 3.90 μg/mL，比白藜芦醇和阳性对照物（氟康唑）活性分别强 30 倍和 3 倍。结果说明在白藜芦醇的芳香 A 环上引入氯或溴原子可以改变其抗菌谱。此外，从大豆种子中大豆刺盘孢菌（*Aspergillus sojae*）诱导产生的抗真菌活性二苯乙烯类化合物 **2-42**、**2-43** 和 **2-44**。其对多种植物病原体，如镰刀菌（*Fusarium oxysporum*）、辣椒疫病菌（*Phytophthora capsici*）、菌核病菌（*S. sclerotiorum*）和灰霉病菌（*B. cinerea*）表现出显著的抑制效果，生长抑制率介于 10.9% ~ 61.0% 之间，MIC 值在 25 ~ 750 μg/mL 之间。此外，这些二苯乙烯类化合物还对所有测试植物病原孢子的萌发产生了强烈的抑制效果，并显示出对辣椒疫病菌的浓度和时间依赖性的动力学抑制作用。因此，研究结果表明，大豆刺盘孢菌诱导产生的大豆种子中的二苯乙烯类化合物具有广泛的杀菌活性，有潜力成为替代合成杀菌剂，用于控制某些重要的真菌病害。

　　未来的研究可以进一步探索二苯乙烯类化合物的抗菌机制，以及它们在不同应用中的潜力。特别是，可以深入研究白藜芦醇和紫檀芪在食品保鲜和农业病害控制中的应用。此外，结构修饰和天然来源的二苯乙烯的进一步研究可能揭示新的抗菌谱和更有效的化合物。

第三节　黄酮类抗菌剂

　　黄酮类化合物是植物多酚中占比最大的一类，通常具有 C_6—C_3—C_6 的结构单元，是植物多酚最重要的结构类型，在食品储藏领域有着广阔的应用前景。比较有代表性的黄酮类抗菌剂主要有来源于茶叶中的儿茶素、柑橘来源的柚皮苷、啤酒花中黄腐酚、甘草中的异戊烯基黄酮类以及蜂胶中的黄酮类等。

一、儿茶素及其衍生物

　　天然茶多酚（tea polyphenols，TPs）是茶叶中一类富含羟基的酚类化合物的统称，包括黄烷醇类（儿茶素类）、黄烷双醇、类黄酮以及酚酸等。其中，儿茶素类是 TPs 中的关键组成部分，占 TPs 总量的 60% ~ 80%，主要包括以下八种单体：表没食子儿茶素没食子酸酯（epigallocatechin gallate，EGCG）（**2-45**）、表没食子儿茶素（epigallocatechin，EGC）（**2-46**）、没食子儿茶素没食子酸酯（galligallocatechin gallate，GCG）（**2-47**）、儿茶素没食子酸酯（catechin gallate，CG）（**2-48**）、表儿茶素没食子酸酯（epicatechin gallate，ECG）（**2-49**）、没食子儿茶素（galligallocatechin，GC）（**2-50**）、表儿茶素（epicatechin，EC）（**2-51**）和儿茶素（catechin，C）（**2-52**）（图 2-8），其中 EGCG 为主要儿茶素类化合物，约占 70%[78]。

　　自 1995 年起，天然茶多酚已被正式批准用作食品添加剂，广泛应用于油脂、糕点、肉制品以及蛋白饮料等多种食品中。随后，国家卫生健康委员会在 2007 年、2008 年和 2016 年对 GB 2760 标准进行了修订，扩大了茶多酚在食品中的应用范围。2010 年，表没食子儿茶素没食子酸酯（EGCG）被正式批准作为新食品原料，其推荐日摄入量不超过 300 mg（以 EGCG 计）。2014 年，茶多酚棕榈酸酯被批准为食品添加剂的新品种。2016 年，茶多酚的氧化产物茶黄素也被批准为食品添加剂的新品种。到了 2023 年，作为茶多酚的主要成分之一的儿茶素，同样被批准为新食品原料，其推荐日摄入量同样不超过 300 mg（以儿茶素类总量计）。这些新食品原料可以直接作为食品消费，或者作为食品成分的一部分。

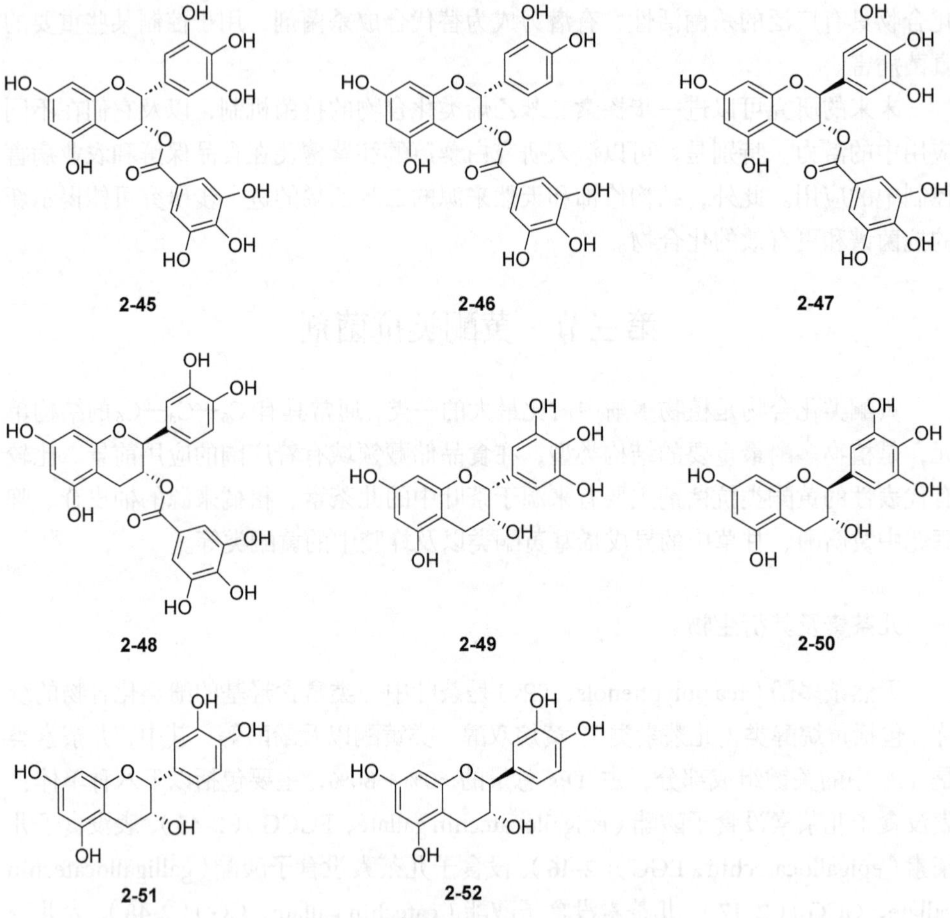

图 2-8　儿茶素及其衍生物的化学结构

（一）天然茶多酚类化合物的抗菌活性

　　茶多酚因其显著的抗菌特性而备受关注，它们通过破坏微生物的细胞膜结构、干扰遗传物质的合成以及使蛋白质凝固等机制来抑制微生物的生长和繁殖[79]。研究表明，茶多酚对一系列细菌和真菌均展现出明显的抑制效果，特别是对霍乱弧菌（Vibrio cholerae）、金黄色葡萄球菌和大肠杆菌等常见致病菌具有强大的抑制能力[80]。曾亮等[81]发现茶多酚对 19 种细菌类群中的 12 种具有显著的抗菌活性，影响近百种细菌。特别是儿茶素，对常见细菌如假单胞菌、大肠杆菌、李斯特菌、葡萄球菌和乳酸菌都显示出良好的抑制效果，其中，对金黄色葡萄球菌和大肠杆菌的 MIC 分别为 0.32 mg/mL 和 1.25 mg/mL。在儿茶素中，EGCG（2-45）对铜绿假单胞菌、柠檬酸杆菌、嗜水单胞菌和大肠杆菌的抑制作用尤为显著，其抑菌性顺序为 EGCG（**2-45**）＞EGC（**2-46**）＞ECG（**2-49**）＞EC（**2-51**）。Park 及其同事[82]对七种念珠菌属的临床分离株对表没食子儿茶素-3-没食子酸酯（EGCG）（**2-45**）的抗真菌敏感性进行了研究，并将其与六种常用的抗真菌药物，即两性霉素 B（AMPH）、氟康唑（FLCZ）、氟胞嘧啶（5FC）、伊曲康唑（ITCZ）、米卡芬净（MCFG）和米康唑（MCZ），进行了对比分析。研究发现，光滑念珠菌（*Candida glabrata*）对 EGCG 表现出最高的敏感性（MIC_{50} 为 0.5～1 μg/mL，MIC_{90} 均为 2 μg/mL），与 FLCZ 相比具有较好的敏感性，尽管相对于 AMPH、5FC、MCFG、ITCZ 和 MCZ 略显低敏。吉氏念珠菌（*Candida guilliemondii*）和副念珠菌（*Candida parapsilosis*）对 EGCG 也显示出敏感性（MIC_{50} 为 2～4 μg/mL，MIC_{90} 为 2～16 μg/mL），尽管它们的敏感性略低于光滑念珠菌和其他测试的抗真菌药物。值得注意的是，克鲁斯念珠菌（*Candida krusei*）对 EGCG 的敏感性显著（MIC_{50} 为 2 μg/mL，MIC_{90} 为 4～8 μg/mL），其敏感性大约是 5FC 和 FLCZ 的 2～8 倍。这项研究表明 EGCG 能够有效抑制临床致病的念珠菌属物种。虽然 EGCG 的抗真菌敏感性浓度总体上略高于测试的抗真菌药物，但作为一种绿色、安全的天然酚类化合物，EGCG 有望成为念珠菌病抗真菌治疗的潜在药物或辅助治疗剂。Yang 等[83]评估了茶多酚对小麦条锈病病原菌-专性生物营养真菌（*Puccinia striiformis f. sp. tritici*，Pst）的体外和体内抗真菌活性。体外实验表明，在 1.0 mg/mL 的浓度下，茶多酚显著抑制了夏孢子的萌发，并导致芽管异常生长。随着茶多酚浓度的增加，抑制比率达到了 100%。体内实验表明，茶多酚以剂量和施用时间依赖性的方式减少了发病率和夏孢子堆覆盖率。茶多酚处理还诱导了 Pst 在小麦叶片上的异常分化。结果表明，理想的 TP 浓度范围是 20～40 mg/mL，茶多酚可能是控制植物中专性生物营养真菌 Pst 的潜在抗真菌剂。

（二）天然茶多酚在糖果和水果保鲜（圣女果）方面的应用研究

茶多酚作为一种食品添加剂，不仅拥有卓越的抗氧化特性，还具备显著的抗菌效果。将其添加到富含油脂的食品（例如坚果、糕点、油炸面食等）以及富含蛋白质的食品（如腌制肉类、海产品、蛋白质饮料等）中，可以有效延长这些食品的保质期。

茶多酚融入糖果制品之中，因其出色的抗菌和抗氧化功能而备受青睐。这种源自自然的提取物被广泛地应用于包括巧克力、坚果糖果及口香糖在内的多种糖果制品。在制造流程中，茶多酚的添加比例被精心调配在总质量的 0.02%～0.05%，这一添加环节需在原料混合阶段之前，即调味阶段进行，以确保其均匀分布。科研结果揭示，茶多酚在抑制糖果腐败方面表现卓越，其效能远超市面上常见的

BHA 和 BHT 等传统防腐剂，达到了它们的 3～4 倍。茶多酚的加入，不仅能够延长糖果的保质期，还能提供额外的抗氧化保护，为糖果类产品增添了预防蛀牙、促进口腔健康以及中和高糖食品酸味的独特健康益处[84]。

　　Hu 等[85]选用表儿茶素没食子酸酯（ECG）（2-49）作为抗菌活性成分，2-羟丙基-β-环糊精（HP-β-CD）作为包覆载体。他们通过超声介导的方法成功组装了 HP-β-CD/ECG 包合物，并将其嵌入由静电纺丝技术（ELS）制备的聚己内酯（PCL）和山药多糖（YP）纳米纤维膜中，用于食品包装。通过抑制区实验评估了这些纤维膜对微生物的体外抑制效果。研究发现，PCL/YP 膜本身对灰霉的抑制作用有限，但加入 5%、10% 和 15% 的 HP-β-CD/ECG 包合物后，其抑制直径分别提升至 10.5 mm、11.6 mm 和 13.8 mm。类似地，PCL/YP 膜对金黄色葡萄球菌的抑制效果也较弱，但加入 5%、10% 和 15% 的 HP-β-CD/ECG 包合物后，抑制直径分别增加到 11.2 cm、13.6 cm 和 15.4 cm。基于这些结果，研究者进一步探究了纤维膜在实际应用中对接种灰霉的樱桃番茄的保护效果。结果显示，在第十天，未被纤维膜覆盖的 PCL/YP 和对照组果实的病斑直径相近，分别为 23.21 mm 和 25.01 mm。然而，覆盖了含有包合物的纤维膜的果实，其病斑直径显著降低，分别为 14.44 mm、7.96 mm 和 4.02 mm。特别是当包合物浓度增至 15% 时，果实病斑面积得到了显著控制。这些结果表明，该研究开发的纤维膜在水果抗菌保护方面表现出极高的效率，具有显著的实用价值。

　　梁杰等[86]研究者采用聚乙烯醇（PVA）和壳聚糖（CTS）作为基材，甘油作为增塑剂，并添加茶多酚（TP）作为功能性成分，成功开发了一种环保、可降解且具有抗氧化特性的活性包装材料，即 TP-CTS/PVA 复合膜。该复合膜被应用于圣女果的保鲜研究中。研究发现，当 TP 的浓度控制在 1.5%～2.0% 之间时，制备出的 TP-CTS/PVA 复合膜在抑菌性、耐水性、抗氧化性以及保鲜性能等方面展现出了较为理想的平衡效果。在相同的储存条件下，使用 1.50% TP 浓度的复合膜处理的圣女果在感官评价、失重率、腐烂率、可滴定酸含量和可溶性糖含量等关键指标上均优于其他 TP 浓度处理的对照组，从而证实了 1.5% TP 浓度的 CTS/PVA 复合膜能有效延长圣女果的保鲜期。

　　（三）天然茶多酚在肉类（如酱鸭、鲫鱼、草鱼等）防腐方面的应用研究

　　方建军等[87]开展了儿茶素纳米脂质体的制备及其对酱鸭保鲜效果的研究。该研究将儿茶素纳米脂质体作为酱鸭的新型保鲜剂，测定了酱鸭的挥发性盐基氮值、细菌总数、pH 值和感官评价值，研究了儿茶素纳米脂质体对酱鸭的贮藏保鲜效果。研究结果显示，在同一贮藏期内，0.1% 儿茶素纳米脂质体保鲜剂和 0.1% 儿茶素处理组的各项指标均优于无菌蒸馏水处理组，且 0.1% 儿茶素纳米脂质体保鲜剂

对酱鸭的保鲜效果最好，儿茶素纳米脂质体保鲜剂处理的酱鸭挥发性盐基氮（TVB-N）值比对照低 68.4%，感官评分为 28 分，明显高于对照，可以将酱鸭的货架期延长至 24 天以上。

茅林春等[88]探索了茶多酚对鲫鱼微冻贮藏过程中品质的影响。将鲜活鲫鱼剖杀处理后，在 0.10%茶多酚溶液（水溶性和脂溶性茶多酚质量比为 4∶1）中浸泡 1 h 后取出沥干，再用聚乙烯塑料膜包装后微冻贮藏。结果表明，茶多酚处理能够明显抑制细菌生长繁殖，降低挥发性盐基氮（TVB-N）和硫代巴比妥酸（TBA）值，减缓感官品质的下降速度，说明茶多酚对于微冻状态下的鲫鱼具有良好的抑菌和抗氧化作用，能够明显延缓鲫鱼的腐败变质。

胡颂钦等[89]研究了饲料中添加茶多酚对团头鲂幼鱼生长性能、饲料利用和抗氧化能力的影响。研究发现，团头鲂幼鱼饲料中添加 300 mg/kg 茶多酚能有效促进团头鲂幼鱼生长和饲料利用，提高肝肠抗氧化能力；茶多酚添加量为 500 mg/kg 具有保护团头鲂抵抗氧化应激损伤的作用。Pan 等[90]探索了茶叶多酚处理对低温储存期间脆肉鲩的品质和微生物群落的影响。他们测量了鱼片的总活菌计数（TVC）和总挥发性碱氮（TVB-N）的变化，并使用高通量测序技术分析了脆草鱼的微生物群落。结果表明，茶叶多酚处理抑制了细菌生长，降低了鱼片的 TVB-N 值，并将其保质期延长了 6 天。高通量测序结果显示，在保质期结束时，经茶多酚处理的鱼片中假单胞菌属（Pseudomonas）是最丰富的细菌，而在对照样本中，假单胞菌属和气单胞菌属（Aeromonas）是最丰富的细菌，这说明了茶叶多酚处理可以在未来用于延长脆草鱼片的保质期，并改变导致鱼腐败的细菌群落。

Han 等[91]探讨了豌豆蛋白分离物（PPI）与表没食子儿茶素没食子酸酯（EGCG）形成的非共价和共价复合物，在经过脉冲电场（PEF）处理后，对罗非鱼鱼糜保鲜效果的影响。研究发现，PEF 处理后的 PPI-EGCG 非共价复合物能有效降低微生物活性，并在冷藏过程中延缓鱼糜中脂质和蛋白质的氧化，使得鱼糜的保质期得以延长超过 6 天。与未处理的鱼糜相比，经过 PEF 处理的 PPI-EGCG 非共价复合物处理的鱼糜，在第 15 天时，其总活菌数（TVC）、硫代巴比妥酸反应物（TBARS）和总挥发性碱氮（TVB-N）分别显著下降了 31.65%、68.67%和 54.46%。此外，鱼糜的颜色退化和异味形成的速度也得到了有效延缓。在第 15 天，鱼糜中脂质氧化的主要产物，包括己醛、戊醛、1-辛烯-3-醇和 1-戊烯-3-醇的含量分别减少了 37.91%、43.14%、73.24%和 39.32%。PEF 处理的 PPI-EGCG 非共价复合物使得 EGCG 能够从 PPI 中缓慢释放，并在长期储存过程中维持其抗菌和抗氧化的性能。因此，PEF 处理后的 PPI-EGCG 非共价复合物被视为一种有潜力的鱼类及其制品的保鲜剂。

二、黄腐酚及其衍生物

黄腐酚（xanthohumol，XN）（2-53）（图 2-9）是酿造啤酒的主要原料之一啤酒花（*Humulus lupulus*）中主要的异戊二烯基查耳酮类物质，目前发现它仅存在于啤酒花中，其含量约占啤酒花干重的 0.1%～1%；而异黄腐酚（2-54）为异戊二烯基二氢黄酮类成分。

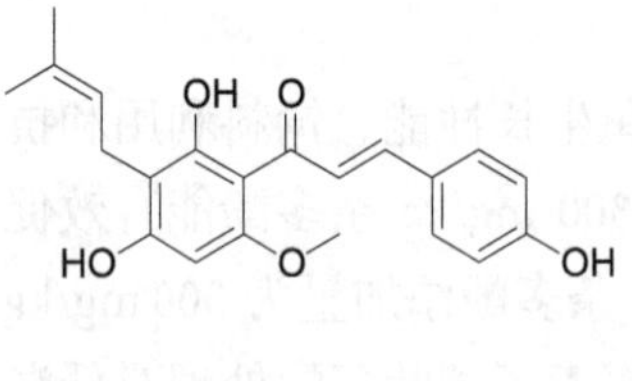

图 2-9　黄腐酚及其衍生物的化学结构

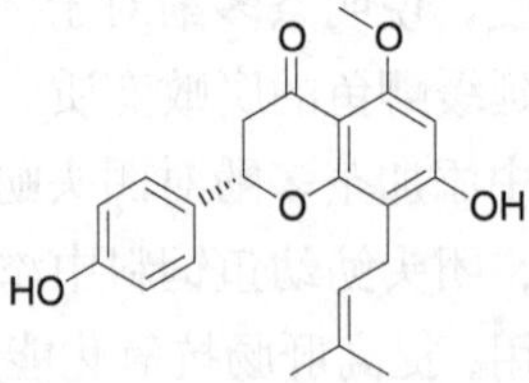

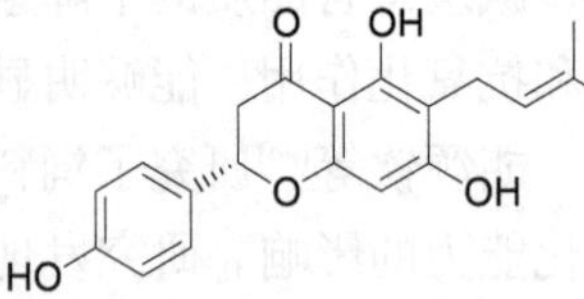

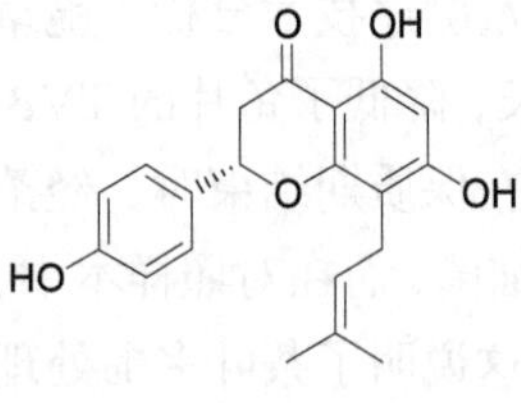

胡勇梅等[8]发现黄腐酚（2-53）和异黄腐酚（2-54）对植物病原菌匍枝根霉（*R. stolonifer*）具有特异性抑菌活性，EC_{50} 分别为 2.51 μg/mL 和 4.29 μg/mL，同时，黄腐酚（2-53）[10]对食源性细菌大肠杆菌具有特异性抑菌活性，其 MIC_{90} 值为 50 μg/mL。Mizobuchi[92]评价了啤酒花中发现的黄腐酚（2-53）、异黄腐酚（2-54）、6-异戊烯基柚皮素（2-55）以及化学合成的 8-异戊烯基柚皮素（2-56）（图 2-9）对七种食源性细菌及病原真菌的抗菌活性，结果表明，黄腐酚（2-53）、异黄腐酚（2-54）对须癣毛癣菌（*Trichophyton mentagrophytes*）和红色毛癣菌（*T. rubrum*）均表现一定的抑制活性，其 MIC 均为 3.13 μg/mL；6-异戊烯基柚皮素（2-55）活性相对较弱，对须癣毛癣菌（*T. mentagrophytes*）的 MIC 约 200 μg/mL；8-异戊烯基柚皮素（2-56）对须癣毛癣菌（*T. mentagrophytes*）和红色毛癣菌（*T. rubrum*）的 MIC 分别为 6.25 μg/mL 和 12.5 μg/mL。除此之外，四种黄酮类化合物对金黄色葡萄球菌均具有一定的抑制活性，其 MIC 在 6.25～50 μg/mL。Bhattacharya 等[93]测试了

黄腐酚（**2-53**）对三种链球菌 *Streptococcus mutans*、*S. sahvanus* 和 *S. sanguts* 的活性，并与一些通常在防龋漱口水中发现的精油（含百里香酚）活性进行了比较。在 pH 值为 7.5 时，黄腐酚（**2-53**）抑制了链球菌 *S. mutans* 的生长，MIC 为 12.5 μg/mL（35.3 μmol/L）。当通过添加抗坏血酸或 HCl 将 pH 值降低到 6.5 时，值得注意的是，黄腐酚（**2-53**）的 MIC 降低到 2.0 μg/mL（5.7 μmol/L），活性强于百里香酚。

Kramer 等[94]报道了黄腐酚（**2-53**）对革兰氏阳性菌比如金黄色葡萄球菌（*S. aureus*）和单核细胞增生李斯特菌（*L. monocytogenes*）等有较强的抑制活性，其 MIC 分别为 6.3 ppm 和 12.5 ppm。将测试培养基的 pH 值从 7.2 降低到 5.0 时，可以显著降低黄腐酚的 MIC 值，从而增强其抗菌活性。在含脂肪的模型肉腌料中，啤酒花提取物对单核细胞增生李斯特菌的抑制活性大幅降低，与未添加啤酒花提取物的腌制猪肉相比，在 5℃储存两周后，猪肉里脊的总需氧菌计数大幅度降低。

三、柚皮素及其衍生物

柑橘果皮中含有丰富的黄酮苷和多甲氧基黄酮，这些化合物因其显著的药理特性和工业应用潜力而备受重视。其代表性化合物包括：二氢黄酮柚皮素（naringenin，**2-57**）、橙皮素（hesperetin，**2-58**）及其苷柚皮苷（naringin，**2-59**）、橙皮苷（hesperidin，**2-60**）、新橙皮苷（neohesperidin，**2-61**），除此之外还有多甲氧基黄酮川陈皮素（nobiletin，**2-62**）、橘皮素（tangeretin，**2-63**）和七甲氧基黄酮（heptamethoxyflavone，**2-64**）（图 2-10）。

Wang 等[95]研究了二氢黄酮柚皮素（naringenin，**2-57**）存在下，对大肠杆菌和金黄色葡萄球菌细胞膜流动性、脂肪酸组成以及脂肪酸生物合成相关基因表达的影响。研究发现，在 0～2.20 mmol/L 的浓度范围内，柚皮素显著抑制了金黄色葡萄球菌的生长，而对大肠杆菌的影响相对较小。此外，柚皮素还能增加这两种细菌的膜流动性。具体来说，大肠杆菌在柚皮素作用下，不饱和脂肪酸含量显著上升，而环丙烷脂肪酸和饱和脂肪酸含量减少，这增加了膜的流动性。与此同时，金黄色葡萄球菌在柚皮素的影响下，*anteiso*-支链脂肪酸的比例上升，而直链脂肪酸和 *iso*-支链脂肪酸的比例下降。定量 PCR 分析显示，在 0.37 mmol/L 的柚皮素浓度下，金黄色葡萄球菌中 *fabD*、*fabF*、*fabG*、*fabH*、*fabI* 和 *sigB* 基因的表达水平显著上调，但在更高浓度（0.73 mmol/L 和 1.47 mmol/L）下，这些基因的表达被抑制。对于大肠杆菌，除了 *fabA* 基因外，*fabG*、*fabI*、*fabD*、*cfa* 和 *rpoS* 基因的表达水平随着柚皮素浓度的增加而略有下降。此外，当大肠杆菌和金黄色葡萄球菌暴露于较高浓度的柚皮素时，它们的细胞形态发生了变化。这些发现揭示了柚皮素对这两种细菌的抗菌作用，并暗示细菌可能发展出适应性机制，以在低水平上对柚皮素的抗菌活性产生耐受性。柚皮素有望成为控制食品工业中微生物污染的潜在成分。

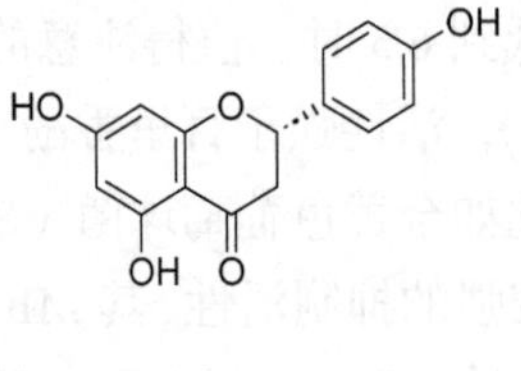

2-57

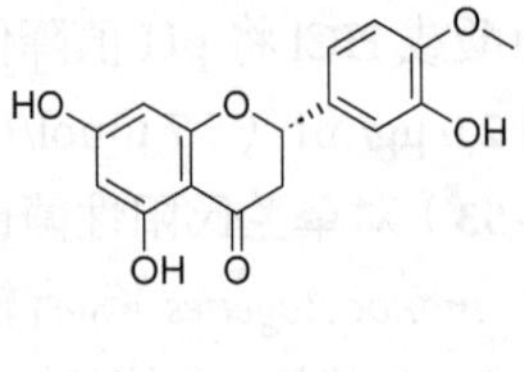

2-58

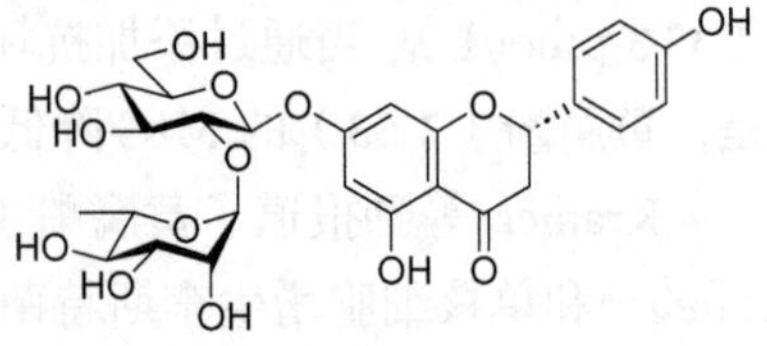

2-59

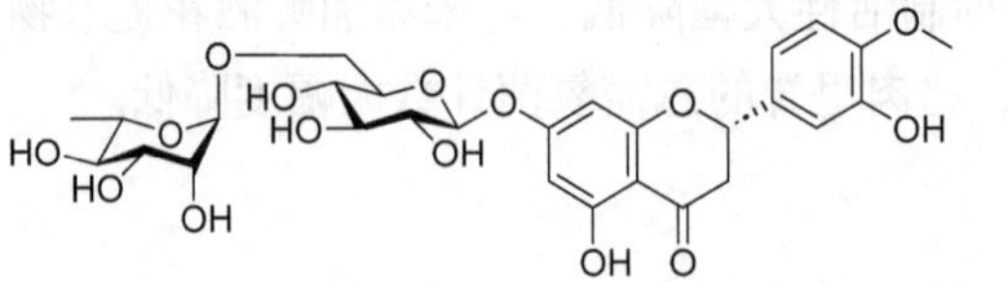

2-60

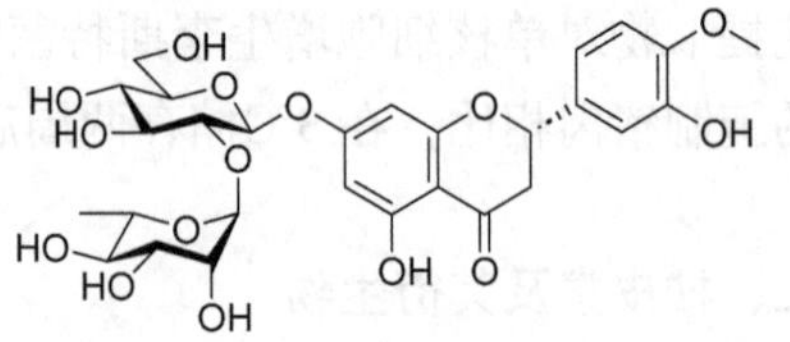

2-61

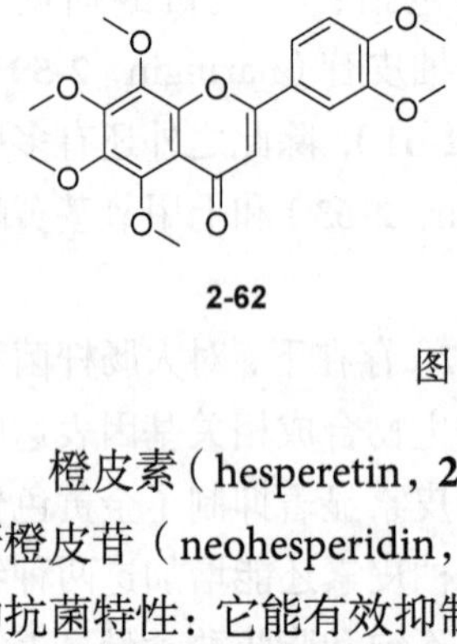

2-62

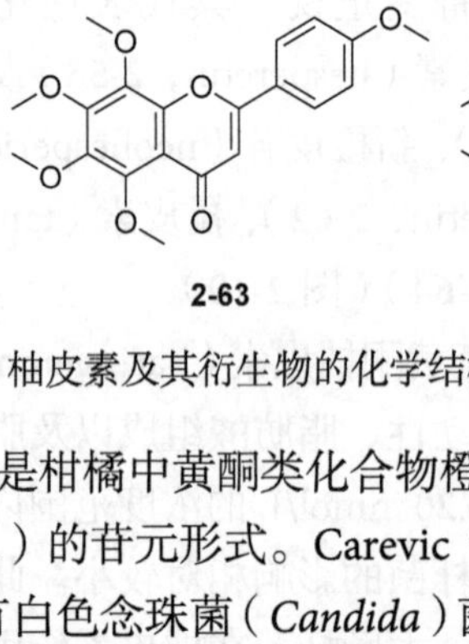

2-63

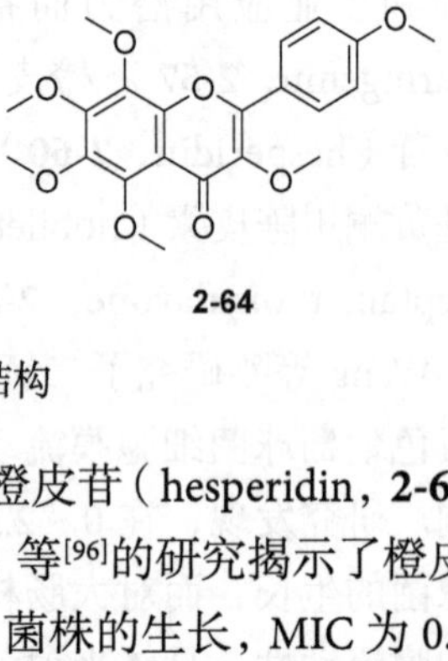

2-64

图 2-10　柚皮素及其衍生物的化学结构

橙皮素（hesperetin，**2-58**）是柑橘中黄酮类化合物橙皮苷（hesperidin，**2-60**）、新橙皮苷（neohesperidin，**2-61**）的苷元形式。Carevic 等[96]的研究揭示了橙皮素的抗菌特性：它能有效抑制所有白色念珠菌（*Candida*）菌株的生长，MIC 为 0.165 mg/mL，而对金黄色葡萄球菌（*S. aureus*）的抑制效果相对较弱，MIC 为 4 mg/mL。在 0.165 mg/mL 的浓度下，橙皮素不仅能减少白色念珠菌形成生物膜的能力，还能适度降低生物膜中外多糖的含量。此外，1.320 mg/mL 的橙皮素对 24 小时成熟白色念珠菌生物膜显示出了良好的消除效果。对于金黄色葡萄球菌生物膜的形成，需要更高浓度的橙皮素才能实现抑制（MIC 4 mg/mL 时抑制率低于 50%）。研究还评估了柚皮素对 MRC-5 细胞的毒性（半抑制浓度 IC_{50} 为 0.340 mg/mL）以及在卤虫致死实验中的毒性（半致死浓度 LC_{50} 大于 1 mg/mL）。这些发现表明，橙皮素在抑制白色念珠菌的生长和生物膜形成方面具有显著效果。然而，鉴于其在抗菌浓度下可能引发的细胞毒性，橙皮素的抗菌应用潜力仍需进一步探究。

Ortuño 等研究人员[97]对多种柑橘及其成熟果实中的黄酮苷和多甲氧基黄酮进行了种类和含量分析，旨在筛选出具有高潜在应用价值的天然绿色黄酮类抗菌剂。研究发现，星红宝石葡萄柚（一种西柚，Star Ruby grapefruit）和桑吉奈利橙（一种血橙，Sanguinelli orange）因其高含量的柚皮苷（naringin，**2-59**）和橙皮苷（hesperidin，**2-60**）而脱颖而出。在所有检测的葡萄柚品种中，均能检测到多甲氧基黄酮，如川陈皮素（nobiletin，**2-62**）、橘皮素（tangeretin，**2-63**）和七甲氧基黄酮（heptamethoxyflavone，**2-64**）。橙子中多甲氧基黄酮的含量更高，尤其是晚熟瓦伦西亚橙（Valencia Late），其川陈皮素（nobiletin，**2-62**）、新橙皮苷（neohesperidin，**2-61**）和橘皮素（tangeretin，**2-63**）的含量最为丰富；而脐橙（Navelate）则显示出最高的七甲氧基黄酮水平。体外实验表明，从柚子和橙子中分离出的某些黄酮类化合物能有效抑制青霉菌（*Penicillium digitatum*）的生长。其中，多甲氧基黄酮川陈皮素（nobiletin，**2-62**）的抑制效果最为显著，其次是柚皮苷（naringin，**2-63**）和橙皮苷（hesperidin，**2-60**），它们的抑制率分别为 75%、38%和 25%。此外，川陈皮素还能引起青霉菌丝的超微结构变化，如细胞壁厚度增加，细胞质密度降低，以及出现大量可能是靠近质膜的分泌小泡。这些化合物主要分布在果皮中，多甲氧基黄酮位于果皮中的橘黄色部分，而黄酮苷位于果皮中的白色部分，这支持了它们在保护果实免受病原体侵害中的积极作用。该研究可能支持富含天然黄酮的提取物应用于水果保鲜中。

Salas 等[98]研究了柑橘类植物中柚皮苷（naringin，**2-59**）、橙皮苷（hesperidin，**2-60**）、新橙皮苷（neohesperidin，**2-61**）等黄酮类化合物及其酶修饰衍生物对 4 种常见的食品污染物真菌寄生曲霉（*Aspergillus parasiticus*）、黄曲霉（*A. flavus*）、镰刀菌（*Fusarium semitectum*）和青霉（*P. expansum*）的抑菌活性。三种黄酮类化合物及其衍生物都显示出了抗真菌活性，但它们的活性强度却因真菌的种类和所用化合物的不同而有所差异。此外，柚皮苷、橙皮苷和新橙皮苷等黄酮类化合物，作为柑橘工业副产品的低成本来源，为这些行业提供了一个颇具吸引力的替代选择。

Yao 等[99]研究了两种多甲氧基黄酮单体川陈皮素（nobiletin，**2-62**）和橘皮素（tangeretin，**2-63**）对荧光假单胞菌（*P. fluorescens*）和铜绿假单胞菌（*P. aeruginosa*）的体外抑制活性。经两种黄酮处理后，细菌溶液中转氨酶和还原糖的浓度显著升高。电镜观察显示，细菌细胞结构被破坏，并伴有诱导细胞质解。川陈皮素和橘皮素还能抑制细菌细胞中琥珀酸脱氢酶（SDH）和苹果酸脱氢酶（MDH）的活性，减少细菌细胞中蛋白质的合成。该研究表明川陈皮素和橘皮素能破坏细胞膜的通透性，释放细胞成分，导致代谢功能障碍，抑制蛋白质合成，最终导致细胞凋零和死亡。

Paula 等[100]探讨了柑橘类黄酮柚皮苷（naringin，**2-59**）、橙皮苷（hesperidin，**2-60**）和川陈皮素（**2-62**）混合物对玉米曲霉（*Aspergillus parasiticus*）寄生菌黄曲霉毒素（AFs）积累的影响。研究表明，在 0.95 水分活度条件下，特定比例的黄酮混合物能显著减少超过 85% 的 AFs 积累。当水分活度提高至 0.98 时，该混合物的AFs 减少效果更显著，超过 93%。研究还观察到黄酮对曲霉寄生菌的超微结构和AFs 产生有严重影响，包括细胞壁变化、胞质收缩和细胞膜的降解。特别是黄酮混合物的应用，导致了更严重的细胞器和胞质成分的降解或消失。这些结果表明，由三种黄酮组成的混合物是一种环保的替代方案，能有效减少 *A. parasiticus* 产生的黄曲霉毒素。由于这些黄酮类化合物可以从柑橘工业废料中提取，它们提供了一种可持续的策略，以减少化学添加剂在玉米贮藏中的应用。

四、杨梅素、木犀草素和槲皮素及其衍生物

（一）杨梅素及二氢杨梅素的抗菌活性研究

Ghosh 等[101]从唇形科益母草属植物细叶益母草（*Leonurus sibiricus*）中分离得到了黄酮类化合物杨梅素（myricetin，**2-65**），该化合物被用于分析对由 *P. aeruginosa*（引起医院内感染的主要细菌）形成的生物膜和群体感应的抗生物膜和抗群体感应活性。这些化合物能够在生物膜形成和群体感应（QS）中实现最大限度的抑制。槲皮素和杨梅素分别显示出对 *Pseudomonas aeruginosa* 的最高抗生物膜活性，MIC值分别为 135 μg/mL 和 150 μg/mL。其中，杨梅素与 *P. aeruginosa* 的群体感应（QS）蛋白显示出显著的相互作用。该研究表明来自细叶益母草的活性化合物可以作为一种替代策略，用于抑制致病生物形成的生物膜。

金黄色葡萄球菌（*S. aureus*）在食品加工环境中的生物膜形成引起了重大的安全问题，这迫切需要开发新的抗生物膜方法来控制金黄色葡萄球菌的污染。Wu等[102]从雪松（*Cedrus deodara*）的叶片中成功分离出天然黄酮类化合物 2*R*,3*R*-dihydromyricetin（DMY，**2-66**）（图 2-11），并对这一化合物针对金黄色葡萄球菌（*S. aureus*）的抗菌活性及其作用机制进行了深入研究。研究发现，DMY 对 *S. aureus*的 MIC 为 0.125 mg/mL，且生长抑制实验结果表明，DMY 对 *S. aureus* 具有显著的抗菌效果。进一步的机制探究揭示，DMY 能够破坏 *S. aureus* 的细胞膜，引起核苷酸的泄漏，导致细胞膜完整性的丧失，并伴随着细胞膜的显著超极化现象。此外，DMY 还可能与细胞膜中的脂质和蛋白质发生相互作用，这不仅降低了膜的流动

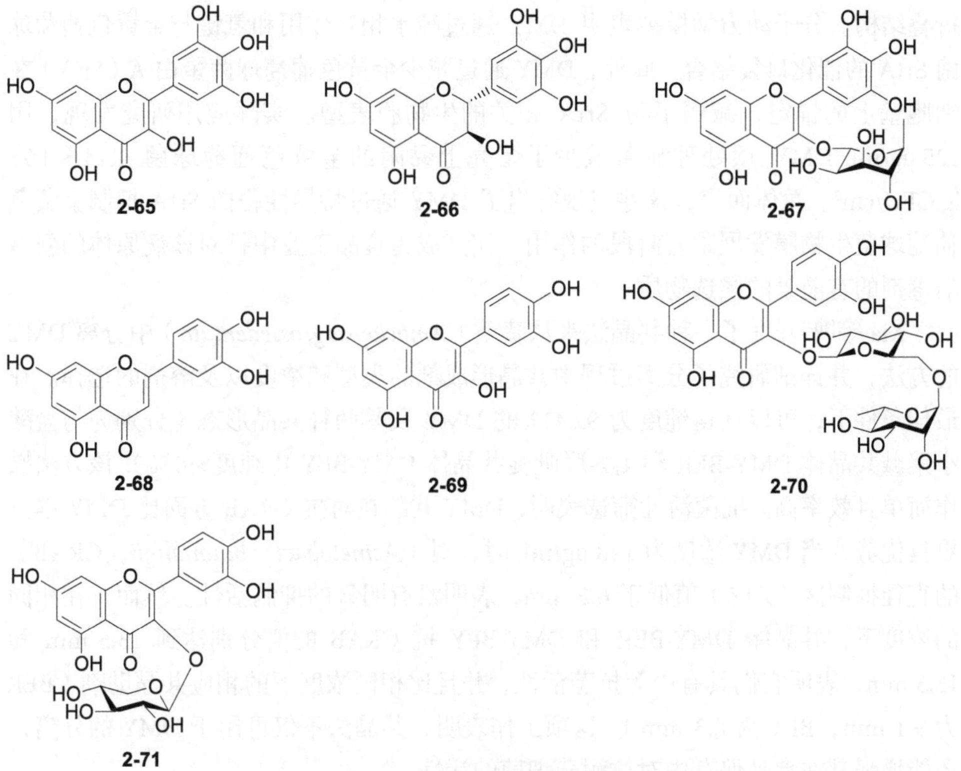

图 2-11　杨梅素、木犀草素和槲皮素及其衍生物

性，还引起了膜蛋白构象的改变。值得注意的是，DMY 还能够通过沟槽结合方式与 S. aureus 的 DNA 发生相互作用。这些发现表明，DMY 作为一种潜在的新型食品防腐剂候选物质，其杀菌活性主要通过破坏细菌细胞膜和与细胞内 DNA 结合来实现。然而，值得注意的是，尽管体外实验已经揭示了 DMY 对金黄色葡萄球菌的抗菌作用机制，但由于食品成分相较于实验室培养基更为复杂，这些研究结果可能存在一定的局限性。因此，在将 DMY 应用于食品产品之前，必须对其在食品环境中对其他食源性细菌的抗菌活性进行全面评估，并且还需考虑其对食品感官特性可能产生的影响。这种全面的评估将有助于更深入地理解 DMY 在实际食品环境中的潜在效果，确保其在食品保鲜和防腐中的安全有效应用。

　　Ran 等[103]阐明 DMY 对金黄色葡萄球菌的抗生物膜机制，并评估其在减少细菌对蛋壳黏附方面的效力。结果显示，DMY 是金黄色葡萄球菌 S. aureus sortase A（SrtA）的强效抑制剂，IC_{50} 值为 73.43 μmol/L，能够阻止细菌对纤维蛋白原的黏附和随后的生物膜形成。荧光猝灭实验和表面等离子共振分析证实 DMY 能够直接与金黄色葡萄球菌 SrtA 结合，DMY 结合后 SrtA 的构象从 α-螺旋结构转变为 β-

折叠结构。分子动力学模拟表明 DMY 通过疏水相互作用和氢键与金黄色葡萄球菌 SrtA 的催化口袋结合。此外，DMY 通过减少金黄色葡萄球菌蛋白 A（SpA）在细胞壁上的锚定，减弱了与 SrtA 相关的生物膜表型。实际应用研究发现，用 125 μg/mL DMY 预处理显著减少了蛋壳上黏附的金黄色葡萄球菌 1.14～1.75 lg CFU/cm²。总体而言，这些发现突出了 DMY 通过特异性靶向 SrtA 抑制金黄色葡萄球菌生物膜发展附着阶段的作用，使其成为食品工业中针对该病原体的新型消毒剂的有前景的候选物质。

Xia 等[104]开发了一种共晶法来从藤茶（*Ampelopsis grossedentata*）中分离 DMY 的方法，并详细研究了分离过程中共晶形成剂的类型和浓度以及溶剂的选择。在最佳条件下，可以获得纯度为 92.41% 的 DMY 及其两种共晶形态（分别为与盐酸小檗碱共晶体 DMY-BER 和 4,4'-联吡啶共晶体 DMY-BPY）（纯度>97%），该方法操作简单且效率高。抗菌活性筛选表明，DMY 共晶在对抗 CRAB 方面比 DMY 本身更具优势，当 DMY 浓度为 128 μg/mL 时，对（*Acinetobacter baumannii*，CRAB）的直径抑制区（DIZ）值低于 6.5 mm，表明没有明显的抑制活性。然而，在相同的浓度下，共晶体 DMY-BER 和 DMY-BPY 抗 CRAB 的值分别达到 13.5 mm 和 15.3 mm，表明它们具有中等抗菌活性，并且比相同浓度下的相应共晶助剂（BER 为 9.1 mm，BPY 为 8.3 mm）。这项工作表明，共晶法不仅可用于 DMY 的分离，还能增强其在食品保存中对抗耐药细菌的活性。

Motlhatlego 等[105]首次从一种豆科植物（*Newtonia buchananii*）中分离出杨梅素-3-*O*-鼠李糖苷（myricitrin，**2-67**）（图 2-11）。Myricitrin 对 *B. cereus*、大肠杆菌和金黄色葡萄球菌都具有活性，其 MIC 均为 62.5 μg/mL。此外，myricitrin 的细胞毒性相对较低，IC$_{50}$ 为 104 μg/mL。提示富含杨梅苷的 *N. buchananii* 的冷热水叶提取物可作为潜在的绿色安全的抗菌剂和抗生物膜剂。

（二）木犀草素的抗菌活性研究

Mhalla 等[106]评估了蓼科酸模属植物（*Rumex tingitanus*）叶提取物及其衍生物进行了体外和体内抑制细菌和真菌增殖能力的测试。其中，提取物的乙酸乙酯部分显示出最强的抗菌和抗真菌活性，它能抑制牛肉糜模型中单核细胞增生李斯特菌（*L. monocytogenes*）增殖的效果，且能够以浓度和时间依赖的方式根除肉类中的李斯特菌，活性跟踪表明其活性化合物为木犀草素（luteolin，**2-68**）（图 2-11）。Shen 等[107]评估了木犀草素的亚最小抑制浓度（sub-MIC）对调节尿路致病性大肠杆菌（UPEC）感染的潜在特性。木犀草素降低了 UPEC 在膀胱上皮细胞中的附着和侵袭，通过下调黏附素 *fimH* 基因的表达，减少细菌表面疏水性和运动能力，减轻了 UPEC 诱导的细胞毒性和生物膜形成。另外一项研究[108]发现木犀草素对耐甲氧西林金黄色葡萄球菌（MRSA）的 MIC 为 64 μg/mL，而 16 μg/mL 的木犀草素不影响 MRSA 的生长，但抑制了生物膜形成和菌落形成，并促进了 MRSA 的形态变化和死亡。初步机制研究表明，木犀草素降低了 MRSA 中的细胞毒性和 α 溶血素、δ 溶血素和 hlaA 的水平，提高了 MRSA 感染小鼠的存活率，并在 MRSA 感染小鼠中不同程度地调节了炎症细胞因子水平。

（三）槲皮素及其衍生物的抗菌活性研究与应用

Zhang 等[109]对槲皮素（**2-69**）（图 2-11）抑制采后"秦美"猕猴桃贮藏期间扩展青霉（*P. expansum*）感染的效果进行了评估。在 0.25 mg/mL 的槲皮素浓度下，通过透射电子显微镜观察到对 *P. expansum* 菌丝结构的严重破坏。与仅用槲皮素处理或仅接种 *P. expansum* 的猕猴桃相比，感染 *P. expansum* 的猕猴桃在接受槲皮素处理后，其几丁质酶、β-1,3-葡聚糖酶、苯丙氨酸解氨酶、多酚氧化酶和过氧化物酶活性，以及非表达病原相关基因 1、病原相关基因 1、几丁质酶和 β-1,3-葡聚糖酶的表达水平更高。因此，槲皮素对 *P. expansum* 青霉的抑制效果可能与其对真菌病原体的毒性特性和抑制防御反应有关。另外一项研究发现[110]：尽管黄酮类化合物槲皮素在体外对 *P. expansum* 生长的抑制效果微乎其微，但它显著减少了'金帅'苹果上的蓝霉腐烂，这表明它增强了宿主的抗病性。通过抑制性消减杂交（SSH）鉴定了槲皮素处理过的'金帅'苹果中差异表达的基因，定量实时 PCR（qPCR）分析了 14 个基因的表达来验证 SSH 数据。在新鲜收获的苹果中，有 11 个基因被证明在中高水平上调。其中，为时间表达分析选择的 5 个基因揭示了创伤和槲皮素处理之间，特别是在 24 h 或 48 h 时，存在联合效应。这些结果提供了证据，表明槲皮素通过作用于参与多个不同代谢过程的基因的转录水平，诱导苹果对 *P. expansum* 产生抗性。虽然槲皮素（**2-69**）具有显著的高抗氧化以及抗菌活性，但由于其疏水性，将其加入食品产品中可能面临挑战。Carli 等[111]通过采用低能乳液反转点技术，并结合吐温-80 和布里吉-30 两种表面活性剂，成功制备了包载槲皮素的纳米乳液。这些纳米乳液的液滴直径均值为 180～200 nm，且在 90 天的储存期内，含 0.30 g 槲皮素/100 g 的纳米乳液能够保持约 70%的黄酮类化合物。两种槲皮素纳米乳液均能有效防止鸡肉肉酱的脂质氧化，但对蛋白质氧化无保护效果。槲皮素纳米乳液对二次脂质氧化的抑制效果尤为显著，储存 24 周后抑制率约为 60%，相比之下，添加丁基羟基茴香醚（BHT）和亚硝酸钠的肉酱抑制率仅为 8.4%。感官评价结果表明，评审团对含有槲皮素纳米乳液的鸡肉肉酱在气味、口感和色泽方面给予了积极评价，并且强调了对黄酮类化合物进行包埋的必要性，以避免直接添加槲皮素可能带来的不良感官影响。

Al-Shabib 等[112]调查了芦丁（rutin，**2-70**）（图 2-11）对常见食源性病原体（大肠杆菌和金黄色葡萄球菌）的生物膜抑制活性的亚最小抑制浓度（sub-MIC）。对选定菌株的最小抑制浓度（MIC）介于 400～1600 μg/mL 之间。通过微孔板实验，研究人员评估了芸香苷在亚 MIC（1/16 × MIC～1/2 × MIC）范围内对这两种细菌形成生物膜的抑制能力。结果表明，芸香苷在各自 1/2 × MIC 的浓度下显著抑制了大肠杆菌和金黄色葡萄球菌的单菌株生物膜形成。在多菌株（大肠杆菌与金黄色葡萄球菌）生物膜形成的情况下，生物膜的减少与芸香苷的浓度呈依赖性。在所有测试的亚 MIC 浓度下，细菌质量均未出现显著减少。扫描电子显微镜（SEM）图像进一步证实了芸香苷处理后钢屑上生物膜数量的减少。此外，芸香苷在相应浓度下显著降低了导致生物膜黏附和成熟的外多糖产量（$P \leqslant 0.05$）。这项研究首次揭示了芸香苷对由金黄色葡萄球菌和大肠杆菌构成的多菌株生物膜的影响，表明芸香苷在预防工业设备和食品接触面上的生物膜形成，以及防止食品污染和腐败方面具有潜在的应用前景。

Deepika 等[113]从柑橘（*Citrus sinensis*）果皮中提取了芦丁（rutin，**2-70**），并发现其对多重耐药（MDR）的铜绿假单胞菌（*P. aeruginosa*）的 MIC 为 800 μg/mL。研究通过结晶紫染色、蛋白质分析、显微镜研究以及对外多糖（EPS）的定量分析，采用多个亚 MIC 剂量，检验了芸香苷的抗生物膜潜力。特别地，当芦丁（200 μg/mL）与抗生素庆大霉素（2.5 μg/mL）联合使用时，对生物膜形成的抑制效果表现出协同增强。外多糖（EPS）的产生，作为生物膜黏附和成熟的关键因素，在测试菌株中也得到了显著降低。这项研究首次揭示了柑橘黄酮芸香苷的抗生物膜潜力，以及其与庆大霉素联合使用时对抗铜绿假单胞菌的协同效应。研究结果支持芸香苷作为一种潜在的黏附抑制剂，用于防治铜绿假单胞菌感染。

（四）复合黄酮类化合物在保鲜中的应用研究

Wang 等[114]探讨了将番石榴（*Psidium guajava*）叶中的黄酮类化合物（GLF）加入羧甲基壳聚糖（CMCS）涂层对冷藏保鲜鲜切苹果的效果。番石榴（*P. guajava*）叶中的黄酮类化合物（GLF）主要成分为槲皮素（**2-69**）、槲皮素-3-*O*-α-L-arabinoside（guajaverin，**2-71**）等黄酮类化合物（图 2-11）。与仅使用 CMCS 的组相比，经 CMCS-GLF 涂层处理的苹果在储存期间展现出更好的品质（重量损失、褐变指数、硬度）、营养价值（抗坏血酸和总酚含量）以及微生物安全性。机制研究表明，CMCS 与 GLF 之间的氢键、静电和疏水相互作用（CMCS 的羧甲基部分与 GLF 的—C—O 之间的相互作用具有最高的响应优先级和结合强度）改变了 CMCS 的表面电荷分布和微观结构，并增加了其分子量、粒径、黏度和疏水性。因此，CMCS-GLF 涂层展现出更好的生物活性（抗菌和抗氧化活性），其膜也展现出更好的机械和屏障性能。这些结果揭示了与 GLF 的非共价相互作用可以改变 CMCS 的物理化学性质，这有利于提高其在鲜果保鲜中的生物活性和应用价值。

为了解决黄酮类化合物溶解度低和生物活性问题，Shimul 等[115]成功研制了一种新型水溶性胶束制剂，该制剂采用生物兼容性强的表面活性离子液体-胆碱油酸酯，作为载体，有效装载了包括木犀草素（luteolin，**2-68**）、橙皮苷（**2-59**）和槲皮素（**2-69**）（图 2-11）在内的单一或多种黄酮类化合物。这些化合物作为模型生物活性物质，我们对其在食品保鲜方面的潜力进行了深入研究。所制备的胶束制剂呈球形，粒径均小于 150 nm，且具有出色的水溶性，溶解度高于 5.15 mg/mL。特别是，含有这三种黄酮类化合物的胶束制剂（LNQ-MF）在 100 μg/mL 的浓度下，展现出了高达 84.85%的抗氧化活性。此外，LNQ-MF 对金黄色葡萄球菌和沙门氏菌(S. enterica)显示出协同抑制效果，其分数抑制浓度指数分别为 0.87 和 0.71。与对照样品相比，LNQ-MF 在牛奶中对金黄色葡萄球菌的生长抑制效果显著，达到了 0.83～0.89 的对数级别。这一成果表明，通过共同递送机制包埋的黄酮类化合物，有望成为化学防腐剂的优良替代品。

此外，研究者还成功研制了一种含有儿茶素、槲皮素（**2-69**）和木犀草素（luteolin，**2-68**）的壳聚糖基生物活性薄膜，这些薄膜的制备比例分别为 1%、3%、5%和 10%（基于壳聚糖的质量分数）。这些薄膜的生物活性得到了全面评估，特别是它们在 4℃下储存两周期间对提升牛肉保质期和品质的潜在能力。随着总酚含量（TPC）和总黄酮含量（TFC）的提升，这些复合薄膜展现出了增强的抗氧化活性。在琼脂平板测试中，所有三种薄膜均能有效抑制单核细胞增生李斯特菌（ *L. monocytogenes* ）、鼠伤寒沙门氏菌（ *Salmonella typhimurium* ）、大肠杆菌和金黄色葡萄球菌在薄膜接触面下的生长。经过在 21℃室温和 4℃冷藏条件下 6 周的储存，薄膜的 TPC、TFC 和抗氧化活性均有显著下降，其中室温下下降速率更为显著。在为期两周的储存过程中，牛肉的颜色得到了有效保持，空气平板计数也维持在较低水平。这些结果证实，含有这三种黄酮类化合物的壳聚糖复合薄膜能够提升牛肉的保质期和色泽品质，且无须依赖合成防腐剂。

五、甘草异戊烯基黄酮类化合物

甘草属植物（ *Glycyrrhiza* spp. ）自古以来在全球范围内便被用作食品和药物。显而易见，甘草的根和根茎在众多国家中广受欢迎，其药用价值主要得益于其丰富的植物化学成分。除了甘草酸等三萜类化合物外，甘草中的关键活性成分还包括异戊烯基异黄酮、异戊烯基黄酮和查耳酮类化合物，其中代表性的化合物有 iconisoflavan(**2-72**)、(3*S*)-甘草素(licoricidin)(**2-73**)、甘草异黄酮 A(licorisoflavan A)(**2-74**) 等（图 2-12）[116]。甘草提取物对多种食源性病原体具有抗菌作用，这些病原体包括大肠杆菌（*E. coli*）、金黄色葡萄球菌（*S. aureus*）、荧光假单胞菌（*P. fluorescens*）、蜡样芽孢杆菌（*B. cereus*）、枯草杆菌（*B. subtilis*）、粪肠球菌（*E. faecalis*）、白色念珠菌（*C. albicans*）、光滑念珠菌（*C. glabrata*）和黑曲霉（*Aspergillus niger*）。

Lee 等[117]研究了乌拉尔甘草（*G. uralensis*）提取物对多种耐甲氧西林金黄色葡萄球菌（MRSA）菌株的抗菌效果。研究发现，乌拉尔甘草提取物的己烷部分的 MIC 为 0.25 mg/mL，而氯仿部分的抗菌活性是己烷部分的 2.5 倍，MIC 值介于 0.10 ~ 0.12 mg/mL 之间。

Kırmızıbekmez 等[118]从甘草的根（*G. iconica*）中发现了一系列异戊烯基黄酮类化合物，其中，iconisoflavan（**2-72**）、(3*S*)-甘草素（licoricidin）（**2-73**）、甘草异黄酮 A（licorisoflavan A）（**2-74**）、黄烷酮（topazolin）（**2-85**）（图 2-12）其对鼠伤寒沙门氏菌（*S. typhimurium*）显示出显著的活性，其 MIC 分别为 8 µg/mL、4 µg/mL、2 µg/mL 和 2 µg/mL。

在来自中国的乌拉尔甘草（*G. uralensis*）根的超临界流体提取物中发现并合成了 9 个异戊烯基黄酮类化合物[119]，并对其致龋的变形链球菌（*Streptococcus mutans*）和牙周病原的牙龈卟啉单胞菌（*Porphyromonas gingivalis*）的抗菌活性评估。研究表明，(3*R*)-甘草素（licoricidin，**2-75**）、甘草异黄酮 A（licorisoflavan A）（**2-74**）和甘草异黄酮 C（licorisoflavan C，**2-76**）、甘草异黄酮 D（licorisoflavan D，**2-77**）和甘草异黄酮 E（licorisoflavan E，**2-78**）（图 2-12）显示出对 *P. gingivalis* 的抗菌活性（MIC 值为 1.56 ~ 12.5 µg/mL）。对 *S. mutans* 抑制活性最强的化合物为甘草异黄酮 C（licorisoflavan C，**2-76**）（MIC 值为 6.25 µg/mL），其次是(3*R*)-甘草素（licoricidin，**2-75**）和甘草异黄酮 E（licorisoflavan E，**2-78**）（MIC 值为 12.5 µg/mL）。

此外，从乌拉尔甘草提取物（CLE）中分离出三种抗菌类黄酮[120]：1-甲氧基菲西酚醇（1-methoxyficifolinol，**2-79**）、甘草异黄酮 A（licorisoflavan A）（**2-74**）和 6,8-二戊烯基金雀异黄酮（6,8-diprenylgenistein，**2-80**）（图 2-12）。这三种黄酮类化合物和氯己定二葡糖酸盐（CHX，阳性对照）在分别达到 4 µg/mL 和 1 µg/mL 的浓度时，对变形链球菌（*S. mutans*）具有杀菌效果。在超过 4 µg/mL 的浓度时完全抑制了变形链球菌的生物膜发育，这相当于 2 µg/mL 的 CHX。共聚焦分析显示，在超过 4 µg/mL 的纯化化合物存在下，生物膜稀疏分散。然而，与 CHX 相比，从 CLE 中纯化的这三种化合物在这些抑制生物膜的浓度下对 NHGF 细胞的细胞毒性较小。Ahn 等[121]从其根部得到的甘草素 A（glycyrrhizol A，**2-81**）和 6,8-二戊烯基金雀异黄酮（6,8-diprenylgenistein，**2-80**）对变形链球菌（*S. mutans*）表现出强大的抗菌活性，最小抑制浓度分别为 1 μg/mL 和 2 μg/mL，而甘草素 B（glycyrrhizol B，**2-82**）和甘草苷 G（gancaonin G，**2-83**）显示出较为温和的活性。

此外，还发现(3R)-甘草素（licoricidin，**2-75**）和甘草异黄酮 A（licorisoflavan A，**2-74**）对多种口腔病原菌显示出最强的抗菌活性[122]。在 10 μg/mL 的浓度下，显著抑制了致龋物种变形链球菌（*S. mutans*）和血链球菌（*Streptococcus sobrinus*）的生长；在 5 μg/mL 的浓度下，显著抑制了牙周病原物种牙龈卟啉单胞菌（*P. gingivalis*）的生长；(3R)-甘草素（licoricidin，**2-75**）和甘草异黄酮 A（licorisoflavan A，**2-74**）分别在 5 μg/mL 和 2.5 μg/mL 的浓度下，显著抑制了中间普氏菌（*Prevotella intermedia*）的生长；(3R)-甘草素（licoricidin，**2-75**）在 10 μg/mL 的浓度下，抑制了核梭杆菌（*Fusobacterium nucleatum*）的生长。以上研究为从绿色药食两用植物甘草的提取物（CLE）中发现的异戊烯基黄酮类化合物，在治疗和预防口腔感染方面的治疗潜力，可以用于开发口腔卫生产品，如漱口溶液、牙膏以及口香糖类食品，以预防龋齿。

Wu 等研究者[123]深入探究了甘草（Licorice，*Glycyrrhiza* spp.）中黄酮类化合物的抗菌特性、可能的作用机制及其应用前景。研究发现，甘草素（glabrrol，**2-84**）、甘草查耳酮 A（licochalcone A，**2-86**）、甘草查耳酮 C（licochalcone C，**2-87**）和甘草查耳酮 E（licochalcone E，**2-88**）（图 2-12）对耐甲氧西林金黄色葡萄球菌（MRSA）具有显著的抑制效果，其最小抑制浓度（MIC）分别为 2 μg/mL、2 μg/mL、4 μg/mL 和 4 μg/mL。这些化合物在安全性评估中显示出低细胞毒性，且无溶血活性，表明其具有良好的生物安全性。特别值得注意的是，甘草素（glabrrol，**2-84**）在体外实验中展现出了迅速的杀菌能力，并且抗药性发展的风险较低。该化合物能够迅速增加细菌细胞膜的通透性，并耗散其质子动力。进一步的研究表明，肽聚糖、磷脂酰甘油和心磷脂能够抑制甘草素的抗菌活性。分子对接实验揭示了甘草素与磷脂酰甘油和心磷脂之间的氢键结合模式。综合体内外模型的实验结果，甘草素显示出对 MRSA 的抗菌活性。总体而言，这些发现表明甘草素是一个有潜力的先导化合物，适用于开发针对 MRSA 的膜活性抗菌剂，并且也有望成为消毒剂的有效候选物质。

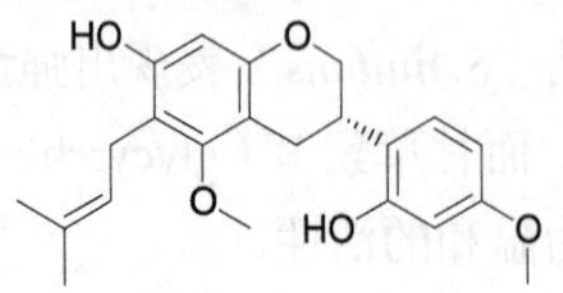

图 2-12 甘草异戊烯基黄酮类化合物的化学结构

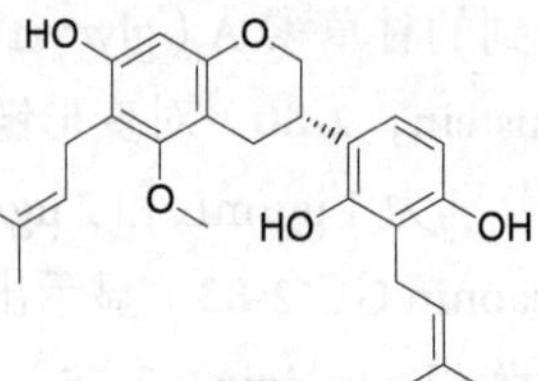

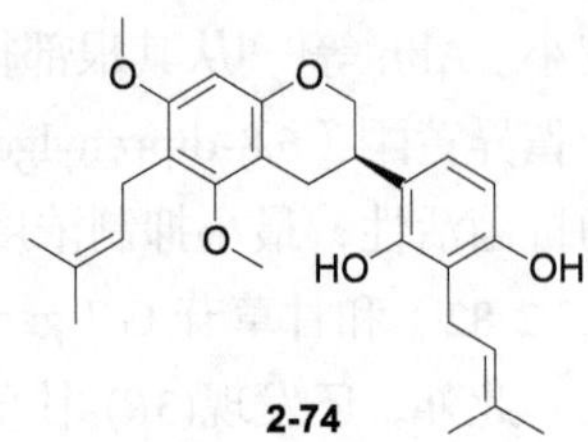

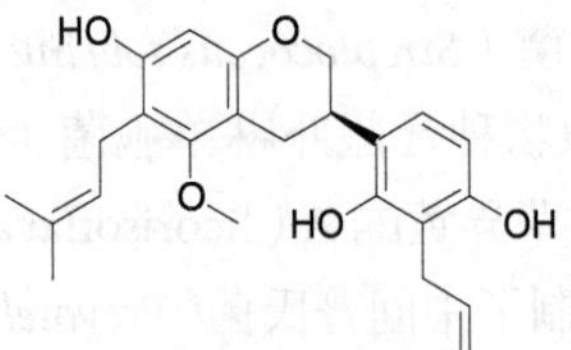

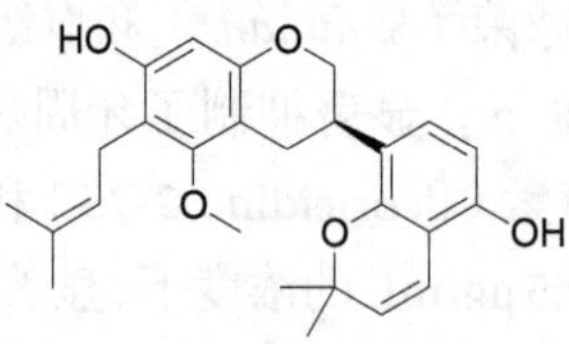

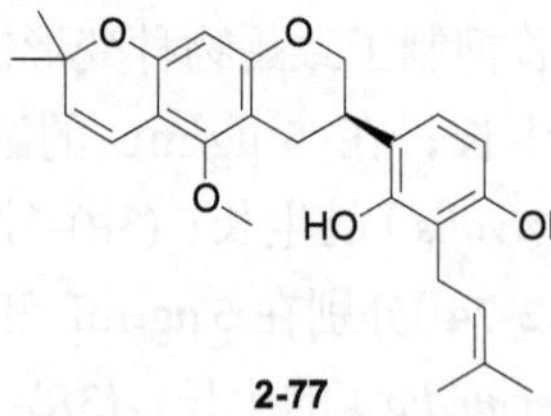

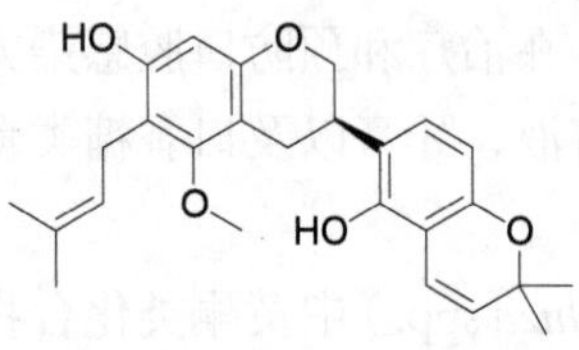

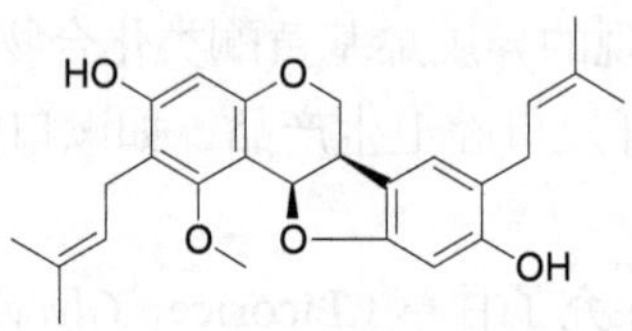

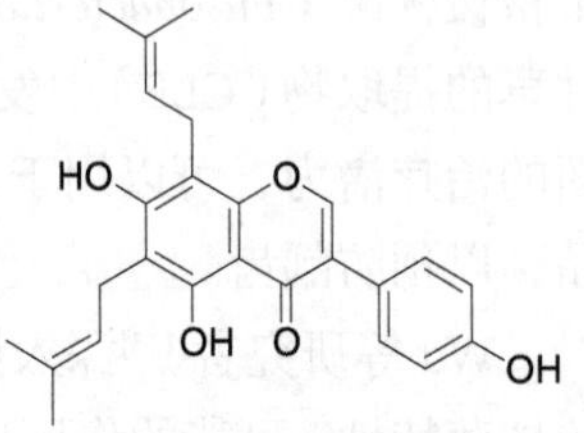

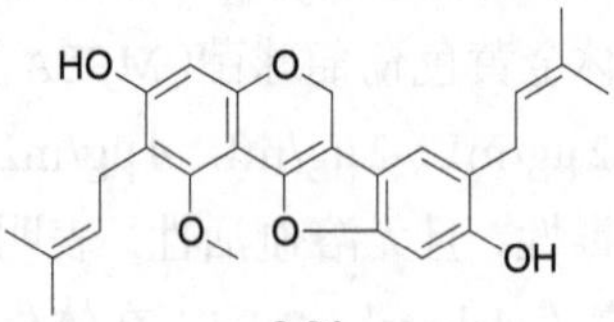

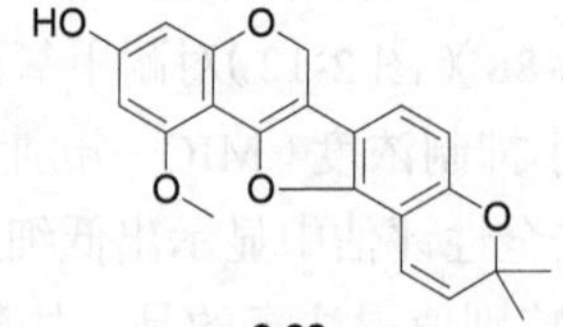

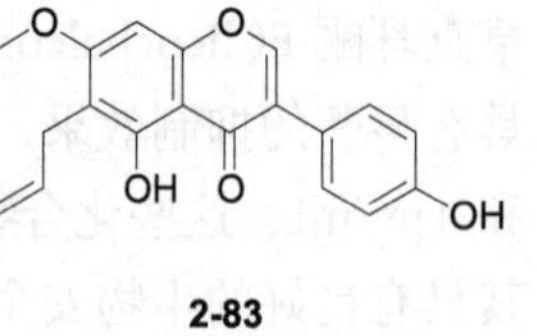

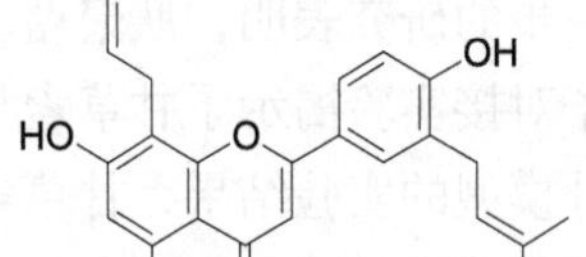

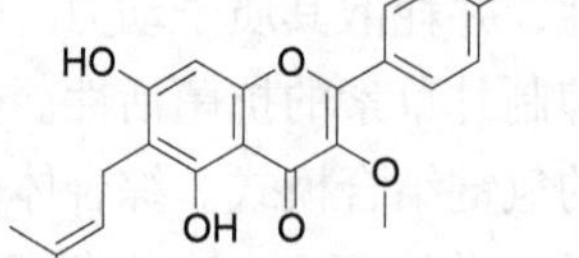

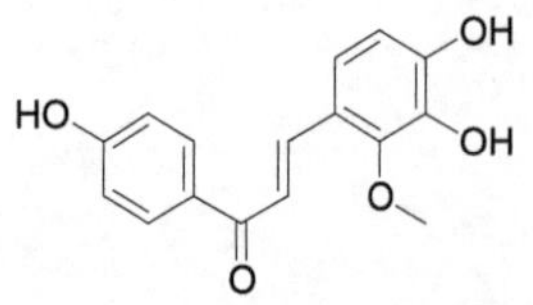

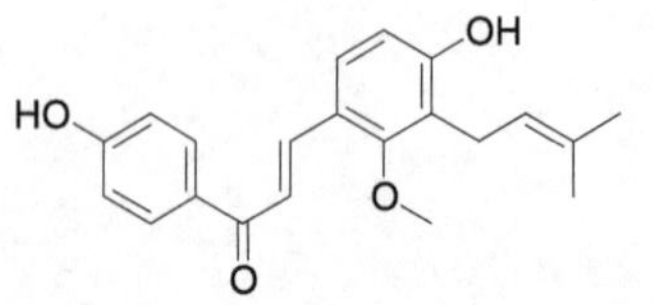

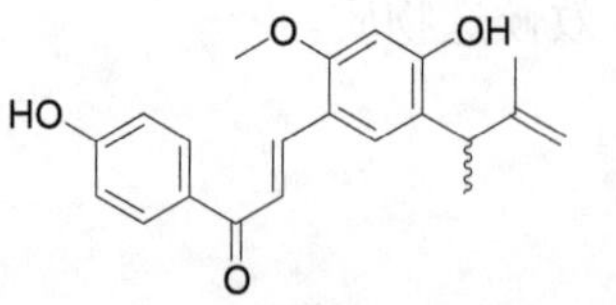

六、蜂胶中的黄酮类化合物

蜂胶是蜜蜂从植物芽孢或树干上采集的树脂，并与蜂蜡、蜜蜂分泌物和花粉混合而成的一种物质，具有多种生物学活性，包括抗炎、抗氧化和抗菌等。蜂胶作为《可用于保健食品的物品名单》，现已广泛应用于医药、保健食品、化妆品等领域。蜂胶的特征性化合物主要包括没有 B 环取代基的黄酮类化合物，如高良姜素（galangin，**2-91**）、松香素（pinocembrin，**2-92**）、7-羟基-8-甲氧基黄酮（**2-93**）、短叶松素（pinobanksin，**2-94**）、白杨素（chrysin，**2-93**）等（图 2-13）。

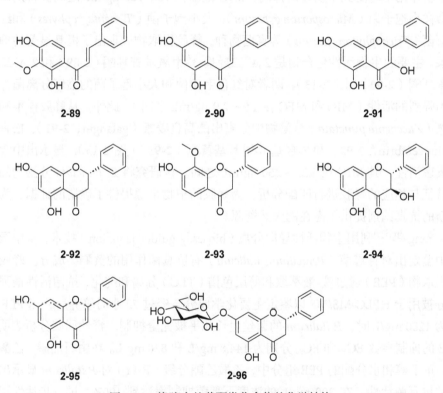

图 2-13　蜂胶中的黄酮类化合物的化学结构

蜂胶因其有效的抗真菌活性，能够延长葡萄、甜樱桃、柑橘和火龙果的保质期。Noosheen 等[124]的研究表明，在使用不同浓度的蜂胶乙醇提取物（EEP）（0.25%，0.50%，0.75%和 1.0%）处理火龙果，并储存 20 天时，火龙果品质出现了显著差异，0.50%的 EEP 浓度可以用来延长火龙果的储存寿命，而不会对其品质产生任何负面影响。Yang 等[125]评估了中国蜂胶乙酸乙酯提取物（PEAE）对采后柑橘果实上青霉菌（*P. digitatum*）和意大利青霉菌（*P. italicum*）的控制效果。结果表明，PEAE 强烈抑制了菌丝生长，并诱导菌丝显著的异常形态变化。此外，PEAE 对测试病原体的孢子发芽有强烈的不利影响，并且这种影响是浓度依赖的。在体内测试中，PEAE 可以减少由 *P. italicum* 和 *P. digitatum* 引起的腐烂，无论是在创伤接种的果实还是自然感染的果实中；同时，使用 PEAE 处理的柑橘果实整体品质没有观察到负面影响。该研究提示 PEAE 可以作为一种天然的抗真菌剂，用于控制柑橘的青霉病和绿霉病。

　　Agüero 等[126]研究了阿根廷蓬头藻（*Zuccagnia punctata*）来源蜂胶的植物化学特征与抗真菌活性。实验结果显示，所有测试的癣菌和酵母菌在不同浓度的蜂胶提取物作用下均受到了明显的抑制，MIC 范围在 16 ~ 125 μg/mL 之间。特别是对石膏样小孢子菌（*Microsporum gypseum*）、犬小孢子菌（*T. mentagrophytes*）和红色毛癣菌（*Trichophyton rubrum*）等真菌物种，蜂胶提取物表现出了极其显著的抑制效果。主要的生物活性化合物是 2′,4′-二羟基-3′-甲氧基查耳酮（**2-89**）和 2′,4′-二羟基查耳酮（**2-90**）（图 2-13）。两者对红色毛癣菌和犬小孢子菌的临床分离菌株显示出强烈的活性（MIC 和 MFC 在 1.9 ~ 2.9 μg/mL 之间）。此外，从蜂胶样本和蓬头藻（*Zuccagnia punctata*）分泌物中分离出的高良姜素（galangin，**2-91**）、松香素（pinocembrin，**2-92**）和 7-羟基-8-甲氧基黄酮（**2-93**）（图 2-13），显示出中等的抗真菌活性，其 MIC 在 1.25 ~ 250 μg/mL 之间。该研究将 *Z. punctata* 分泌物的化学特征与相应的蜂胶进行匹配分析，为蜂胶的植物来源提供了确凿的证据，为开发新的抗真菌剂提供了潜在的天然资源。

　　Yang 等[127]利用生物活性导向分离（bioassay-guided isolation）技术，从中国蜂胶中鉴定出对青霉菌（*Penicillium italicum*）有抗真菌作用的黄酮类成分。蜂胶乙醇提取物（PEE）通过液-液萃取和薄层色谱（TLC）分离和纯化，抗菌活性最强的组分被用于 HPLC-MS/MS 以鉴定主要化学成分。经过 72 小时培养后，当 PEE 浓度为 1200 mg/L 时，*P. italicum* 的菌丝生长几乎被完全抑制。毒性回归分析表明，PEE 的抑制参数 EC_{50} 和 EC_{90} 分别为 144.8 mg/L 和 820 mg/L。在由石油醚、乙酸乙酯、正丁醇和水分配的 PEE 组分中，乙酸乙酯分级（E-Fr）对 *P. italicum* 显示出最高的抗真菌活性，在 200 mg/L 的浓度下真菌抑制率达到 100%。进一步活性跟踪发现，生物活性成分被鉴定为短叶松素（pinobanksin，**2-94**）、松香素（pinocembrin，**2-92**）、5,7-二羟基黄酮（chrysin，**2-95**）和高良姜素（galangin，**2-91**）（图 2-13）。这表明富含黄酮类化合物的蜂胶有潜力成为一种天然防腐剂，可以应用于控制由 *P. italicum* 引起的柑橘青霉病。

　　杨树芽的分泌物是杨树型蜂胶的主要树脂来源。Yang 等[128]从杨树芽活性组分（PBAF）中鉴定出的抗真菌成分对柑橘青霉病的病原菌青霉菌（*Penicillium italicum*）具有活性，并且研究了可能的作用模式。通过 HPLC 和 HPLC-MS 分析，确定了松香素（pinocembrin，**2-92**）、白杨素（chrysin，**2-95**）和高良姜素（galangin，**2-91**）（图 2-13）是 PBAF 中的活性成分。PBAF 处理改变了菌丝的形态和超微结构特征，造成了细胞膜通透性的损害，引起了核酸的丢失，抑制了呼吸速率，并降低了与呼吸相关的酶活性，包括 MDH（苹果酸脱氢酶）、SDH（琥珀酸脱氢酶）和 ATPase（ATP 酶）。这些结果表明，PBAF 可能抑制了 *P. italicum* 的代谢呼吸，并破坏了与能量产生相关的酶活性。细胞膜被破坏，细胞代谢受损。因此，PBAF 有效地抑制了 *P. italicum* 的菌丝生长。研究提示 PBAF 可以作为一种潜在的天然替代品，用于蜂胶来控制柑橘果实中的青霉病。

除此之外，从全缘粗叶榕（*Ficus hirta*）[129]中分离得到蜂胶中类似的黄酮类化合物松香苷（pinocembroside，**2-96**）（图 2-13），其对柑橘绿霉病病原菌指状青霉（*P. digitatum*）菌丝生长有明显的抑制作用，EC$_{50}$、MIC、MFC 分别为 120.3 mg/L、200 mg/L 和 400 mg/L。此外，通过非靶向代谢组学分析，发现松香苷处理显著干扰了氨基酸、脂质、脂肪酸、三羧酸循环（TCA）和核糖核酸的代谢，进而导致细胞膜过氧化。这些发现为理解松香苷通过膜过氧化机制抑制指状青霉生长的抗真菌作用提供了新的见解，并指出松香苷有望成为一种潜在的天然替代品，用于防控柑橘绿霉病。

七、洛克米兰醇及其衍生物

洛克米兰醇及其衍生物（flavaglines）是楝科植物米仔兰属（*Aglaia*）的一类独特的化合物，具有环戊烯苯并呋喃的母核结构。它是一类特殊的黄酮类化合物，其生物合成上来源于两个前体：肉桂酸衍生物和黄酮类核心。

Engelmeier 等[130]从楝科植物米仔兰（*Aglaia odorata*）、山椤（*A. elaeagnoidea*）和马肾果（*A. edulis*）中分离出六种环戊烯苯并呋喃、一种环戊烯并苯并吡喃以及一种苯并氧杂环庚烷等成分，并针对三种植物病原菌稻瘟病菌（*Pyricularia grisea*）、燕麦镰刀菌（*Fusarium avenaceum*）和柑橘交替孢菌（*Alternaria citri*）进行了抗真菌性质的测试。结果显示环戊烯苯并呋喃类化合物表现出强烈的活性，而其他化合物，如苯并吡喃、苯并氧杂环庚烷和丁内酯在测试的最高浓度下无活性。稻瘟病菌（*P. grisea*）被证明是对所有活性环戊烯苯并呋喃类化合物最敏感的真菌，其中 rocaglaol（**2-97**）的 EC$_{50}$ 为 0.01 μg/mL，EC$_{90}$ 为 0.3 μg/mL，MIC 为 1.6 μg/mL，无疑是最活跃的衍生物，远强于阳性对照 blasticidin S 和 Benlate。值得注意的是，aglafoline（**2-98**）和 pannellin（**2-99**）显示出与 rocaglaol（**2-97**）相似的 EC$_{50}$ 值，但 EC$_{90}$ 和 MIC 值显著更高。比较黄酮类化合物 aglafoline（**2-98**）与 pannellin（**2-**

99）和 rocaglamide（**2-100**）与 aglaroxin A（**2-101**），很明显 C-6 和 C-7 之间的二氧甲烷桥进一步降低了抗真菌活性。此外，在 *P. grisea* 中，aglafoline（**2-98**）和 pannellin（**2-99**）比相应的酰胺类 rocaglamide（**2-100**）与 aglaroxin A（**2-101**）更活跃（图 2-14）。脱甲基化酰胺氮也降低了活性，导致苯并呋喃衍生物 desmethylrocaglamide（**2-102**）活性显著降低。此外，最活跃的环戊烯苯并呋喃类化合物 rocaglaol（**2-97**）和 aglafoline（**2-98**）也对 *F. avenaceum* 和 *A. citri* 产生了影响，而 pannellin（**2-99**）和 rocaglamide（**2-100**）（图 2-14）只对 *F. avenaceum* 有活性。

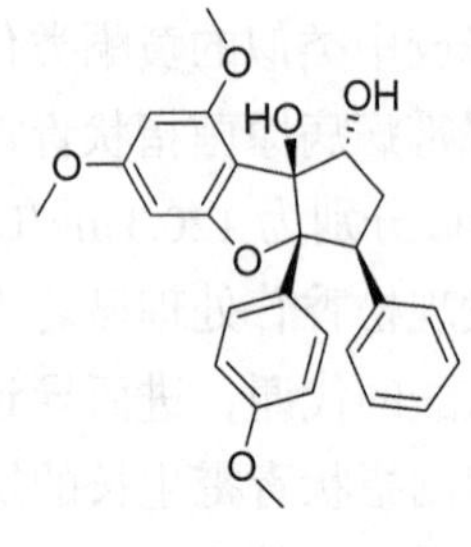

2-97

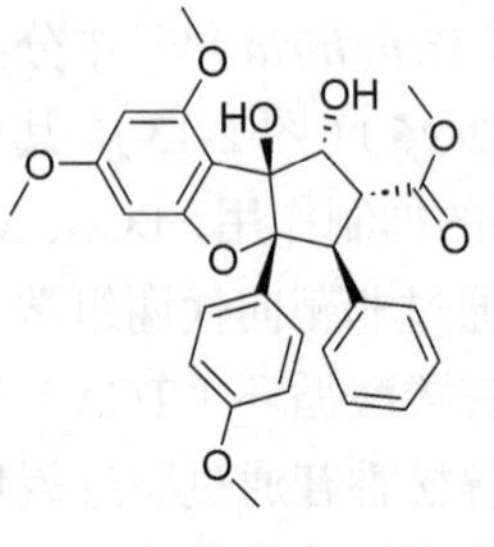

2-98

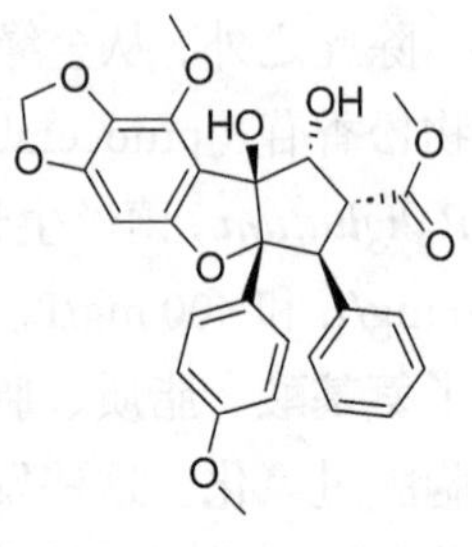

2-99

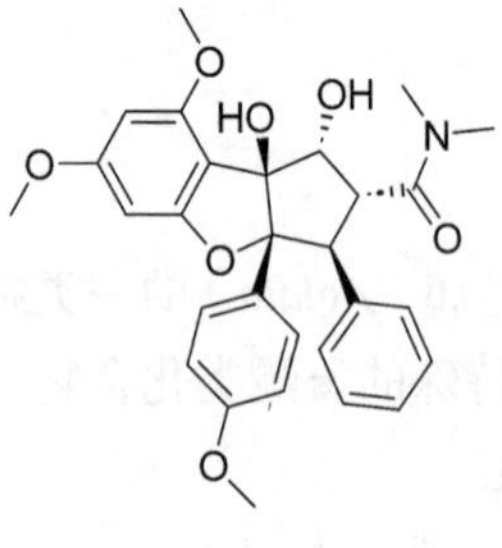

2-100

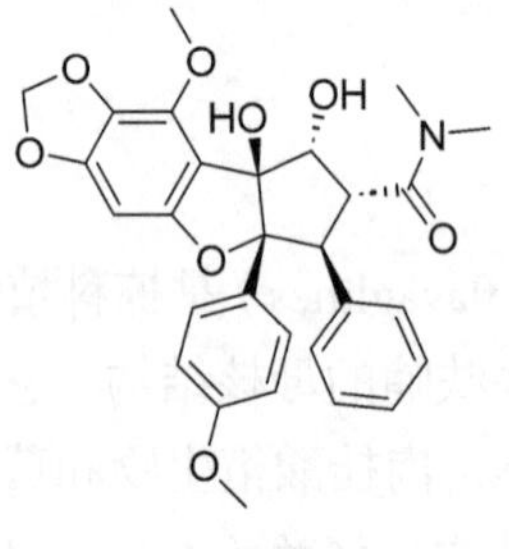

2-101

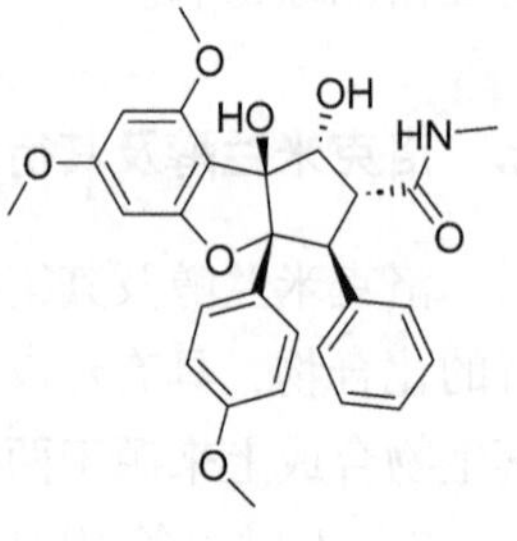

2-102

图 2-14 洛克米兰醇及其衍生物的化学结构

第四节 香豆素类抗菌剂

香豆素（coumarin），基本骨架为 1,2-苯并吡喃酮。1,2-苯并吡喃酮在香料行业中占据着举足轻重的地位，以其独特的香气而闻名。香豆素不仅被广泛用作定香剂和脱臭剂，还在香水和香料的配制中发挥着关键作用。此外，它还被用作饮料、食品、香烟、塑料制品以及橡胶制品等多种产品的增香剂，为其增添迷人的香气。天然香豆素主要存在于伞形科、锦葵科、菊科、芸香科中，下面是几个代表性的香豆素研究概括：

Walasek[131]基于抗菌活性导向分离、高效液相色谱（HPLC）和高效逆流色谱（HPCCC）相结合的高效策略，研究了伞形科植物巨型猪草（*Heracleum mantegazzianum*）果实的二氯甲烷提取物中香豆素类化合物，并详细评估了不同组分和单体香豆素类化合物的抗菌活性。结果表明，几乎所有化合物对所有供试菌都具有一定范围的活性，MIC 值为 0.03～1 mg/mL，具有杀菌效果（MBC/MIC ≥ 4），供试菌包括了主要食源性和环境致病菌金黄色葡萄球菌（*Staphylococcus. aureus*）、枯草芽孢杆菌（*B.subtilis*）、淡黄色葡萄球菌（*Micrococcus. luteus*）、念珠菌（*Candida. Parapsilosis*）、铜绿假单胞菌（*P. aeruginosa*）、变形杆菌（*Proteus mirabilis*）等。8-甲氧基补骨脂素（xanthotoxin，**2-103**）、异茴芹素（imperatorin，**2-104**）、白芷素（bergapten，**2-105**）和欧芹素（angelicin，**2-106**）混合物（FR1）（图 2-15）显示出对革兰氏阳性细菌（特别是对 *B. cereus* 的 MIC 为 0.125 mg/mL）以及特定的真菌菌株（例如，对 *C. albicans* 的 MIC 为 0.125 mg/mL）的显著抗菌活性。进一步从中分离的 8-甲氧基补骨脂素（xanthotoxin，**2-103**）（图 2-15）对革兰氏阳性细菌和酵母菌显示出非常高的活性，MIC 值非常低（0.03 mg/mL 或 0.06 mg/mL），同时，化合物 **2-103** 显著抑制了 *S. aureus*、*B. subtilis*、*M. luteus* 和 *C. parapsilosis* 的生长。8-甲氧基补骨脂素对其他革兰氏阳性细菌和酵母菌的活性为中等，而对所有革兰氏阴性菌株的活性为温和（MIC = 1 mg/mL）。此外，白芷素（bergapten，**2-105**）对 *M. luteus* 和 *C. albicans* 显示出良好的活性（MIC = 0.125 mg/mL），对其他革兰氏阳性细菌和酵母菌的活性为（MIC = 0.25～0.5 mg/mL）。异茴芹素（imperatorin，**2-104**）对 *C. albicans* 和 *P. aeruginosa* 的高活性（MIC 值分别为 0.25 mg/mL 和 1 mg/mL）。8-甲氧基补骨脂素（xanthotoxin，**2-103**）对 *B. subtilis* 和 *S. aureus* 菌株显示了非常强的活性（MIC = 0.03 mg/mL）。白芷素（bergapten，**2-105**）对 *C. albicans*（MIC = 0.125 mg/mL）和 *M. luteus*（MIC = 0.125 mg/mL）显示出强烈的抑制作用。单独测试的白芷素显示出对革兰氏阳性细菌和真菌的良好至中等活性（MIC 值在 0.125～0.5 mg/mL 范围内）。相比之下，白芷素（bergapten，**2-105**）和欧芹素（angelicin，**2-106**）的混合物（FR2）具有更强的抑制微生物生长的能力，特别是对 *B. cereus*（MIC = 0.06 mg/mL）、*S. aureus* 和 *B. subtilis*（MIC=0.125 mg/mL）以及酵母菌，尤其是 *C. parapsilosis*（MIC = 0.06 mg/mL）。这些结果最终表明，欧芹素和白芷素对所研究的微生物有明显的协同作用，值得进一步详细研究。白芷素、欧芹素（angelicin，**2-106**）和茴芹素（pimpinellin，**2-107**）组成的混合物（FR3）与茴芹素（pimpinellin，**2-107**）相比，对 *S. aureus*、*B. subtilis*

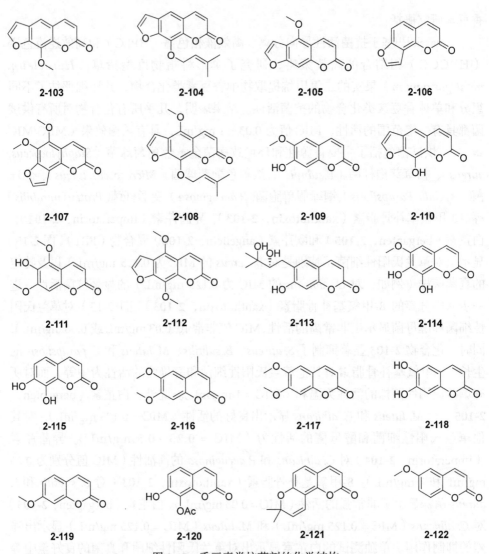

图 2-15　香豆素类抗菌剂的化学结构

和 *B. cereus* 显示出更强的抗菌活性（MIC 值从 0.125 mg/mL 到 0.25 mg/mL）。它对 *S. epidermidis* 的活性也更强（MIC = 0.25 mg/mL），与白芷素（bergapten，**2-105**）和欧芹素的混合物（FR2）相当。与白芷素和欧芹素的混合物（FR2）或茴芹素（pimpinellin，**2-107**）相比，FR3 对 *E. coli* 的抑制作用也更强（MIC = 0.5 mg/mL）。FR3 对酵母菌的活性也比纯茴芹素更强。可以得出结论，这三种呋喃香豆素之间存在协同作用。茴芹素（pimpinellin，**2-107**）对革兰氏阳性细菌表现出中等活性，特别是对 *S. aureus* 和 *M. luteus*（MIC = 0.25 mg/mL），对 *C. parapsilosis* 表现出更强

的活性（MIC = 0.125 mg/mL）。对于 FR1（补骨脂素、异茴芹素、欧芹素和白芷素组成的混合物）和革兰氏阴性细菌，也提出了作用的协同性。欧芹素和白芷素的混合物（FR2），或者单独的补骨脂素和白芷素只有温和或没有活性，但所有这些化合物的混合物对 *E. coli*、*K. pneumoniae* 和 *P. mirabilis* 的 MIC 值为 0.5 mg/mL。藁本内酯（phellopterin，**2-108**）和异茴芹素（imperatorin，**2-104**）混合物（FR6）表现出中等至温和的抗菌活性（MIC 0.25 ~ 1 mg/mL），但藁本内酯本身（phellopterin，**2-108**）对 *S. aureus*（MIC 0.03 mg/mL）、*S. epidermidis* 和 *M. luteus*（MIC 0.25 mg/mL）活性更强。

锦葵科黄麻属植物长蒴黄麻（*Corchorus olitorius*）的叶片内的黏质可作为汤食用，具有强壮、防癌、改善体虚、消除疲劳的作用。Zeid[132]研究了长蒴黄麻嫩叶在接种生物胁迫剂（如真菌 *Helminthosporium turcicum* 的孢子悬浮液）和化学胁迫剂（如水溶液中的氯化汞和氯化铜）后，产生了五种香豆素作为植物防御素（应激代谢产物）：东莨菪内酯（scopoletin，**2-109**）、花椒毒酚（xanthotoxol，**2-110**）白蜡树精（fraxinol，**2-111**）、异茴芹内酯（isopimpinellin，**2-112**）和白花前胡醇（peucedanol，**2-113**）（图 2-15）。许多香豆素是在植物对感染或压力作出反应时形成的，作为植物抗毒素，它们往往具有抗菌活性。在 100 μg 的五种香豆素类化合物对五种菌株，即枯草杆菌（*B. subtilis*）、大肠杆菌（*E. coli*）、酵母菌（*Saccharomyces cerevisae*）、土耳其福蔺镰孢菌（*Helminthosporium turcicum*）以及青霉菌（*P. digitatum*）的抑制区域的直径达到 12 ~ 22 mm。

菊科万寿菊属植物香叶万寿菊（*Tagetes lucida*），作为一种富含营养的植物和广谱草药，Carlos 等[133]对其地上部分开展了化学成分研究并成功提取了一系列香豆素类化合物，并对其抗菌活性进行了评估。结构显示，8-乙酰基-7-羟基香豆素（**2-114**）和 7,8 二羟基-6-甲基香豆素（**2-115**）（图 2-15）是分别在 C-7 和 C-8 位置二羟基化的香豆素，这些是对革兰氏阳性和阴性细菌最具抑制活性的两个化合物。尽管如此，化合物 8-乙酰基-7-羟基香豆素（**2-114**）和 6,7-二羟基香豆素（6,7-dihydroxycoumarin，**2-118**），分别是在 C-7 和 C-6 以及 C-7 位置单羟基化和二羟基化的香豆素，仅对污染水中的关键细菌霍乱弧菌（*Vibrio cholerae*）显示出部分活性。另一方面，化合物 8-甲氧基补骨脂素（xanthotoxin，**2-103**）、6,7-二甲氧基-4-甲基香豆素（**2-116**）和 5,7-二羟基-4-甲基香豆素（**2-117**）仅对部分霍乱弧菌（*Vibrio cholerae*）菌株显示出有限的活性。这些事实可能证明 C-7 和 C-8 位置的邻二羟基可能是抗菌活性的重要因素。值得注意的是，化合物 8-乙酰基-7 羟基香豆素（**2-114**）的活性量比 7,8-二羟基-6-甲基香豆素（**2-115**）更强。化合物 **2-114** 和 **2-115** 对霍乱弧菌（*Vibrio cholerae*）的最小抑制浓度（MIC）分别为 25 μg/mL

和 200 μg/mL，对大肠杆菌（*E. coli*）分别为 250 μg/mL 和 450 μg/mL。在这种情况下，很可能是 C-6 位置的甲氧基与两个邻位羟基一起，电子激活了芳香环并增加了化合物的脂溶性；因此，这些事实可能诱导这些化合物对所测试的细菌菌株产生较大的生长抑制。此外，抗真菌活性研究表明，6,7-二甲氧基-4-甲基香豆素（**2-116**）和 5,7-二羟基-4-甲基香豆素（**2-117**）在 C-6 和 C-7 位置被甲氧基化后活性最高，其次是 7-甲氧基香豆素（**2-119**），但效力显著较低。因此，仅对 6,7-二甲氧基-4-甲基香豆素（**2-116**）和 5,7-二羟基-4-甲基香豆素（**2-117**）测定了 FC$_{50}$ 和 MFC 值；这一结果表明，二甲氧基化合物 6,7-二甲氧基-4-甲基香豆素（**2-116**）和 5,7-二羟基-4-甲基香豆素（**2-117**）对真菌菌株表现出强烈的活性，特别是对须毛癣菌（*T. mentagrophytes*）和立枯丝核菌（*Rhizoctonia solani*）（在 125.0 μg/mL 和 250.0 μg/mL 浓度下分别实现了 100% 的抑制），这些化合物的数值接近阳性对照组。

这些结果表明，香叶万寿菊提取物及其香豆素类化合物对细菌和植物病原真菌有作用。这可能表明这种植物在食品保存、食品制备以及作为优质食品香料方面可以发挥重要作用。

芸香科黄皮属植物在我国两广地区极常栽培，果可供生食，味酸甜可口。Wang 等[134] 发现从黄皮属植物八角黄皮（*Clausena anisata*）中分离得到的邪蒿内酯（seselin，**2-121**）（图 2-15）对灰霉病菌（*B. cinerea*）展现出显著的抗真菌活性，其 EC$_{50}$ 值为 6.1 μg/mL。进一步发现，钙离子（Ca^{2+}）及其相关的 Ca^{2+}/钙调蛋白（CN）信号通路在邪蒿内酯抗灰霉病菌活性中发挥重要作用。外源性 Ca^{2+} 的添加、环孢霉素 A 和维拉帕米的处理均能降低灰霉病菌对邪蒿内酯的敏感性。邪蒿内酯显著减少了菌丝体内的细胞内 Ca^{2+} 浓度，这一变化可能导致了细胞内 Ca^{2+} 平衡的破坏和细胞死亡。邪蒿内酯处理还显著降低了 Ca^{2+}/CN 信号通路中关键基因 CCH1、MID1、CNA、PMC1 和 PMR1 的表达水平，这进一步证实了 Ca^{2+}/CN 信号通路在邪蒿内酯的抗真菌活性中扮演着关键角色。因此，邪蒿内酯作为一种具有潜力的抗菌剂，可被开发成为针对灰霉病菌的新型杀菌剂，用于农业上水果和蔬菜中灰霉病的防治。

王姝人[135] 评估了 6-甲基香豆素（**2-122**）（图 2-15）对苹果腐烂病原菌（*Valsa mali*）和忽视拟盘多毛孢菌（*Pestalotiopsis neglecta*）生长效果的影响。结果显示，在 400 μg/mL 的浓度下，6-甲基香豆素对 *V. mali* 的抑制效果最为显著。进一步的实验发现，随着 6-甲基香豆素浓度的增加，其抑制作用也随之增强，当浓度达到 400 μg/mL 时，对 *V. mali* 和 *P. neglecta* 的抑制率分别达到 89.83% 和 69.66%，而在 800 μg/mL 的浓度下，抑制率均能达到 100%。此外，1600 μg/mL 的 6-甲基香豆素对 *V. mali* 孢子萌发的抑制率也能达到 100%。实际应用研究表明，在室内条件下，

6-甲基香豆素对苹果腐烂病的防治效果显著。0.8 mg/mL 和 1.6 mg/mL 的 6-甲基香豆素处理组的发病率均显著低于对照组（$P < 0.05$），表明 6-甲基香豆素能有效控制病斑的发展，减少病原菌对苹果树枝的侵害。初步作用机制研究表明，6-甲基香豆素能够破坏 V. mali 的细胞膜，改变细胞膜的通透性，导致细胞内容物大量外泄，加剧细胞膜脂质过氧化。对 V. mali 的酶活性测定结果显示，6-甲基香豆素处理组的过氧化氢酶（CAT）活性显著高于对照组，而致病酶活性则显著低于对照组，说明 6-甲基香豆素对 V. mali 的致病酶活性产生了负面影响，扰乱了其致病能力，抑制了其生长。总体而言，该研究提示 6-甲基香豆素作为植物源杀菌剂的开发潜力，并为其抑菌作用机制提供了理论依据，为 6-甲基香豆素的进一步开发和应用奠定了基础。

然而，值得注意的是，香豆素类化合物，尤其是呋喃香豆素，因其出色的抗菌活性，在食品保鲜领域展现出潜在的应用前景。然而，部分香豆素具有较强的紫外线吸收能力，接触皮肤后可能引发日照性皮炎，严重时还可能留下持续多年的紫色或棕色疤痕，并且受影响区域可能对阳光更加敏感。因此，在香豆素类化合物的开发和应用之前，必须进行严格的安全评估，以确保其安全性，从而推动其未来在食品和农业领域的综合利用。

第五节　木脂素类抗菌剂

一、厚朴酚和和厚朴酚及其衍生物

联苯类木脂素厚朴酚（magnolol，**2-123**）以及和厚朴酚（honokiol，**2-124**）（图 2-16）是木兰科木兰属植物厚朴（*Magnolia officinalis*）皮提取物的主要有效成分。它们不仅能够对抗氧化应激、延缓细胞衰老，还展现出卓越的抗炎和抗菌特性。此外，厚朴提取物还具有保湿和舒缓肌肤的效果，并能降低酪氨酸酶的活性，从而抑制黑色素的生成[136]。

厚朴酚（**2-123**）以及和厚朴酚（**2-124**）具有显著的抗菌活性。胡勇梅等[8]对厚朴酚（**2-123**）以及和厚朴酚（**2-124**）开展了食源性细菌和植物病原真菌的抑制活性研究，结果表明，厚朴酚（**2-123**）对五株植物病原真菌黄曲霉（*A. flavus*）、扩展青霉（*P. expansum*）、匍枝根霉（*R. stolonifer*）、核果褐腐病菌（*S. sclerotiorum*）和灰葡萄孢（*B. cinerea*）的 EC_{50} 值分别为 48.30 μg/mL、19.77 μg/mL、14.60 μg/mL、21.89 μg/mL 和 8.13 μg/mL；和厚朴酚（**2-124**）的 EC_{50} 值分别为 44.59 μg/mL、29.88 μg/mL、11.13 μg/mL、18.38 μg/mL 和 17.56 μg/mL。同时，厚朴酚（**2-123**）以及和厚朴酚（**2-124**）对食源性细菌蜡样芽孢杆菌（*B. cereus*）、单核细胞增生李斯特菌

（*L. monocytogenes*）、大肠杆菌和肠炎沙门氏菌（*S. enterica*）的 MIC_{90} 值均为 25 μg/mL、50 μg/mL、100 μg/mL 和 200 μg/mL。

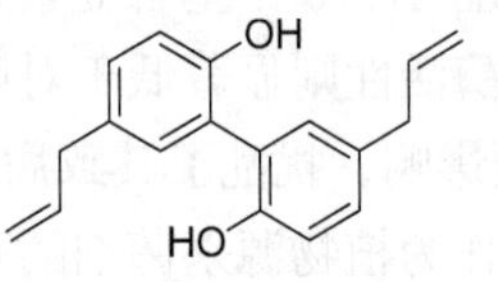

2-123

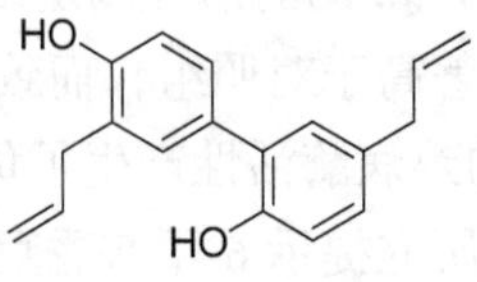

2-124

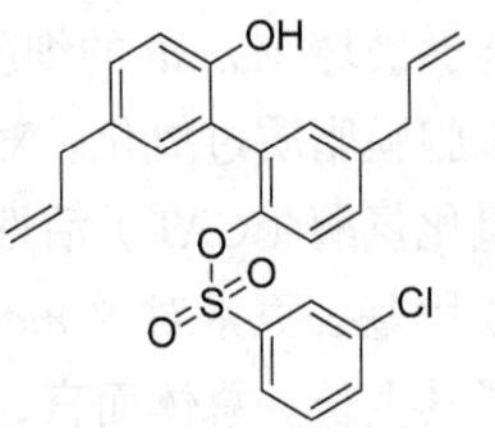

2-125

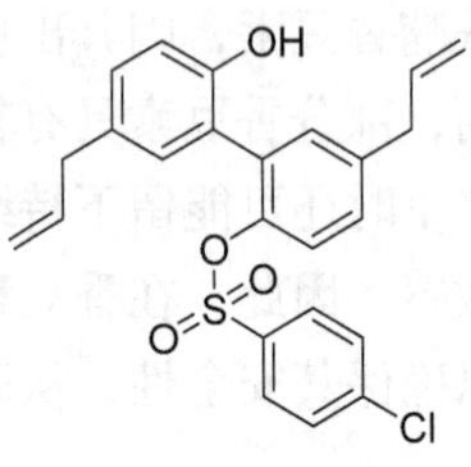

2-126

图 2-16　厚朴酚和和厚朴酚及其衍生物的化学结构

Cui 等[137]发现厚朴（*Magnolia officinalis*）中的关键活性成分厚朴酚（**2-123**）对灰葡萄孢（*B. cinerea*）的菌丝生长和对采摘后水果的侵染能力产生了显著的抑制效果。厚朴酚显著抑制了 *B. cinerea* 菌丝在 PDA 培养基上的体外生长，当厚朴酚浓度达到 400 mg/L 时，菌落扩展被完全抑制。实际应用表明，随着施加的厚朴酚浓度增加，对采收后的苹果和葡萄的体内抗真菌效果呈现出类似的增加模式，但它并未完全阻止接种后灰霉病的发生，这意味着对致病力的抑制效果相对温和。与对照组相比，用 5000 mg/L 厚朴酚处理的组在苹果和葡萄上的病变直径分别减少了约 62%和 60%。这种抑制效应主要归因于厚朴酚触发了灰葡萄孢内的自噬过程，进而导致线粒体结构的破坏和活性氧（ROS）的过量产生。此外，由 ROS 引发的氧化应激进一步破坏了细胞膜的完整性，并削弱了细胞的活力，最终导致菌丝的生长和致病力下降。此外，厚朴酚已被证明作为食品添加剂是安全的，进一步增加了其作为化学杀菌剂理想替代品的前景。

Yan 等[138]研究发现从厚朴中提取的石油醚提取物对七种植物病原体，特别是对立枯丝核菌（*Rhizoctonia solani*）显示出有效的抗真菌活性，在 250 μg/mL 时抑制率达到 100.00%。通过生物活性导向分离得到的和厚朴酚（**2-124**）和厚朴酚（**2-**

123）表现出比阳性对照噻呋酰胺（tebuconazole，$EC_{50} = 3.07$ μg/mL）对立枯丝核菌更强的抗真菌活性，其 EC_{50} 值分别为 2.18 μg/mL 和 3.48 μg/mL。初步作用机制研究表明，和厚朴酚（**2-124**）可能通过阻断氧化磷酸化代谢途径来发挥抗真菌效应。同时和厚朴酚（**2-124**）诱导 ROS 过量产生，破坏线粒体功能，影响呼吸作用，并阻断 TCA 循环，最终抑制 ATP 的产生。此外，和厚朴酚（**2-124**）还破坏了细胞膜并引起形态变化。该研究支持了厚朴中分离出的木脂素具有被开发为植物源杀菌剂的潜力。

许润梅等[139]发现，厚朴酚（**2-123**）在对耐甲氧西林金黄色葡萄球菌（methicillin-resistant *Staphylococcus aureus*）、大肠杆菌以及白色念珠菌（*C. albicans*）表现出显著的抑制活性（MIC 为 16 μg/mL），尽管如此，它对正常细胞也表现出一定的毒性。为了寻找高效低毒的抗菌剂，进一步结构修饰得到了 2 取代 3″-氯苯磺酸酯的厚朴酚（化合物 **2-125**）以及 2 取代 4″-氯苯磺酸酯的厚朴酚（化合物 **2-126**）等衍生物，活性筛选表明，2 取代 3″-氯苯磺酸酯的厚朴酚（化合物 **2-125**）对耐甲氧西林金黄色葡萄球菌和白色念珠菌的抗菌作用特别突出（MIC 分别为 0.5 μg/mL 和 2 μg/mL），另一方面，2 取代 4″-氯苯磺酸酯的厚朴酚（化合物 **2-126**）在所有测试的七种菌株中都展现了优异的抗菌活性（MIC 分别为 2 ～ 16 μg/mL 之间），其效果甚至超过了厚朴酚。此外，2 取代 4″-氯苯磺酸酯的厚朴酚（化合物 **2-126**）在对铜绿假单胞菌（*P. aeruginosa*）（MIC 为 64 μg/mL）作用上也超越了厚朴酚及其所有对照物质（MIC 均大于 64 μg/mL）。值得注意的是，2 取代 4″-氯苯磺酸酯的厚朴酚（化合物 **2-126**）不仅抗菌效果显著优于厚朴酚，而且具有较低的细胞毒性，这表明它有潜力被进一步开发成一种天然的防腐剂。

二、二氢愈创木酸及其衍生物

（+）-二氢愈创木酸（**2-127**）及其衍生物(–)-二氢愈创木酸（**2-128**）以及 *meso*-二氢愈创木酸（**2-129**）（图 2-17）是一类通过两个苯丙素单元的 β,β'键连接的天然的简单木脂素类化合物。Hasebe 等[140]合成了 38 个(+)-二氢愈创木酸的不同 7-苯基取代基衍生物，并初步阐明了对交链孢菌（*Alternaria alternata*）及其变种的抗真菌活性的构效关系。天然产物(+)-二氢愈创木酸（**2-127**）及其衍生物(–)-二氢愈创木酸（**2-128**）以及 *meso*-二氢愈创木酸（**2-129**）对交链格孢日本梨变种（*Alternaria alternata* Japanese pear pathotype）具有一定的抑制率（EC_{50} 分别为 71.8 μmol/L、51.5 μmol/L 和 67.7 μmol/L）。一些化合物显示出比(+)-二氢愈创木酸（**2-127**）更高的活性。通过构效关系分析得出一些结论，首先 3-氟苯衍生物（**2-130**）（20.4 μmol/L）和 3-氯苯基衍生物（**2-131**）（图 2-17）（24.6 μmol/L）的 EC_{50} 值略低于其他单氟苯基或氯苯基衍生物，3 位上存在吸电子基团对提高活性很重要；在二取代苯基衍生物中，3,5-二氟苯基衍生物（**2-132**）（图 2-17），它在两个间位上具有最小的电子吸引基团，显示出最高的活性（$EC_{50} = 15.5\ \mu mol/L$，比天然(+)-二氢愈创木酸（**2-127**）（图 2-17）高出 4.5 倍的活性，而在间位和对位上有两个给电子基团，显示出较低的活性。另一方面，3-氯-4-羟基苯衍生物（**2-133**）（图 2-17）对交链格孢苹果变种显示出最高的活性；3,5-二氟苯基衍生物（**2-132**）对柑橘交替孢菌（*A. citri*）显示出最高的活性，3-氟苯衍生物（**2-130**）（图 2-17）在单卤素衍生物中效力最强，*m* 位上的氟原子对 *A. citri* 具有较强的活性。有意思的是，3-羟基-4-甲氧基苯基衍生物（**2-134**）、3-羟基-4-乙氧基苯基（**2-135**）和 3-羟基-4-异丙氧基苯衍生物（**2-136**）（图 2-17）在 250 μmol/L 和 62.5 μmol/L 浓度下显示出对交链格孢日本梨变种（*A. alternata* apple pathotype）的脱色活性和抗黑色素生成活性。

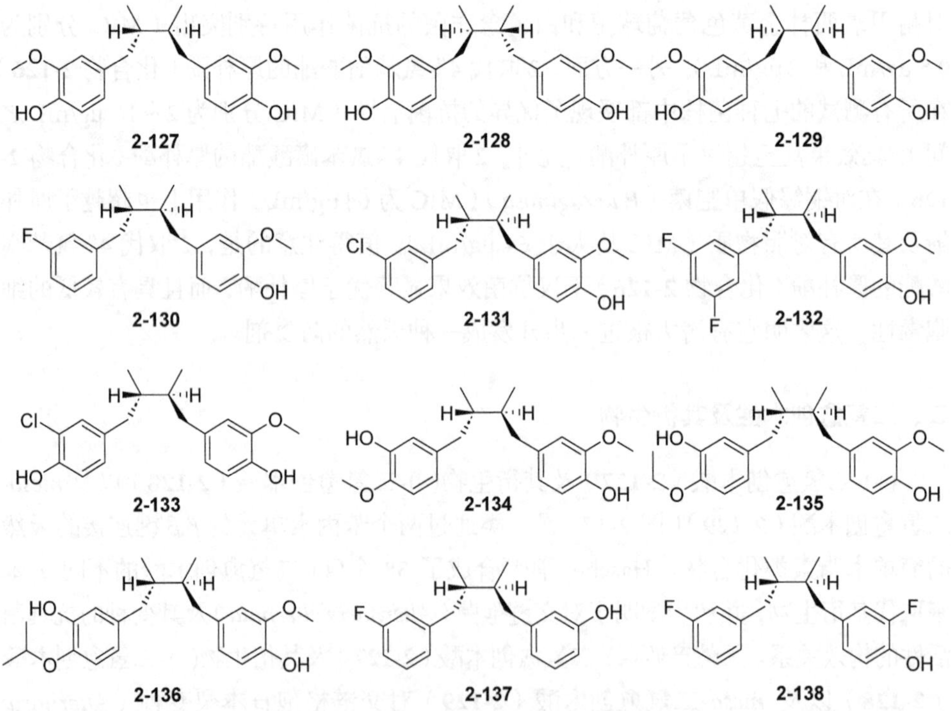

图 2-17　二氢愈创木酸及其衍生物的化学结构

　　基于以上研究发现的先导化合物 3-氟-3'-甲氧基木脂素-4'-醇（**2-130**）开展了进一步的结构修饰研究[141]，部分木酚类化合物表现出比先导化合物更优异的抗真菌效果，特别是在对抗植物病原真菌方面，如交替孢菌交链格孢

Alternaria alternata（日本梨和苹果变种）和柑橘交替孢菌（*A. citri*）。其中，3′-羟基苯基衍生物（**2-137**）（图 2-17）因其广泛的抗真菌谱而受到关注，其对三种真菌的 EC_{50} 分别为 28.5 μmol/L、21.2 μmol/L 和 24.9 μmol/L。而 3′-氟-4′-羟基苯基衍生物（**2-138**）（图 2-17）在抑制对交链格孢日本梨变种（*A. alternata* apple pathotype）方面显示出最高的活性，EC_{50} 为 11 μmol/L，这一结果突显了其作为强效抗真菌剂的潜力。此外，3′-羟基苯基衍生物（**2-137**）在实际应用中也证实了其对防止交替孢菌感染日本梨叶的有效性。这些发现不仅丰富了对氟代二氢愈创木酸衍生物抗真菌活性的认识，而且为开发新型、高效的植物保护剂提供了有希望的候选分子。

三、五味子木脂素类化合物

木兰科五味子（*Schisandra chinensis*），是一种以其干燥成熟果实而闻名的植物。这种果实因其酸、辛、苦、咸、甜五味于一体的独特风味而得名。五味子果实经过加工后，可制成一系列纯天然的绿色食品，包括果酱、果醋、果脯、果汁饮料以及保健茶等，这些产品已在欧洲市场上亮相。此外，五味子果实中富含的单宁和红色素成分，使其在化工领域也具有广泛的应用潜力，尤其是在染料和化妆品行业中。这些天然成分的利用，不仅为相关产品增添了色彩和风味，也为追求天然、健康生活方式的消费者提供了更多选择。

五味子富含一种特殊的联苯环辛烯类木脂素，其代表成分为五味子醇甲（Schizandrol A，SLA，**2-139**）、五味子醇乙（Schizandrol B，SLB，**2-140**）、五味子酯甲（Schisantherin A，SNA，**2-141**）、五味子甲素（Schisandrin A，SDA，**2-142**）和五味子乙素（Schizandrin B，SDB，**2-143**）（图 2-18）。针对主要开展了抗菌活性、纳米银颗粒以及鱼干保鲜等方面的研究。

冯亚净等[142]研究显示五味子木脂素对大肠杆菌具有显著的抑制效果。在实验中，当浓度设定为 50 mg/mL 时，其对大肠杆菌产生的抑菌圈平均直径为 27 mm，这一抑制效果超过了传统化学防腐剂。此外，五味子木脂素对大肠杆菌的最小抑制浓度仅为 6.25 mg/mL。其抗菌作用的机理在于对细菌细胞膜的破坏，这导致细胞膜结构发生皱缩，细胞形态出现凹陷和变形，严重时甚至导致细胞膜破裂，这些变化影响了细菌对营养物如糖分的吸收，从而抑制了细菌的增殖过程。李斌等的研究[143]表明，五味子乙素（Schizandrin B，SDB，**2-143**）对一系列微生物具有抑制效果，包括金黄色葡萄球菌、大肠杆菌、白色念珠菌、沙门氏菌和枯草芽孢杆菌。其中，五味子乙素对金黄色葡萄球菌和白色念珠菌显示出了卓越的抑制能力，其 MIC 为 0.25 mg/mL。李洪洋的研究[144]发现，五味子醇甲（Schizandrol A，

SLA，**2-139**）与五味子乙素（Schizandrin B，SDB，**2-143**）均能有效抑制啤酒酵母、黑曲霉和大肠杆菌。具体而言，这两种成分对啤酒酵母的 MIC 值介于 0.03125 ~ 0.0625 g/mL，对黑曲霉的 MIC 值介于 0.125 ~ 0.25 g/mL，而对大肠杆菌的 MIC 值则介于 0.0625 ~ 0.125 g/mL。这些研究成果突显了五味子成分在抗菌应用中的广阔前景。

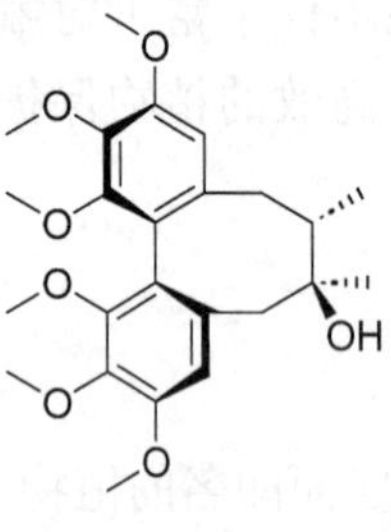
2-139

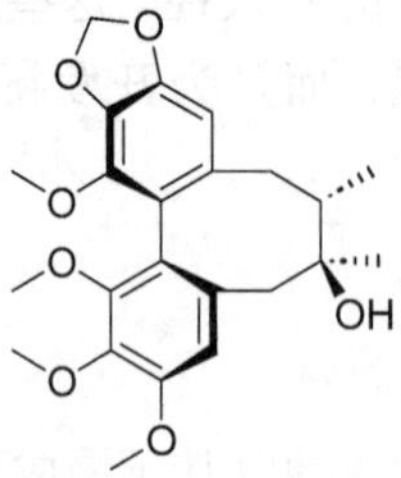
2-140

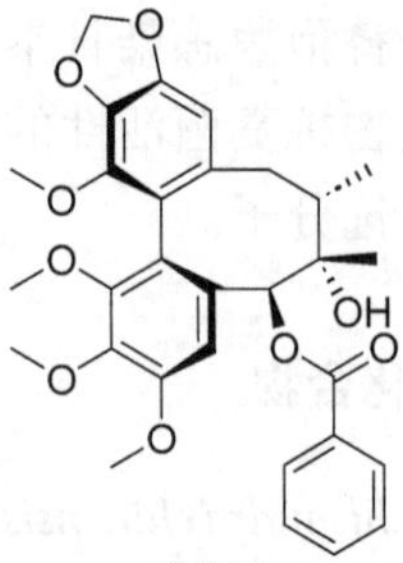
2-141

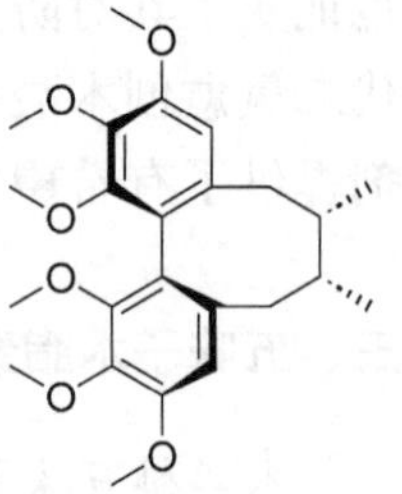
2-142

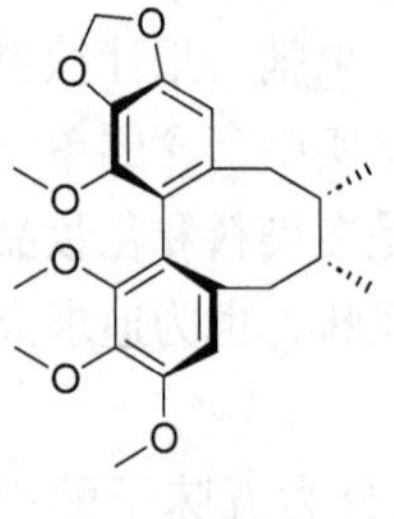
2-143

图 2-18　五味子木脂素类化合物的化学结构

支红欣[145]采用大孔吸附树脂技术富集并纯化了五味子中的五种主要活性联苯环辛烯类木脂素类成分：五味子醇甲（Schizandrol A，SLA，**2-139**）、五味子醇乙（Schizandrol B，SLB，**2-140**）、五味子酯甲（Schisantherin A，SNA，**2-141**）、五味子甲素（Schisandrin A，SDA，**2-142**）和五味子乙素（Schizandrin B，SDB，**2-143**），其提取率分别为 10.89 mg/g、8.616 mg/g、4.019 mg/g、4.893 mg/g 和 5.318 mg/g。随后，通过水热合成法制备了银纳米材料，并进行了性质表征和全面分析。进一步测试了五味子提取物修饰的银纳米颗粒对大肠杆菌、金黄色葡萄球菌和白色念珠菌（*C. albicans*）的抑制活性，结果表明，该复合纳米材料具有广泛的抗菌谱，其 MIC 值分别为 11.57 μg/mL、23.15 μg/mL 和 5.79 μg/mL，而 MBC 值分别为 23.15 μg/mL、46.3 μg/mL 和 11.57 μg/mL。综上所述，通过五味子制备的纳米银不仅成本效益高、制备效率高，而且对细菌和真菌均显示出极高的抑菌活性，显示出作为抗菌产品开发的潜力。

李启思[146]建立了 LC-MS/MS 同步检测五种五味子木脂素含量的方法，基于四种单因素试验，采用中心复合设计法-响应面法优化五味子木脂素超声提取工艺，从五味子木脂素提取液（SLE）中测得木脂素含量高达 9.45 mg/g，并研究了其对真菌的抑制作用以及对热风干燥红鱼干品质的影响。具体来说，SLE 对厚膜孢镰孢菌（*Fusarium chlamydosponem*）、腐皮镰孢菌（*F. incarntum*）和尖孢镰孢菌（*F. oxysporum*）的菌丝生长抑制效果显著，抑制率分别达到 91%、78%和 95%。在对抗水产优势真菌方面，SLE 的最小抑制浓度（MIC）范围在 1.17～2.34 mg/mL 之间。对于黄曲霉（*A. flavus*）、橘青霉（*Penicillium citrinum*）、黑曲霉（*A. niger*）、尖孢镰孢菌（*F. oxysporum*）和厚膜孢镰孢菌（*F. chlamydosponem*），SLE 的 MIC 和最小杀菌浓度（MBC）均为 1.17 mg/mL 和 2.35 mg/mL。而对于拓展青霉（*P. exysporum*）、哈茨木霉（*Trichoderma harianum*）和腐皮镰孢菌（*F. incarntum*），SLE 的 MIC 和 MBC 则分别为 2.35 mg/mL 和 4.69 mg/mL，其中 MBC 是 MIC 的两倍。实际应用表明，当 SLE 的添加浓度为 5%时，能够显著提高红鱼干的感官品质，并且降低红鱼干的菌落总数、TVB-N 含量、过氧化值和丙二醛等指标至最低水平，表明 5%的 SLE 对红鱼干具有显著的抗氧化和抗菌作用。通过恒温加速法预测热风干燥红鱼干的保质期，发现添加了鱼体重 10%的食盐和 5%的 SLE 的热风干燥红鱼干的保质期明显优于对照组。在 20℃的条件下，保质期从对照组的 26～32 天延长至实验组的 48～56 天；在 4℃的条件下，保质期从对照组的 164～294 天延长至实验组的 390～576 天，实验组的保质期大约是对照组的两倍，这表明 SLE 能显著延长热风干燥红鱼干的保质期。

四、丹参木脂素类化合物

溶藻弧菌（*Vibrio alginolyticus*），一种引起食源性疾病的致病菌，其周质铁结合蛋白 FecB 在捕获铁与柠檬酸复合物并将其输送至细胞内部的过程中发挥着至关重要的作用。研究人员运用 X 射线晶体学技术[147]，成功解析了 FecB 与柠檬酸螯合铁离子的晶体结构，从而揭示了 FecB 与柠檬酸铁的结合机制及其在功能上相关的构象变化。基于这一结构信息，研究团队进一步通过计算虚拟筛选了天然产物库，并结合体外和体内实验评估，发现天然化合物丹参酸 C（salvianolic acid C，**2-144**）（图 2-19）对溶藻弧菌展现出显著的抑制效果，其 IC$_{50}$ 值为 27.84 μmol/L。值得一提的是，丹参酸 C 是唇形科植物丹参（*Salvia miltiorrhiza*）的干燥根及根茎中发现的一种天然水溶性木脂素和苯丙素聚合物。研究显示，丹参酸 C 能有效阻断 FecB 对柠檬酸铁的捕获，从而显著抑制溶藻弧菌的生长和生物膜形成。这一突破性发现为靶向细菌铁结合蛋白的抗菌策略提供了坚实的科学基础，并为食品安全领域中控制和预防食源性致病菌开辟了全新的抗菌途径。

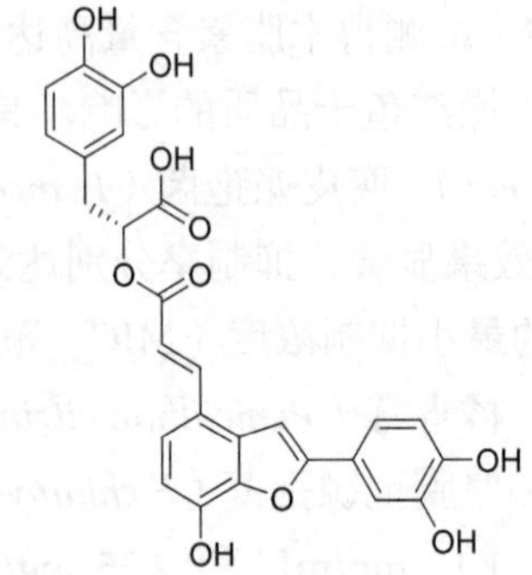

2-144

图 2-19　丹参酸 C 的化学结构

参 考 文 献

[1]　Di Lorenzo C, Colombo F B S, et al. Polyphenols and human health: The role of bioavailability[J]. Nutrients, 2021, 13(1): 273.

[2]　Conte M L, Annunziata F, Cannazza P, et al. Biocatalytic approaches for an efficient and sustainable preparation of polyphenols and their derivatives [J]. Journal of Agricultural and Food Chemistry, 2021, 69(46): 13669-13681.

[3]　Hyldgaard M, Mygind T, Meyer R L. Essential oils in food preservation: Mode of action, synergies, and interactions with food matrix components[J]. Frontiers in Microbiology, 2012, 3: 12.

[4]　王帆, 杨静东, 王春梅, 等. 复配植物源杀菌剂的开发研究[J]. 江西农业学报, 2010, 22(2): 87-89.

[5]　Serra A T, Matias A A, Nunes A V M, et al. *In vitro* evaluation of olive- and grape-based natural extracts as potential preservatives for food[J]. Innovative Food Science and Emerging Technologies, 2008, 9(3): 311-319.

[6]　Wu Q, Zhou J. The application of polyphenols in food preservation[J]. Advances in Food and Nutrition Research, 2021, 98: 35-99.

[7]　Papuc C, Goran G V, Predescu C N, et al. Plant polyphenols as antioxidant and antibacterial agents for shelf-life extension of meat and meat products: Classification, structures, sources, and action mechanisms[J]. Comprehensive Reviews in Food Science and Food Safety, 2017, 16(6): 1243-1268.

[8]　胡勇梅. 植物多酚及其衍生物的抗菌活性评价与作用机制研究[D]. 兰州: 兰州大学, 2023.

[9]　Bisogno F, Mascoti L, Sanchez C, et al. Structure-antifungal activity relationship of cinnamic acid derivatives[J]. Journal of Agricultural and Food Chemistry, 2007, 55(26): 10635-10640.

[10]　孟祥一. 阿魏酸对禾谷镰孢菌的抑制及对呕吐毒素毒性的干预作用[D]. 无锡: 江南大学, 2022.

[11]　Pan C, Yang K L, Famous Erhunmwunsee F, et al. Inhibitory effect of cinnamaldehyde on *Fusarium solani* and its application in postharvest preservation of sweet potato[J]. Food Chemistry, 2023, 408: 132213.

[12]　Sun Q, Li J M, Sun Y, et al. The antifungal effects of cinnamaldehyde against *Aspergillus niger* and its

application in bread preservation[J].Food Chemistry, 2020, 317: 126405.

[13] Li J M, Sun Q, Sun Y, et al. Improvement of banana postharvest quality using a novel soybean protein isolate/cinnamaldehyde/zinc oxide bionanocomposite coating strategy[J].Scientia Horticulturae,2019, 258: 108786.

[14] Hernández A, Ruiz-Moyano S, Galván A I, et al. Anti-fungal activity of phenolic sweet orange peel extract for controlling fungi responsible for post-harvest fruit decay[J]. Fungal biology, 2021, 125(2): 143-152.

[15] Ayaz F A, Hayirlioglu-Ayaz S, Alpay-Karaoglu S, et al. Phenolic acid contents of kale (*Brassica oleraceae* L. var. *acephala* DC.) extracts and their antioxidant and antibacterial activities[J]. Food chemistry, 2008, 107(1): 19-25.

[16] 王丽平. 阿魏酸-*β*-环糊精包合物制备及带鱼保鲜研究[D]. 杭州: 浙江大学, 2018.

[17] 傅新鑫. 南美白对虾热加工特性及其预制产品保鲜的研究[D]. 大连: 大连工业大学, 2017.

[18] 肖乃玉, 卢曼萍, 陈少君, 等. 阿魏酸-胶原蛋白抗菌膜在腊肠保鲜中的应用[J]. 食品与发酵工业, 2014, 40(4): 210-211.

[19] Marques V, Farah A. Chlorogenic acids and related compounds in medicinal plants and infusions[J]. Food Chemistry, 2009, 113(4): 1370-1376.

[20] 王世宽, 谢仁有, 洪玉程. 甘薯叶绿原酸的抑菌作用及其复配型防腐剂对发酵香肠的影响[J]. 四川理工学院学报: 自然科学版, 2012, 25(4): 22-25.

[21] Zhang D, Bi W, Kai K, et al. Effect of chlorogenic acid on controlling kiwifruit postharvest decay caused by *Diaporthe* sp.[J]. LWT- Food Science and Technology, 2020, 132(6): 109805.

[22] Takahama U, Tanaka M, Hirota S. Interaction between ascorbic acid and chlorogenic acid during the formation of nitric oxide in acidified saliva[J]. Journal of Agricultural and Food Chemistry, 2008, 56(21): 10406-10413.

[23] Chen F, Zhang H, Zhao N, et al. Effect of chlorogenic acid on intestinal inflammation, antioxidant status, and microbial community of young hens challenged with acute heat stress[J]. Animal Science Journal, 2021, 92(1): e13619.

[24] Ma C M, Abe T, Komiyama T, et al. Synthesis,anti-fungal and 1,3-*β*-D-glucan synthase inhibitory activities of caffeic and quinic acid derivatives[J]. Bioorganic and Medicinal Chemistry, 2010, 18(19): 7009-7014.

[25] 张敏. 紫苏迷迭香酸的提取纯化及抑菌性研究[D]. 太原: 山西大学, 2021.

[26] Caleja C, Barros L, Barreira J C M, et al. Suitability of lemon balm (*Melissa officinalis* L.) extract rich in rosmarinic acid as a potential enhancer of functional properties in cupcakes[J]. Food Chemistry, 2018, 250: 67-74.

[27] 雷铭康, 李润林, 李盼盼, 等. 饲粮添加迷迭香酸对产肠毒素大肠杆菌 K88 攻毒断奶仔猪结肠菌群组成、屏障功能及炎症反应的影响[J]. 动物营养学报, 2022, 34(8): 4944-4958.

[28] 酉加民, 杨茜梓, 宫嘉泰, 等. 迷迭香酸对堆型艾美耳球虫攻毒肉鸡生长性能、免疫机能及炎症反应的影响[J]. 动物营养学报, 2023, 35(9): 5696-5707.

[29] 盛文胜, 谢作桦, 周彦如, 等. 丁香酚的抑菌、抗菌作用及机制研究[J]. 食品安全导刊, 2024, 31: 180-186.

[30] 王萍, 汪镇朝, 刘英孟, 等. 丁香挥发油的化学成分与药理作用研究进展[J]. 中成药, 2022, 44(3): 871-878.

[31] 李建非. 丁香酚与异丁香酚的抗氧化、抑菌活性及抑菌机理研究[D]. 太原: 山西师范大学, 2017.

[32] Ju J, Xie Y, Yu H, et al. Synergistic inhibition effect of citral and eugenol against *Aspergillus niger* and their application in bread preservation[J]. Food Chemistry, 2020, 310: 125974.

[33] 陈莹. 玉米/木薯淀粉基抗菌可食用膜的制备及性能研究[D]. 哈尔滨: 哈尔滨工业大学, 2022.

[34] Sasaki R S, Mattoso L H, de Moura M R. New edible bionanocomposite prepared by pectin and clove essential oil nanoemulsions[J]. Journal of Nanoscience and Nanotechnology, 2016, 16(6): 6540-6544.

[35] Talón E, Vargas M, Chiralt A, et al. Antioxidant starch-based films with encapsulated eugenol. Application to sunflower oil preservation[J]. LWT-Food Science and Technology, 2019, 113(1): 108290.

[36] Cheng J, Wang H, Kang S, et al. An active packaging film based on yam starch with eugenol and its application for pork preservation[J]. Food Hydrocolloids, 2019, 96: 546-554.

[37] Zheng K, Xiao S, Li W, et al. Chitosan-acorn starch-eugenol edible film: physico-chemical, barrier, antimicrobial, antioxidant and structural properties[J]. International Journal of Biological Macromolecules, 2019, 135: 344-352.

[38] 李密. 聚乳酸功能复合膜的设计、开发与在生鲜食品中的应用研究[D]. 无锡: 江南大学, 2021.

[39] 薛阳. 溶菌酶-丁香酚-酪蛋白纳米粒的抑菌增效研究[D]. 杭州: 浙江农林大学, 2021.

[40] 魏彤竹. 三种植物精油对六种食源性致病菌的抑菌活性研究[D]. 沈阳: 沈阳农业大学, 2019.

[41] 金佳幸, 刘俊, 高艳, 等. β-环糊精包埋丁香酚、肉桂醛、柠檬醛缓释防腐包在传统肉干上的防霉效果对比[J]. 食品安全导刊, 2022, 29: 65-68.

[42] Débora Feitosa M, Cristina Rodrigues dos S B, Irwin Rose Alencar de M, et al. In vitro and in silico inhibitory effects of synthetic and natural eugenol derivatives against the NorA efflux pump in Staphylococcus aureus[J]. Food Chemistry, 2021, 337: 127776.

[43] Velluti A, Sanchis V, Ramos A J, et al. Inhibitory effect of cinnamon, clove, lemongrass, oregano and palmarose essential oils on growth and fumonisin B1 production by Fusarium proliferatum in maize grain[J]. International Journal of Food Microbiology, 2003, 89: 145-154.

[44] 张雅丽, 李建科, 刘柳. 没食子酸的体外抑菌作用研究[J]. 食品工业科技, 2013, 34(11): 82-84.

[45] 卢晓, 周磊, 谢鲲鹏, 等. 没食子酸对金黄色葡萄球菌抑菌活性及机制研究[J]. 中国食用菌, 2012, 31(4): 54-56.

[46] Telles A C, Kupski L, Furlong E B. Phenolic compound in beans as protection against mycotoxins[J]. Food Chemistry, 2017, 214: 293-299.

[47] Aguilar-Galvez A, Noratto G, Chambi F, et al. Potential of tara (Caesalpinia spinosa) gallotannins and hydrolysates as natural antibacterial compounds[J]. Food Chemistry, 2014, 156: 301-304.

[48] Torgbo S, Sukatta U, Kamonpatana P, et al. Ohmic heating extraction and characterization of rambutan (Nephelium lappaceum L) peel extract with enhanced antioxidant and antifungal activity as a bioactive and functional ingredient in white bread preparation[J]. Food chemistry, 2022, 382: 132332.

[49] Shi Y G, Zhang R R, Zhu C M, et al. Antimicrobial mechanism of alkyl gallates against Escherichia coli and Staphylococcus aureus and its combined effect with electrospun nanofibers on Chinese Taihu icefish preservation[J]. Food Chemistry, 2021, 346: 128949.

[50] 闫莹莹. 壳聚糖-没食子酸衍生物的制备、功能性质及对赛买提杏保鲜效果的研究[D]. 石河子: 石河子大学, 2023.

[51] Raduly F M, Raditoiu V, Raditoiu A, et al. Curcumin: Modern applications for a versatile additive[J]. Coatings, 2021, 11(5): 519.

[52] Roy S, Priyadarshi R, Ezati P, et al. Curcumin and its uses in active and smart food packaging applications: A comprehensive review [J]. Food Chemistry, 2022, 375: 131885.

[53] Bhavya M L, Hebbar H U. Efficacy of blue LED in microbial inactivation: Effect of photosensitization and process parameters[J]. International Journal of Food Microbiology, 2019, 290: 296-304.

[54] Dovigo L N, Carmello J C, de Souza Costa, et al. Curcumin-mediated photodynamic inactivation of *Candida albicans* in a murine model of oral candidiasis[J]. Medical Mycology, 2013, 51 (3): 243-251.

[55] Song L, Zhang F, Yu J, et al. Antifungal effect and possible mechanism of curcumin mediated photodynamic technology against *Penicillium expansum*[J]. Postharvest Biology and Technology, 2020, 167: 111234.

[56] Wei C, Zhang F, Song L, et al. Photosensitization effect of curcumin for controlling plant pathogen *Botrytis cinerea* in postharvest apple[J]. Food Control, 2021, 123: 107683.

[57] Al-Asmari F, Mereddy R, Sultanbawa Y. A novel photosensitization treatment for the inactivation of fungal spores and cells mediated by curcumin[J]. Journal of Photochemistry and Photobiology B: Biology, 2017, 173: 301-306.

[58] Corrêa T Q, Blanco K C, Garcia É B, et al. Effects of ultraviolet light and curcumin-mediated photodynamic inactivation on microbiological food safety: A study in meat and fruit[J]. Photodiagnosis and Photodynamic Therapy, 2020, 30: 101678.

[59] Tao R, Zhang F, Tang Q J, et al. Effects of curcumin-based photodynamic treatment on the storage quality of fresh-cut apples[J]. Food Chemistry, 2019, 274: 415-421.

[60] Chai Z, Zhang F, Liu B, et al. Antibacterial mechanism and preservation effect of curcumin-based photodynamic extends the shelf life of fresh-cut pears[J]. LWT- Food Science and Technology, 2021, 142: 110941.

[61] Huang J M, Chen B W, Zeng Q H, et al. Application of the curcumin-mediated photodynamic inactivation for preserving the storage quality of salmon contaminated with *L. monocytogenes*[J]. Food Chemistry, 2021, 359: 129974.

[62] Lai D, Zhou A, Tan B K, et al. Preparation and photodynamic bactericidal effects of curcumin-β-cyclodextrin complex[J]. Food Chemistry, 2021, 361: 130117.

[63] Coma V, Elise Portes E, Gardrat C, et al. *In vitro* inhibitory effect of on *Fusarium proliferatum* growth and fumonisin B1 biosynthesis[J]. Food Additives and Contaminants, 2011, 28(2): 218-225.

[64] Filip V, Plocková M, Šmidrkal J, et al. Resveratrol and its antioxidant and antimicrobial effectiveness[J]. Food Chemistry, 2003, 83(4): 585-593.

[65] Sagdic O, Ozturk I, Ozkan G, et al. RP-HPLC-DAD analysis of phenolic compounds in pomace extracts from five grape cultivars: Evaluation of their antioxidant, antiradical and antifungal activities in orange and apple juices[J]. Food Chemistry, 2011, 126(4): 1749-1758.

[66] 李峰, 陈雯雯, 邓江丽, 等. 白藜芦醇对核桃细菌性黑斑病菌的抑制作用[J]. 生物技术通报, 2021, 37(6): 58-65.

[67] 邓小玲. 白藜芦醇体外抗禽致病性大肠杆菌生物被膜作用研究[D]. 合肥: 安徽农业大学, 2021.

[68] 张静. 白藜芦醇对采后草莓果实保鲜的效果及其机理研究[D]. 合肥: 合肥工业大学, 2022.

[69] 张玮圳. 白藜芦醇-壳聚糖可食性复合膜的制备及其在蓝靛果保鲜中的应用[D]. 哈尔滨: 哈尔滨商业大学, 2018.

[70] Baldissera M D, Souza C F, Descovi S N, et al. Grape pomace flour ameliorates *Pseudomonas aeruginosa*-induced bioenergetic dysfunction in gills of grass carp[J]. Aquaculture, 2019, 506: 359-366.

[71] 谭宏亮, 陈凯, 习丙文, 等. 白藜芦醇抑制嗜水气单胞菌毒力作用研究[J]. 水生生物学报, 2019, 43(4): 861-868.

[72] Zheng Y, Wu W, Hu G D, et al. Gut microbiota analysis of juvenile genetically improved farmed tilapia (*Oreochromis niloticus*) by dietary supplementation of different resveratrol concentrations[J]. Fish and

Shellfish Immunology, 2018, 77: 200-207.

[73] Koh J C, Barbulescu D M, Sallsbury P A, et al. Pterostilbene is a potential candidate for control of blackleg in canola[J]. PlosOne, 2016, 11(5): e0156186.

[74] Xu D, Qiao F, Xi P, et al. Efficacy of pterostilbene suppression of postharvest gray mold in table grapes and potential mechanisms[J]. Postharvest Biology and Technology, 2022, 183: 111745.

[75] Vaňková E, Paldrychova M, Kasparova P, et al. Natural antioxidant pterostilbene as an effective antibiofilm agent, particularly for gram-positive cocci[J]. World Journal of Microbiology and Biotechnology, 2020, 36(7): 101.

[76] Shih YH, Tsai P , Chen Y L, et al. Assessment of the antibacterial mechanism of pterostilbene against *Bacillus cereus* through apoptosis-like cell death and evaluation of its beneficial effects on the gut microbiota[J]. Journal of Agricultural and Food Chemistry, 2021, 69(41): 12219-12229.

[77] Li X Z , Wei X , Zhang C J, et al. Hypohalous acid-mediated halogenation of resveratrol and its role in antioxidant and antimicrobial activities[J]. Food Chemistry, 2012, 135(3): 1239-1244.

[78] Xiong L G, Chen Y J, Tong J W, et al. Tea polyphenol epigallocatechin gallate inhibits *Escherichia coli* by increasing endogenous oxidative stress[J]. Food Chemistry, 2017, 217: 196-204.

[79] 杜荣茂, 刘梅森, 何唯平. 天然功能性食品添加剂茶多酚[J]. 中国食品添加剂, 2004, 2, 56-60.

[80] Chen X N, Lan W Q, Xie J. Natural phenolic compounds: Antimicrobial properties, antimicrobial mechanisms, and potential utilization in the preservation of aquatic products[J]. Food Chemistry, 2024, 440: 138198.

[81] 曾亮. 儿茶素对鸭肉保鲜和对肉鸭生长的影响及其机理研究[D]. 长沙: 湖南农业大学, 2007.

[82] Park B J, Park J C, Taguchi H, et al. Antifungal susceptibility of epigallocatechin 3-O-gallate (EGCg) on clinical isolates of pathogenic yeasts[J]. Biochemical and Biophysical Research Communications, 2006, 347(2): 401-405.

[83] Yang Y, Chen Y, Chen F, et al. Tea polyphenol is a potential antifungal agent for the control of obligate biotrophic fungus in plants[J]. Journal of Phytopathology, 2017, 165(7-8): 547-553.

[84] 杜荣茂, 刘梅森, 何唯平. 天然功能性食品添加剂茶多酚[J]. 中国食品添加剂, 2004, 2: 56-60.

[85] Hu G X, Li J X, Wang Z T, et al. PCL/Yam polysaccharide nanofibrous membranes loaded with self-assembled HP-β-CD/ECG inclusion complexes for food packaging[J]. Food Chemistry, 2024, 438: 138031.

[86] 梁杰, 赵晓旭, 刘涛, 等. 茶多酚-壳聚糖复合膜的制备及保鲜效果研究[J]. 热带作物学报, 2022, 43(6): 1267-1279.

[87] 方建军. 儿茶素纳米脂质体的制备及其对酱鸭保鲜效果的研究[D]. 北京: 中国计量学院, 2013.

[88] 茅林春, 段富富, 许勇泉, 等. 茶多酚对微冻鲫鱼的保鲜作用[J]. 中国食品学报, 2006, 6(4): 106-110.

[89] 胡颂钦, 穆俏俏, 林艳, 等. 饲料中茶多酚的添加量对团头鲂幼鱼生长、饲料利用和抗氧化能力的影响[J]. 水产学报, 2023, 47(6): 144-155.

[90] Pan Z, Li L, Shen Z, et al. Effects of tea polyphenol treatments on the quality and microbiota of crisp grass carp fillets during storage at 4 °C[J]. Applied Sciences, 2021, 11(10): 4370.

[91] Han Z, Chen L Z, Xu D X, et al. Extending the freshness of tilapia surimi with pulsed electric field modified pea protein isolate-EGCG complex[J]. Food Hydrocolloids, 2024, 151: 109826.

[92] Mizobuchi S, Sato Y. A new flavanone with antifungal activity isolated from Hops[J]. Agricultural and Biological Chemistry, 1984, 48(11): 2771-2775.

[93] Bhattacharya S, Virani S, Haas Z G J. Inhibition of *Streptococcus mutans* and other oral *Streptococci* by Hop (*Humulus lupulus* L.) constituents[J]. Economic Botany, 2003, 57(1): 118-125.

[94] Kramer B, Thielmann J, Hickisch A, et al. Antimicrobial activity of hop extracts against foodborne pathogens for meat applications[J]. Journal of Applied Microbiology, 2015, 118(3): 648-657.

[95] Wang L H, Zeng X A, Wang M S, et al. Modification of membrane properties and fatty acids biosynthesis-related genes in *Escherichia coli* and *Staphylococcus aureus*: Implications for the antibacterial mechanism of naringenin[J]. Biochimica et Biophysica Acta (BBA)-Biomembranes, 2018, 1860: 481-490.

[96] Carevic T, Kostic M, Nikolic B, et al. Hesperetin-between the ability to diminish mono- and polymicrobial biofilms and toxicity[J]. Molecules, 2022, 27(20): 6806.

[97] Ortuño A, Báidez A, Gómez P, et al. *Citrus paradisi* and *Citrus sinensis* flavonoids: Their influence in the defence mechanism against *Penicillium digitatum*[J]. Food Chemistry, 2006, 98(2): 351-358.

[98] Salas M P, Celiz G, Geronazzo H, et al. Antifungal activity of natural and enzymatically-modified flavonoids isolated from citrus species[J]. Food Chemistry, 2011, 124(4): 1411-1415.

[99] Yao X, Zhu X, Pan S, et al. Antimicrobial activity of nobiletin and tangeretin against *Pseudomonas*[J]. Food Chemistry, 2012, 132(4): 1883-1890.

[100] Paula S P, Víctor A G L, Sebastián V, et al. Evaluation of citrus flavonoids against *Aspergillus parasiticus* in maize: Aflatoxins reduction and ultrastructure alterations[J]. Food Chemistry, 2020, 318: 126414.

[101] Ghosh S, Lahiri D, Moupriya N, et al. Analysis of antibiofilm activities of bioactive compounds from Honeyweed (*Leonurus sibiricus*) against *P. aeruginosa*: an in vitro and in silico approach[J]. Applied Biochemistry and Biotechnology, 2023, 195(9): 5312-5328.

[102] Wu Y, Bai J, Zhong K, et al. A dual antibacterial mechanism involved in membrane disruption and DNA binding of 2R,3R-dihydromyricetin from pine needles of *Cedrus deodara* against *Staphylococcus aureus*[J]. Food Chemistry, 2017, 218: 463-470.

[103] Ran W, Yi P, Jiang L, et al. Antibiofilm mechanism of 2R,3R-dihydromyricetin by targeting sortase A and its application against *Staphylococcus aureus* adhesion on eggshell[J]. International Journal of Food Microbiology, 2025, 426: 110925.

[104] Xia Y M, Lu Y, Qian S, et al. An efficient cocrystallization strategy for separation of dihydromyricetin from vine tea and enhanced its antibacterial activity for food preserving application[J]. Food Chemistry, 2023, 426: 136525.

[105] Motlhatlego K E, Abdalla M A, Leonard C M, et al. Inhibitory effect of Newtonia extracts and myricetin-3-*O*-rhamnoside (myricitrin) on bacterial biofilm formation[J]. BMC Complementary Medicine and Therapies, 2020, 20: 358.

[106] Mhalla D, Bouaziz A, Ennouri K, et al. Antimicrobial activity and bioguided fractionation of *Rumex tingitanus* extracts for meat preservation[J]. Meat Science, 2017, 125: 22-29.

[107] Shen X F, Ren L B, Teng Y, et al. Luteolin decreases the attachment, invasion and cytotoxicity of UPEC in bladder epithelial cells and inhibits UPEC biofilm formation[J]. Food and Chemical Toxicology, 2014, 72: 204-211.

[108] Sun Y X, Sun F J, Feng W, et al. Luteolin inhibits the biofilm formation and cytotoxicity of methicillin-resistant *Staphylococcus aureus* via decreasing bacterial toxin synthesis[J]. Evidence-Based Complementary and Alternative Medicine, 2022, Article ID 4476339.

[109] Zhang M L, Xu L Y, Zhang L Y, et al. Effects of quercetin on postharvest blue mold control in kiwifruit[J]. Scientia Horticulturae, 2018, 228: 18-25.

[110] Sanzania S M, Schenab L, de Girolamo A, et al. Characterization of genes associated with induced resistance against *Penicillium expansum* in apple fruit treated with quercetin[J]. Postharvest Biology and Technology, 2010, 56(1): 1-11.

[111] Carli C, Moraes-Lovison M, Pinho S C. Production, physicochemical stability of quercetin-loaded nanoemulsions and evaluation of antioxidant activity in spreadable chicken pates[J]. LWT-Food Science and

Technology, 2018, 98: 154-161.

[112] Al-Shabib N A, Husain F M, Ahmad I, et al. Rutin inhibits mono and multi-species biofilm formation by foodborne drug resistant *Escherichia coli* and *Staphylococcus aureus*[J]. Food Control, 2017, 79: 325-332.

[113] Deepika M S, Thangam R, Sakthidhasan P, et al. Combined effect of a natural flavonoid rutin from *Citrus sinensis* and conventional antibiotic gentamicin on *Pseudomonas aeruginosa* biofilm formation[J]. Food Control, 2018, 80: 82-294.

[114] Wang J, Wu W, Wang C, et al. Application of carboxymethyl chitosan-based coating in fresh-cut apple preservation: Incorporation of guava leaf flavonoids and their noncovalent interaction study[J]. International Journal of Biological Macromolecules, 2023, 241: 124668.

[115] Shimul I M, Moshikur R M, Nabila F H, et al. Formulation and characterization of choline oleate-based micelles for co-delivery of luteolin, naringenin, and quercetin[J]. Food Chemistry, 2023, 429, 136911.

[116] Sharifi-Rad J, Quispe C, Jesús Herrera-Bravo, et al. *Glycyrrhiza* genus: enlightening phytochemical components for pharmacological and health-promoting abilities[J]. Oxidative Medicine and Cellular Longevity, 2021, Article ID 7571132.

[117] Lee J W, Ji Y J, Yu M H, et al. Antimicrobial effect and resistant regulation of *Glycyrrhiza uralensis* on methicillin-resistant *Staphylococcus aureus*[J]. Natural Product Research, 2009, 23(2): 101-111.

[118] Kırmızıbekmez H, Uysal G B, Masullo M, et al. Prenylated polyphenolic compounds from *Glycyrrhiza iconica* and their antimicrobial and antioxidant activities[J]. Fitoterapia, 2015, 103: 289-293.

[119] Villinski J R, Bergeron C, Cannistra J C, et al. Pyrano-isoflavans from *Glycyrrhiza uralensis* with antibacterial activity against *Streptococcus mutans* and *Porphyromonas gingivalis*[J]. Journal of Natural Products, 2014, 77(3): 521-526.

[120] He J, Chen L, Heber D, et al. Antibacterial compounds from *Glycyrrhiza uralensis*[J]. Journal of Natural Products, 2006, 69(1): 121-124.

[121] Ahn S J, Park S N, Lee Y J, et al. *In vitro* antimicrobial activities of 1-methoxyficifolinol, licorisoflavan A, and 6,8-diprenylgenistein against *Streptococcus mutans*[J]. Caries Research, 2015, 49(1): 78.

[122] Gafner S, Bergeron C, Villinski J R, et al. Isoflavonoids and Coumarins from *Glycyrrhiza uralensis*: Antibacterial activity against oral pathogens and conversion of isoflavans into isoflavan-quinones during purification[J]. Journal of Natural Products, 2011, 74(12): 2514-2519.

[123] Wu S C, Yang Z Q, Liu F, et al. Antibacterial effect and mode of action of flavonoids from licorice against methicillin-resistant *Staphylococcus aureus*[J]. Frontiers in Microbiology, 2019, 10: 2489.

[124] Noosheen Z, Asgar A, Yasmeen S, et al. Efficacy of ethanolic extract of propolis in maintaining postharvest quality of dragon fruit during storage[J]. Postharvest Biology and Technology, 2013, 79: 69-72.

[125] Yang S Z, Peng L T, Cheng Y J, et al. Control of citrus green and blue molds by Chinese propolis[J]. Food Science and Biotechnology, 2010, 19: 1303-1308.

[126] Agüero M B, Gonzalez M, Lima B, et al. Argentinean propolis from *Zuccagnia punctata* Cav. (Caesalpinieae) exudates: Phytochemical characterization and antifungal activity[J]. Journal of Agricultural and Food Chemistry, 2010, 58(1): 194-201.

[127] Yang S Z, Peng L T, Su X J, et al. Bioassay-guided isolation and identification of antifungal components from propolis against *Penicillium italicum*[J]. Food Chemistry, 2011, 127: 210-215.

[128] Yang S, Liu L, Li D, et al. Use of active extracts of poplar buds against *Penicillium italicum* and possible modes of action[J]. Food Chemistry, 2016, 196: 610-618.

[129] Chen C, Cai N, Chen J, et al. UHPLC-Q-TOF/MS-based metabolomics approach reveals the antifungal potential of pinocembroside against *Citrus* Green Mold Phytopathogen[J]. Plants, 2020, 9(1): 17.

[130] Engelmeier D, Hadacek F, Pacher T, et al. Cyclopenta[*b*]benzofurans from *Aglaia* species with pronounced antifungal activity against rice blast fungus (*Pyricularia grisea*)[J]. Journal of Agricultural and Food Chemistry, 2000, 48(4): 1400-1404.

[131] Walasek M, Grzegorczyk A, Malm A, et al. Bioactivity-guided isolation of antimicrobial coumarins from *Heracleum mantegazzianum* Sommier & Levier (Apiaceae) fruits by high-performance counter-current chromatography[J]. Food Chemistry, 2015, 186: 133-138.

[132] Zeid A H S A. Stress metabolites from *Corchorus olitorius L.* leaves in response to certain stress agents[J]. Food Chemistry, 2002, 76(2): 187-195.

[133] Carlos L, Céspedes Avila J G, Andrés Martínez, et al. Antifungal and antibacterial activities of Mexican Tarragon (*Tagetes lucida*)[J]. Journal of Agricultural and Food Chemistry, 2006, 54(10): 3521-3527.

[134] Wang Y, Yu Y, Hou Y P, et al. Crucial role of the Ca^{2+}/CN signaling pathway in the antifungal activity of seselin against *Botrytis cinerea*[J]. Journal of Agricultural and Food Chemistry, 2023, 71: 9772-9781.

[135] 王姝人. 6-甲基香豆素对苹果腐烂病菌的抑菌作用研究[D]. 哈尔滨: 东北林业大学, 2022.

[136] 张明发, 沈雅琴. 中药厚朴及其有效成分厚朴酚与和厚朴酚抗菌和病毒的药理作用研究进展[J]. 抗感染药学, 2021, 18(12): 1724-1728.

[137] Cui X, Ma D, Liu X, et al. Magnolol inhibits gray mold on postharvest fruit by inducing autophagic activity of *Botrytis cinerea*[J]. Postharvest Biology and Technology, 2021, 180: 111596.

[138] Yan Y F, Yang C J, Shang X F, et al. Bioassay-guided isolation of two antifungal compounds from *Magnolia officinalis*, and the mechanism of action of honokiol[J]. Pesticide Biochemistry and Physiology, 2020, 170: 104705.

[139] 许润梅, 金耶智, 陈欣缘, 等. 厚朴酚衍生物的合成及其抗菌效果研究[J]. 化学研究与应用, 2023, 35(6): 1407-1416.

[140] Hasebe A, Nishiwaki H, Akiyama K, et al. Quantitative structure-activity relationship analysis of antifungal (+)-dihydroguaiaretic acid using 7-phenyl derivatives[J]. Journal of Agricultural and Food Chemistry, 2013, 61(36): 8548-8555

[141] Nishiwaki H, Nakazaki S, Akiyama K, et al. Structure-antifungal activity relationship of fluorinated dihydroguaiaretic acid derivatives and preventive activity against *Alternaria alternata* Japanese pear pathotype[J]. Journal of Agricultural and Food Chemistry, 2017, 65: 6701-6707.

[142] 冯亚净, 张媛媛, 王瑞鑫, 等. 五味子木脂素对大肠杆菌的抑菌机理及效果[J]. 食品与发酵工业, 2016, 42(2): 72-76.

[143] 李斌, 孟宪军, 薛雪, 等. 北五味子乙素清除自由基及体外抑菌作用的研究[J]. 食品科学, 2011, 32(5): 79-82.

[144] 李洪洋. 五味子醇甲和乙素的超声波提取及其抑菌作用的研究[D]. 长春: 吉林农业大学, 2011.

[145] 支红欣. 北五味子木脂素类化合物的绿色溶剂提取及其银纳米复合材料的制备和抗菌活性研究[D]. 哈尔滨: 东北林业大学, 2023.

[146] 李启思. 五味子抗菌/抗氧化活性成分分析及其对热风干燥红鱼干品质的影响[D]. 湛江: 广东海洋大学, 2021.

[147] Jiang J Y, Okuda S, Itoh H, et al. Structure-guided discovery of a potent inhibitor of the Ferric citrate binding protein FecB in *Vibrio* bacteria[J]. Angewandte Chemie International Edition, 2024, 63(51): e202411688.

第三章　天然萜类抗菌剂

本章节深入探讨天然萜类抗菌剂的研究与开发，这些抗菌剂来源于自然界中的植物，具有广泛的应用前景。研究涉及单萜、倍半萜、二萜和三萜类化合物，它们不仅在食品工业中作为防腐剂和抗菌剂，还在农业中作为植物保护剂，对抗植物病原菌。

单萜类化合物如百里酚和香芹酚，因其在食品工业中的应用而被广泛研究。这些化合物对多种病原菌具有抑制作用，并且可以通过破坏细菌细胞膜的完整性来发挥抗菌效果。此外，这些化合物还被发现能够抑制细菌的群体感应机制，从而减少细菌食品的损害。倍半萜类化合物，如从垂枝长叶暗罗中分离的克罗烷型二萜，显示出对植物病原真菌的抗真菌活性。这些化合物的结构-活性关系研究为开发新型抗真菌药物提供了重要的科学依据。二萜类化合物，尤其是穿心莲内酯，不仅在传统医学中用于治疗细菌性痢疾，而且其衍生物在抗菌活性方面显示出巨大潜力。研究表明，这些化合物能够抑制细菌的生长和生物膜形成，为治疗金黄色葡萄球菌肺炎提供了新的治疗途径。三萜类化合物，如齐墩果酸和熊果酸，因其广泛的抗菌活性而受到关注。这些化合物对多种病原菌具有抑制作用，并且可能通过破坏细胞膜的完整性来发挥效果。熊果酸在蓝莓灰霉病控制中的潜在应用价值尤为突出，它能够减少化学杀菌剂的使用，提高水果的抗病能力。此外，研究还发现，天然萜类化合物与其他食品防腐剂的协同效应，这为提高食品保藏的安全性和效率提供了新的思路。例如，水蓼二醛与其他防腐剂的协同作用，显著提高了食品的保藏性能。

总体而言，这些研究不仅揭示了天然萜类化合物的抗菌潜力，而且为开发环保型植物保护剂和食品防腐剂提供了科学依据。随着对这些化合物的进一步研究和开发，它们有望成为减少化学杀菌剂使用、提高食品安全和质量的重要资源。未来的研究将继续探索这些天然化合物的应用方法，以实现最佳的病害控制效果，并为可持续农业和食品工业的发展作出贡献。

第一节　单萜类抗菌剂

植物精油，作为植物次生代谢的精华，因其含有大量的萜烯类（尤其是单萜烯类，例如百里香酚、香芹酚等）和酚类化合物（例如丁香酚、肉桂醛等，这些成分在前文中已有详尽阐述），展现出卓越的抗菌和抗氧化特性。这些特性使得植物精油能够有效抑制病原体的生长，防止食品腐败，因而被视为一种安全的天然防腐剂。植物精油可以被整合到微胶囊、纳米技术制剂、活性薄膜和可食用涂层等多种载体中，这不仅赋予了这些载体抗氧化和抗菌的新功能，还实现了精油的缓慢释放。这种缓释机制有效降低了精油的挥发速度，提高了其稳定性，从而延长了精油效能的持续时间，在食品领域中有极其广泛的应用[1]。

百里酚（2-异丙基-5-甲基苯酚，thymol，**3-1**）（图3-1）是在唇形科植物中提取的精油中发现的主要单萜酚，这些植物包括百里香属（*Thymus*）、罗勒属（*Ocimum*）、牛至属（*Origanum*）、鼠尾草属（*Salvia*）和马薄荷属（*Monarda*）等属。从上述物种中获得的精油自古以来就被用于食品工业，作为调味和防腐剂，这得益于它们的抗菌和抗氧化特性。多种百里香属（*Thymus*）、罗勒属（*Ocimum*）和牛至属（*Origanum*）的物种至今仍被用来为肉类、沙拉和汤等食品产品调味。

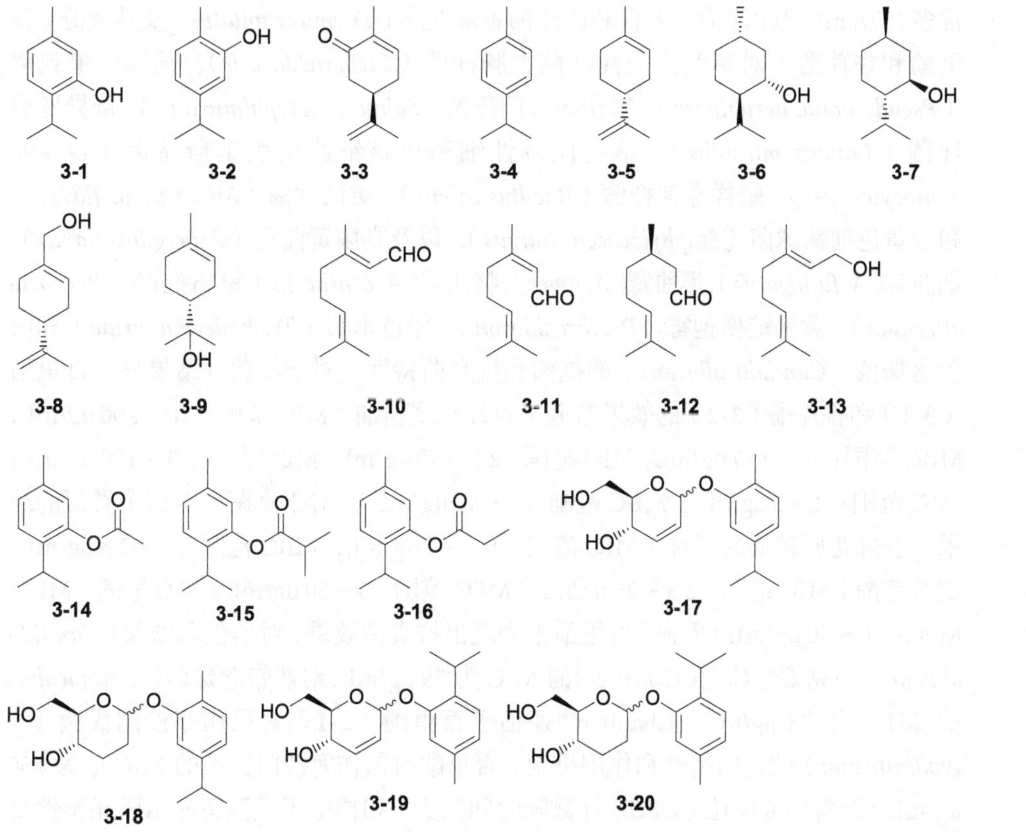

图 3-1 主要单帖类抗菌剂的化学结构

此外，在过去几年中，这些植物、它们的精油和提取物在食品工业中的消费量有所增长，目的是保持食品的安全性并减少盐分含量，最终目标是降低高血压的发病率。百里酚和其他在精油中发现的单萜成分，例如香芹酚（carvacrol，**3-2**）、香芹酮（carvone，**3-3**）、p-伞花烃（p-cymene，**3-4**）、柠檬烯（limonene，**3-5**）、薄荷醇（（＋）-menthol：**3-6** 和（－）-menthol：**3-7**）、紫苏醇（perillyl alcohol，**3-8**）、α-松油醇（α-terpineol，**3-9**）、牻牛儿醛（citral A，**3-10**）和橙花醛（citral B，**3-11**）（图 3-1）等，已被欧洲委员会注册为食品调味剂，因为它们对消费者没有健康风险。上述欧盟注册物质也出现在"美国食品中添加的所有物质"（EAFUS）列表上，这意味着美国食品药品监督管理局（FDA）已将这些物质分类为"公认为安全"（GRAS）或批准的食品添加剂。

（一）百里酚及其衍生物的抗菌活性研究

关于百里酚（**3-1**）和香芹酚（**3-2**）及其衍生物的抗食源性病原菌活性报道非常多。Dzamic 等[2]评估了来自利比亚的香蜂花属（*Thymus capitatus*）及其成分（百里酚和香芹酚）对革兰氏阴性细菌大肠杆菌（*Escherichia coli*）、铜绿假单胞菌（*Pseudomonas aeruginosa*）、鼠伤寒沙门氏菌（*Salmonella typhimurium*）、奇异变形杆菌（*Proteus mirabilis*），革兰氏阳性细菌单核细胞增生李斯特菌（*Listeria monocytogenes*）、蜡样芽孢杆菌（*Bacillus cereus*）、黄微球菌（*Micrococcus flavus*）和金黄色葡萄球菌（*Staphylococcus aureus*），以及真菌黄曲霉（*Aspergillus flavus*）、烟曲霉（*A. fumigatus*）、黑曲霉（*A. niger*）、赭曲霉（*A. ochraceus*）、链格孢霉（*Alternaria alternata*）、黄褐链格孢霉（*P. ochrochloron*）、绿色木霉（*Trichoderma viride*）和白色念珠菌（*Candida albicans*）的抗菌和抗真菌特性。对于细菌，结果显示百里酚（**3-1**）和香芹酚（**3-2**）的效果略逊于香蜂花属精油（MIC 范围：10～100 μg/mL，MBC 范围：50～150 μg/mL；MIC 范围：2.5～50 μg/mL，MBC 范围：5～100 μg/mL；MIC 范围：1～2 μg/mL，MBC 范围：1～40 μg/mL）。对于真菌，得到了类似的结果。香蜂花属精油的活性（MIC 范围：0.2～1 μg/mL，MBC 范围：2～2.5 μg/mL）比香芹酚（MIC 范围：2.5～25 μg/mL，MFC 范围：5～50 μg/mL）和百里酚（MIC，MFC：10～50 μg/mL）更强。百里酚也表现出抗真菌效果，对白色念珠菌（*Candida albicans*）和克柔念珠菌（*C. krusei*）的 MIC 为 39 μg/mL，对热带念珠菌（*C. tropicalis*）的 MIC 为 78 μg/mL。Chauhan[3]评估了百里酚（**3-1**）对鼠伤寒沙门氏菌（*S. typhimurium*）的抗菌特性和作用机制。百里酚对鼠伤寒沙门氏菌的 MIC 值为 750 μg/mL，菌落形成单位（CFU）计数随时间减少，扫描电子显微镜显示膜完整性受到破坏。这项研究的结果进一步证实百里酚的主要作用机制是破坏膜完整性，并

表明百里酚可以作为一种天然药物替代合成药物，用于对抗鼠伤寒沙门氏菌。Ahmad 等[4]研究了百里香（*Thymus vulgaris*）精油及其主要成分的抗菌活性，并探索了选定分子之间的相互作用，供试菌包括大肠杆菌（*E. coli*）、卡他莫拉菌（*Moraxella cattarhalis*）、金黄色葡萄球菌（*S. aureus*）、粪肠球菌（*Enterococcus faecalis*）、蜡样芽孢杆菌（*B. cereus*）、白色念珠菌（*C. albicans*）和热带念珠菌（*C. tropicalis*）。百里酚（**3-1**）是百里香精油的主要成分，与香芹酚一起，是活性最强的成分，MIC 值范围从 0.125 μg/mL 至 1 μg/mL。百里酚（**3-1**）与对 *p*-伞花烃（*p*-cymene，**3-4**）联合使用时，对四种病原体（卡他莫拉菌、金黄色葡萄球菌、白色念珠菌、热带念珠菌）观察到了协同作用。贾振宇等[5]研究了百里香和牛至精油中的百里酚（**3-1**）和香芹酚（**3-2**）对阪崎克罗诺肠杆菌（*Cronobacter sakazakii*）的抗菌作用。百里酚和香芹酚在低浓度下即可完全抑制细菌生长，两者对 9 株阪崎克罗诺肠杆菌的 MIC 均在 0.1 ~ 0.2 mg/mL 之间。更高浓度下导致细胞膜超极化和胞内 pH 下降，显著降低胞内 ATP 浓度，损害细胞膜完整性。这些结果表明，这些酚类物质通过干扰细菌的能量代谢和生化过程来抑制其生长，研究结果支持将百里香和牛至精油应用于食品保鲜和防腐，为食品工业提供了新的创新途径。

　　关于百里酚（**3-1**）和香芹酚（**3-2**）及其衍生物的抗植物病原菌活性研究也较多。王小岗等[6]证实百里酚（**3-1**）能有效抑制火龙果中的水稻恶苗病菌（*Fusarium fujikuroi*）和弓形镰刀菌（*Fusarium arcuatisporum*），0.30 mg/mL 浓度下对两种病原菌的菌丝生长抑制率分别高达 92.15% 和 92.42%。荧光染色显示百里酚能破坏细胞膜，毒力测试百里酚对 *F. fujikuroi* 和 *F. arcuatisporum* 的 EC_{50} 值分别为 0.2005 mg/mL 和 0.1560 mg/mL，表明低浓度百里酚即可显著抑制病原菌，具有采后病害防控潜力。百里酚的研究为火龙果及其他农产品病害防治提供了新途径，未来研究将扩大样本规模，优化方案，评估其对植物生长和产量的影响。侯辉宇等[7]评估了牛至精油及其主要成分香芹酚和百里酚对多种植物病原真菌的抑制效果。在 500 mg/L 的牛至精油浓度下，对包括番茄早疫病（*Alternaria solani*）、黄瓜灰霉病（*Botrytis cinerea*）和小麦根腐病（*Bipolaris sorokiniana*）的病原菌在内的 12 种真菌显示出强效抑制作用。特别地，对棉花黄萎病病原菌（*Verticillium dahliae*）的抑制率达到了 97.66%，且这些病原真菌的 EC_{50} 值范围在 83.09 ~ 236.58 μg/mL 之间。香芹酚和百里酚表现出比牛至精油更高的毒力，尤其是香芹酚，对黄瓜灰霉病菌等五种病原真菌具有显著的抑制效果，其 EC_{50} 值远低于牛至精油。百里酚对黄瓜灰霉病菌和小麦全蚀病菌菌丝生长的毒力较强，EC_{50} 值分别为 21.32 mg/L 和 27.08 μg/mL。香芹酚和百里酚对棉花黄萎病菌、玉米大斑病菌（*Setosphaeria turcica*）、黄瓜灰霉病菌、黄瓜炭疽病菌（*Colletotrichum orbiculare*）等的孢子萌发亦有较强毒力，其 EC_{50}

为 3.78 ~ 289.07 μg/mL，在实际应用测试中，牛至精油在预防黄瓜灰霉病方面的效果与化学杀菌剂嘧霉胺相当。特别是百里酚，在 500 μg/mL 浓度下，其预防和治疗效果与 400 μg/mL 嘧霉胺相当，而香芹酚的治疗效果更优。这项研究不仅证实了牛至精油及其成分作为广谱、高效植物源杀菌剂的潜力，而且为它们在可持续农业中的应用提供了科学依据。此外，马莉等[8]深入分析了百里香酚对六种普遍植物病原真菌的抑制作用。实验数据表明，百里香酚能够显著抑制这些真菌的菌丝扩展，抑制效果的范围从 62.2% 到 90.4%。相较于常用的对照药剂百菌清，百里香酚在抑制除了西瓜枯萎病菌（*Fusarium oxysporum*）之外的其他五种病原真菌上表现更为出色，尤其是在抑制枸杞根腐病菌（*Fusarium solani*）时，其抑制效果高达 90.4%，EC_{50} 值为 29.34 μg/mL。通过显微镜观察发现，经百里香酚处理后，枸杞根腐病菌和马铃薯干腐病菌（*Fusarium sulphureum*）的菌丝出现了断裂、稀疏和变细的现象。此外，对苹果腐烂病菌（*Valsa mali*）和枸杞根腐病菌的孢子萌发也观察到了明显的抑制效果，这种抑制作用随着百里香酚浓度的提高而增强。

（二）百里酚结构修饰衍生物的抗菌活性研究

Mathela 等[9]确定了百里酚（**3-1**）及其酯衍生物对四种革兰氏阳性细菌，即变形链球菌（*Streptococcus mutans*）、金黄色葡萄球菌（*S. aureus*）、枯草杆菌（*Bacillus subtilis*）、表皮葡萄球菌（*Staphylococcus epidermidis*）以及一种革兰氏阴性细菌大肠杆菌（*E. coli*）的抗菌活性。结果显示，百里酚对金黄色葡萄球菌抑制率最显著，其抑制带（IZ）为 25 mm，MIC 值为 62.5 μg/mL，其次是变形链球菌（IZ 为 17 mm，MIC 值为 12562.5 μg/mL）。百里酚对大肠杆菌显示出较低的活性（IZ 为 13 mm，MIC：250 μg/mL）。此外，百里酚酯衍生物对革兰氏阳性菌表现出更强的抑制活性。百里酚醋酸酯（2-异丙基-5-甲基苯基醋酸酯，**3-14**）和百里酚异丁酸酯（2-异丙基-5-甲基苯基异丁酸酯，**3-15**）（图 3-1）被发现比百里酚和其他所有酯类对变形链球菌（*S. mutans*，IZ 分别为 30 mm 和 18 mm；MIC 分别为 11.7 μg/mL 和 93.7 μg/mL），枯草杆菌（*B. subtilis*，IZ：30 mm 和 21 mm；MIC：分别为 11.7 μg/mL 和 46.8 μg/mL）和表皮葡萄球菌（*S. epidermidis*，IZ：32 mm 和 20 mm；MIC：分别为 11.7 μg/mL 和 46.8 μg/mL）更有效。而百里酚丙酸酯（2-异丙基-5-甲基苯基丙酸酯，**3-16**）被发现仅对枯草杆菌（IZ：25 mm；MIC：46.8 μg/mL）和表皮葡萄球菌（IZ：28 mm；MIC：46.8 μg/mL）的抑制活性强于百里酚。

James 等[10]研究了新型 2,3-不饱和和 2,3-二去氧 1-*O*-葡萄糖苷的百里酚（**3-1**）、香芹酚（**3-2**）和紫苏醇（perillyl alcohol，**3-8**）对黄曲霉（*A. flavus*）、赭曲霉（*A. ochraceus*）、尖孢镰刀菌（*Fusarium oxysporum*）、酿酒酵母（*Saccharomyces* *cerevisiae*）和白色念珠菌（*Candida albicans*）的抗真菌活性。结果显示，香芹酚、百里酚和紫苏醇衍生物的抑制带（IZ：15～30 mm）对于丝状真菌来说比相应的酚类化合物的活性更高。百里酚和香芹酚的衍生物 **3-17**、**3-18**、**3-19** 和 **3-20**（图 3-1）相比于相应的酚类化合物，对 *A. ochraceus* 和 *F. oxysporum* 菌株的 MIC 和 MFC 值更低。*A. flavus* 表现出最小的易感性，其对化合物 **3-17** 和 **3-18** 的 MIC 值分别为 40 μmol/L 和 50 μmol/L，对化合物 **3-19** 和 **3-20** 的 MIC 值分别为 45 μmol/L 和 50 μmol/L。特别是，这些衍生物能有效抑制赭曲霉毒素和黄曲霉毒素 B$_2$ 的产生，并且在对白色念珠菌的实验中显示出细胞裂解和膜完整性的丧失。此外，这些糖苷衍生物具有较好的亲水性，适合作为食品中的抗真菌剂和调味品使用。

（三）柠檬烯和薄荷脑的抗菌活性研究

韩迎洁[11]研究了柠檬烯（**3-5**）对食源性病原菌单核细胞增生李斯特菌（*L. monocytogenes*）的抑菌活性、作用机制以及实际应用。结果显示对 *L. monocytogenes* 的抑制效果最显著，其 MIC 为 20 mL/L。初步作用机制表明，柠檬烯对 *L. monocytogenes* 的细胞壁和细胞膜产生作用后，导致细胞内 AKP 酶、核酸和蛋白质外泄，电导率增加，表明柠檬烯能够穿透受损细胞并与细胞内核酸物质结合，并导致细胞壁和细胞膜的通透性增加。随着 1 MIC 柠檬烯的加入，Na$^+$-K$^+$-ATPase、Ca^{2+}-ATPase 酶活性受到抑制，ATP 水平显著下降，ATPase 活性紊乱，这表明柠檬烯可能通过抑制能量代谢途径，阻碍 ATP 的合成。此外，柠檬烯对 *L. monocytogenes* 的作用还导致其呼吸代谢活力显著下降，膜电位显著升高，进一步证实了柠檬烯对 *L. monocytogenes* 呼吸代谢的抑制作用。经过 1 MIC 柠檬烯处理的肉类样本在第 2～10 天期间，挥发性盐基氮（TVB-N）和硫代巴比妥酸（TBA）值均显著低于对照组，这表明柠檬烯可能延缓了蛋白质的分解，并显示出一定的抗氧化特性。菌落总数的增长、核磁共振成像结果以及感官评价均证实柠檬烯能够延缓冷藏肉类的腐败变质过程。

Dambolena 等[12]报道了一种天然存在的植物萜醇薄荷脑的立体异构体（**3-6** 和 **3-7**）对真菌福斯曼氏镰刀菌（*F. verticillioides*）的立体选择性抗真菌和抗毒素活性。研究发现，（+）-薄荷脑（**3-6**）和（-）-薄荷脑（**3-7**）在抑制该真菌的生长和孢子形成方面显示出显著效果，尤其是在抑制伏马毒素 B1（fumonisin B1，FB1）的生物合成方面，这两种异构体表现出了最强的活性。在抑制 FB1 生物合成方面，（-）-薄荷脑（**3-7**）的效果尤为突出，明显优于其他异构体。特别是（+）-薄荷脑（**3-6**）和（-）-薄荷脑（**3-7**）可能通过与真菌膜中的特定靶点相互作用，改变了真菌的生理过程，从而抑制了毒素的产生。此外，黄曲霉毒素的生物合成与钙依赖的信号传导密切相关，而（−）-薄荷脑（**3-7**）可能通过影响真菌外部介质中钙离子（Ca^{2+}）的内流来发挥作用。这一发现不仅为农业领域开发更安全、高效的抗真菌和抗毒素农药提供了一定依据，而且为深入理解薄荷脑在真菌膜中的作用机制提供了参考。

（四）百里酚及其衍生物的保鲜和植物病原菌防治应用研究

孔婕[13]在其研究中深入探讨了 11 种植物源性抗菌剂对腐皮镰孢菌（*Fusarium solani*）和匍枝根霉（*Rhizopus stolonifer*）的抗菌效果。这些抗菌剂涵盖了单萜类化合物，如百里酚（**3-1**）、香芹酚（**3-2**）、L-（−）-香芹酮（**3-3**）、柠檬醛（**3-10**）、香叶醇（**3-13**）等单萜类成分；酚类化合物，包括肉桂醛、水杨酸和肉桂酸；以及脂肪酸类化合物，如正己酸和己醛。研究发现，这些植物源性抗菌剂对 *F. solani* 的抑制作用强度依次为（MIC 值）：肉桂醛和正己酸（0.08 mg/mL）效果最佳，其次是百里酚（0.17 mg/mL），然后是香芹酚和 L-（−）-香芹酮（0.21 mg/mL）。对于 *R. stolonifer*，抗菌效果从强到弱依次为：香芹酚和丁香酚（0.25 mg/mL）领先，接着是己醛和 L-（−）-香芹酮（0.50 mg/mL），然后是百里酚和肉桂酸（0.67 mg/mL）。特别地，香芹酚对两种菌株均显示出良好的抑制效果，MIC 分别为 0.21 mg/mL 和 0.25 mg/mL。进一步分析了这些抗菌剂的组合使用效果，发现百里酚与水杨酸的组合（STSA）对两种腐败菌均展现出协同抗菌作用。具体来说，STSA 对 *F. solani* 的协同抗菌浓度分别为百里酚 0.19 mg/mL 和水杨酸 0.16 mg/mL，对 *R. stolonifer* 的协同抗菌浓度分别为百里酚 0.17 mg/mL 和水杨酸 0.33 mg/mL。与单独使用相比，STSA 中百里酚的浓度略有增加（10.53%），而水杨酸的浓度大幅降低（87.69%）。对于 *R. stolonifer*，STSA 中百里酚和水杨酸的浓度分别降低了 74.63%和 74.62%。STSA 在 *F. solani* 和 *R. stolonifer* 中的分数抑制浓度指数（FIC）值分别为 0.38 和 0.50，表明 STSA 对 *F. solani* 的协同抗菌作用更为显著。初步的作用机制研究表明，STSA 导致细胞膜损伤，引发细胞内容物大量泄漏，麦角固醇合成受阻，线粒体膜电位超极化改变线粒体膜结构，TCA 循环中关键酶活性降低，活性氧（ROS）和丙二醛（MDA）的大量积累进一步导致线粒体功能障碍和细胞氧化损伤，最终导致细胞死亡。体外抑菌效果显示，STSA 对 *F. solani* 的抑菌效果优于 *R. stolonifer*。STSA 对番茄伤口接种 *F. solani* 的保护效果优于治疗效果，对 *R. stolonifer* 的保护效果和治疗效果差异不大。感官评价表明，1 MIC 的 STSA 对新鲜番茄的保鲜效果更佳，而 2 MIC 的 STSA 更适合用于已有腐烂的番茄保鲜。STSA 在番茄保鲜方面表现出显著效果，能够降低腐烂率和失重率，保持番茄品质。研究还发现，不同浓度的 STSA 适用于不同程度的保鲜需求。STSA 作为一种高效、环保的保鲜剂，为果蔬保鲜技术提供了重要的理论和实践支持。

吴海虹等[14]采用了 0.5 g/kg 的百里酚（**3-1**）、香芹酚（**3-2**）和紫苏醇（**3-8**）（以 0.1 g/100 mL 海藻酸钠作为溶剂）对青虾虾仁进行 4℃和 10℃的低温保藏。实验结果显示，未经处理的对照组青虾虾仁在 4℃储存 6 天和 10℃储存 3 天后均已发生腐败，而同期使用三种保鲜液处理的样品菌落总数显著低于对照组，整个储存期间菌落总数均未超过 7（lg CFU/g），这表明这些抗菌剂对抑制腐败菌具有显著效果，对虾仁的低温保藏具有一定的保鲜作用。在特定储存时间内，香芹酚和百里香酚的保鲜效果优于紫苏醇。此外，三种抗菌剂处理后的样品菌群变化趋势相似，均能显著抑制嗜冷杆菌（*Psychrobacter* sp.）和环丝菌属（*Brochothrix* sp.）的生长，但对假单胞菌属（*Pseudomonas* sp.）菌群的抑制效果不佳。这些发现表明，香芹酚、百里香酚和紫苏醇这三种抗菌剂均能有效抑制青虾虾仁中多种优势腐败菌的生长，从而延长产品的保质期。

Liu 等[15]探讨了百里酚（**3-1**）在防治马铃薯干腐病中的潜力。研究发现，百里酚（**3-1**）能有效抑制尖孢镰刀菌（*F. oxysporum*）的生长，其 IC_{50} 值为 26.4 mg/L，且在不同浓度下显著降低孢子萌发率。百里酚还增强了马铃薯对尖孢菌的抗性，但对几丁质沉积影响不大。此外，百里酚与化学杀菌剂有协同增效作用，并通过基因表达分析鉴定了 370 个差异表达基因，主要涉及代谢、运输和膜生物学过程。研究结果为百里酚作为环保型药剂在马铃薯干腐病防治中的应用提供了新思路，为农业生产提供了生态友好的防治策略，并为未来研究提供了参考。

（五）百里酚及其衍生物的新材料应用研究

Sun 等研究者[16]利用超声技术成功制备了百里香酚-2-羟丙基-β-环糊精（HPβCD-IC）的包合物，并对其抗菌特性进行了详尽的评估。相较于纯净的百里香酚，百里香酚/HPβCD-IC 混合物展现出更佳的热稳定性。体外抗菌实验的数据进一步表明，百里香酚/HPβCD-IC 相较于纯净百里香酚，在抑制灰霉病菌（*Botrytis cinerea*）、指状青霉（*Penicillium digitatum*）和互交霉（*Alternaria alternata*）方面具有显著提升的抗菌效果。在体内实验中，百里香酚/HPβCD-IC 处理显著延缓了番茄灰霉病的进展。特别是在 10～30 mg/mL 的浓度区间内，该包合物处理显著降低了番茄腐烂的发生率。具体而言，在 30 mg/mL 的浓度下，番茄腐烂的发病率降至 31.48%，较对照组下降了 66.55%。这项研究揭示了百里香酚/HPβCD-IC 因其出色的热稳定性、水溶性和较低的挥发性，在控制采后果实腐烂方面具有巨大的应用前景。这种通过超声辅助合成的 HPβCD-IC 包合物有望成为传统化学杀菌剂的环保替代品，为水果保鲜领域带来突破性的进展。

欧阳锐等[17]所在研究团队则成功研制了一种新型微胶囊，该微胶囊由 β-环糊精（β-CD）包裹香芹酚、百里香酚和牛至油构成，并将其整合入壳聚糖与聚乙烯醇（PVA）复合而成的基底膜中。在后续的实验中，研究者通过在常温条件下对鱼丸进行真空包装，并监测了在储存过程中添加了不同微胶囊的抗菌膜对总挥发性盐基氮（TVB-N）值、pH 值和感官评分的影响。实验数据表明，含有香芹酚/β-CD 微胶囊的抗菌膜在持续释放抗菌成分方面效果最为显著。本研究不仅为开发天然抗菌剂微胶囊抗菌膜提供了实践基础，有助于食品保鲜领域的发展，同时也为减少石油基塑料的环境影响提供了新思路。

Wattanasatcha 等[18]测试了一些从精油衍生的化合物对金黄色葡萄球菌、大肠杆菌和铜绿假单胞菌的抗菌活性，包括了百里酚（3-1）、香芹酚（3-2）、松油醇（3-9）、丁香酚和香茅醛（3-12）。这些化合物既是自由状态的，也被包埋在乙基纤维素/甲基纤维素（EC/MC）亚微米球的混合物中。结果表明，百里酚具有最大的抗菌活性，因此被选为使用 1∶1（质量比）EC/MC 比例进行微胶囊化的材料，作为聚合物外壳材料。对细菌菌株进行的自由态百里酚和 EC/MC 微胶囊化百里酚的 MIC 和 MBC 值被发现是重叠的（大肠杆菌 MIC：0.010 mg/mL；大肠杆菌 MBC：0.156 mg/mL；金黄色葡萄球菌 MIC 为 0.156 mg/mL；金黄色葡萄球菌 MBC 为 0.313 mg/mL）。百里酚比常规用作防腐剂的对羟基苯甲酸甲酯更有效。对于铜绿假单胞菌，需要更高的百里酚浓度（MBC 为 0.313 mg/mL）来杀死细菌，而不是抑制生长（MIC 为 0.039 mg/mL），当百里酚被微胶囊化时，其抗菌活性比自由态百里酚的活性发挥更慢。该研究表明，微胶囊化并没有使分子的抗菌活性失活，微胶囊化的百里酚颗粒在水中分散性极佳。此外，当不同的化妆品配方（乳液、乳霜和凝胶）含有研究的防腐剂分子与细菌混合时，数据显示微胶囊化的百里酚是一种有效的防腐剂，与传统的对羟基苯甲酸甲酯一样好，即使在使用浓度低 12～52 倍的情况下也是如此。另一项研究[19]评估了微胶囊化百里酚分散体在抑制食品模型中的大肠杆菌和单核细胞增生李斯特菌（苹果汁和 2%减脂牛奶）的效果，与自由态百里酚相比，在不同的 pH 值和温度条件下。纳米分散体和自由态百里酚都显示出抑制活性（MIC 为 0.5 mg/mL）和杀菌特性（MBC 为 1 mg/mL），对所有处理下的两种病原体都有效。Pan 等[20]则比较了微胶囊化在酪蛋白酸钠中的百里酚与自由态百里酚的抗菌特性，以单核细胞增生李斯特菌作为微生物培养基和牛奶中的目标细菌。结果显示，微胶囊化的百里酚在抗李斯特菌活性上有显著提高。自由态百里酚和微胶囊化百里酚的 MIC 和 MBC 值分别为 0.2 mg/mL 和 0.3 mg/mL。在纳米颗粒中微胶囊化的百里酚实验，提供了这种化合物在水中更好的分散性，为抗菌凝胶和乳膏配方的开发带来了希望。

第二节 倍半萜类抗菌剂

一、沉香呋喃烷倍半萜

Wang 等[21]从传统草药虎耳科梅花草属植物鸡肫梅花草（*Parnassia wightiana*）的全草甲醇提取物中分离出一系列二氢-*β*-沉香呋喃烷骨架倍半萜多醇酯，其中，化合物 **3-21** 和 **3-22**（图 3-2）对植物病原真菌壳囊孢菌（*Cytospora* sp.）表现出显著的抗真菌活性，MIC 值为 0.78 μg/mL，与阳性对照物噁霉灵（hymexazol）和多菌灵（carbendazim）相当。

Wang 等[22]从卫矛科南蛇藤属卫矛藤（*Celastrus orbiculatus*）的果实中鉴定了一系列二氢-*β*-沉香呋喃烷骨架倍半萜多醇酯。生物活性筛选结果揭示，这些倍半萜对六种植物病原真菌具有抗真菌活性。化合物 **3-23**（图 3-2）对抗玉蜀黍赤霉（*Gibberella zeae*）显示出较强的活性，抑制率达到 62%；化合物 **3-24**（图 3-2）对黄瓜黑星病菌（*Cladosporium cucumerinum*）表现出显著的抗真菌活性，抑制率为 62%；而化合物 **3-25** 对褐斑病病原（*Cercospora arachidicola*）的抑制效果更为突出，

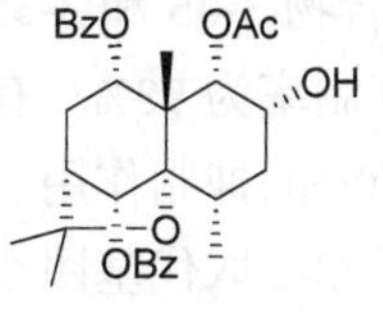
3-21

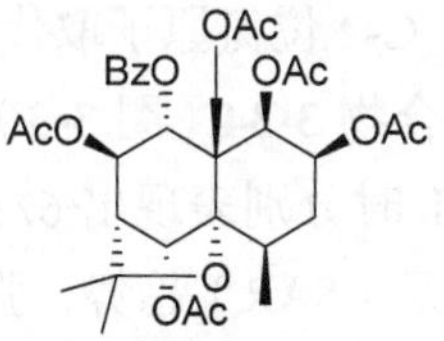
3-22

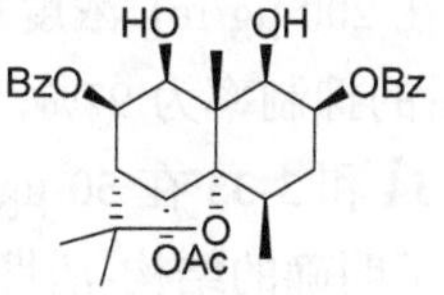
3-23

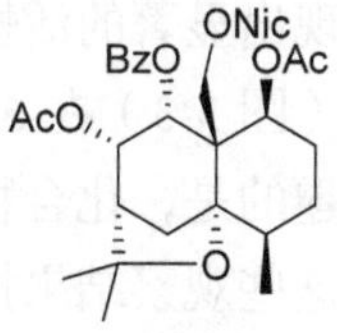
3-24

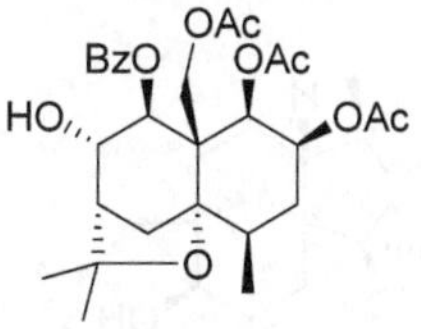
3-25

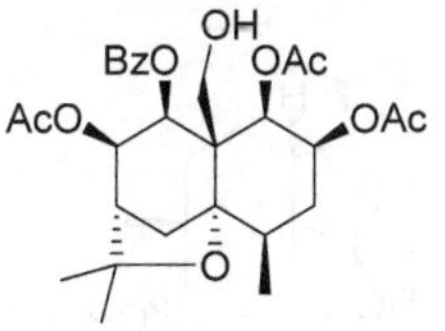
3-26

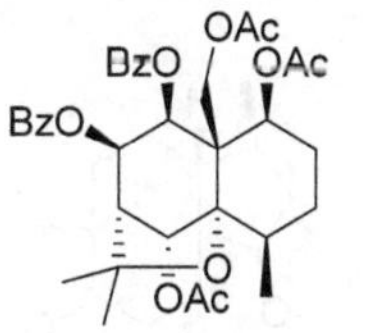
3-27

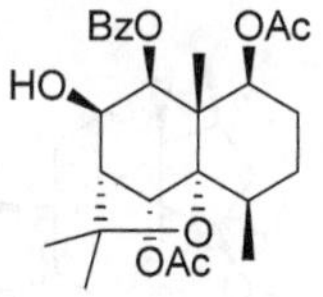
3-28

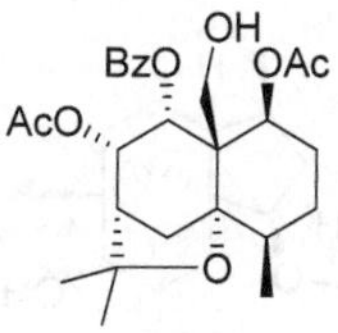
3-29

图 3-2 主要抗菌沉香呋喃烷倍半萜的化学结构

抑制率达到 69%；化合物 **3-24**、**3-26**、**3-27**、**3-28** 和 **3-29**（图 3-2）在对辣椒疫霉（*Phytophthora capsici*）均展现出较强的抗真菌活性，抑制率在 66%~84%之间。以上研究表明，沉香呋喃烷骨架倍半萜有可能成为开发新型杀真菌剂的潜在前导化合物。

二、丁香烷倍半萜

丁香烷倍半萜 2*β*-methoxyclovan-9*R*-ol（**3-30**）（图 3-3）是一种天然的（–）-石竹烯氧化物的环化和重排产物。Musharraf 等[23]利用菜豆壳球孢（*Macrophomina phaseolina*）对化合物 **3-30** 进行了生物转化，并研究了其对灰葡萄孢（*Botrytis cinerea*）的抑菌活性。200 µg/mL 浓度下，转化产物 **3-31**、**3-32** 和 **3-33**（图 3-3）具有一定的抗菌活性，其抑制率分别为 71%、59%和 32%，但比原化合物 **3-30** 的活性更弱（抑制率 81%），该研究说明，引入含氧官能团导致母体化合物 **3-30** 对灰葡萄孢的抗真菌活性降低。

Saiz-Urra 等[24]成功合成了一系列丁香烷倍半萜 2*β*-methoxyclovan-9*R*-ol（**3-30**）的 C-2 羟基衍生物，并开展了植物病原真菌灰霉菌（*B. cinerea*）的体外抗真菌活性的系统评估。评估结果表明，C-2 位置含有氮原子的化合物在抗真菌测试中展现出显著的活性，在 200 µg/mL 浓度下，C-2 位氮原子取代的化合物 **3-35** 和 **3-36**（图 3-3）在 6 d 后的抑制率为 97%，化合物 **3-34**（图 3-3）的抑制率为 98%。有趣的是，化合物 **3-34** 和 **3-35** 在 50 µg/mL 时分别表现出 67%和 70%的抑制作用。这些观察结果揭示了明确的结构-活性关系（SAR）趋势，强调了 C-2 取代基团在决定抗真菌活性中的关键作用。

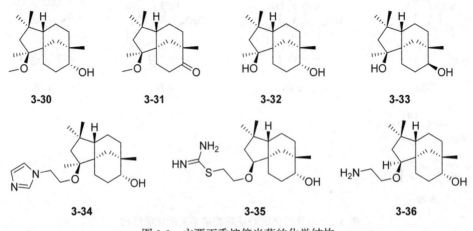

图 3-3　主要丁香烷倍半萜的化学结构

三、天名精内酯酮倍半萜

天名精内酯酮（carabrone，**3-37**）和天名精内酯醇（carabrol，**3-38**）（图 3-4）是两种已知的倍半萜内酯，最初从菊科天名精属大花金挖耳（*Carpesium macrocephalum*）的果实中分离出来。其结构-活性关系研究表明，对 C-4 取代基进行某些修改可以提高它们对瓜类炭疽病菌（*Colletotrichum lagenarium*）的抗真菌活性。**3-37** 显示了一定的抗真菌活性，其 IC_{50} 为 20.14 μg/mL，而天名精内酯醇乙烯酯（**3-39**）和异丙酯（**3-40**）（图 3-4）的 IC_{50} 分别仅为 10.78 μg/mL 和 6.39 μg/mL[25]。

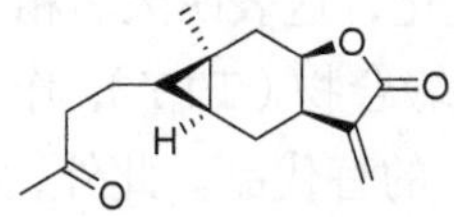
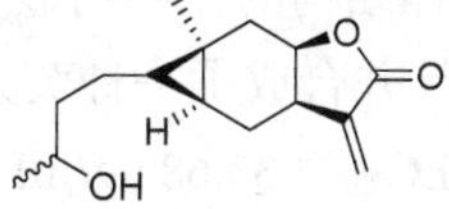
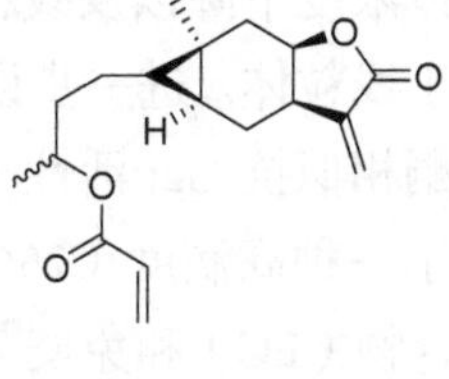
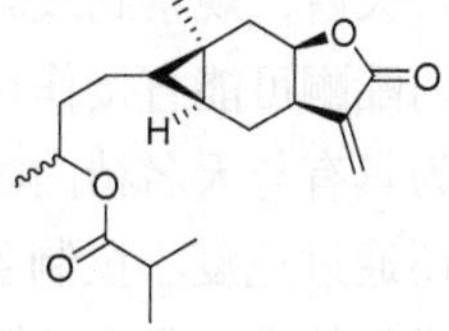

3-37　**3-38**　**3-39**　**3-40**

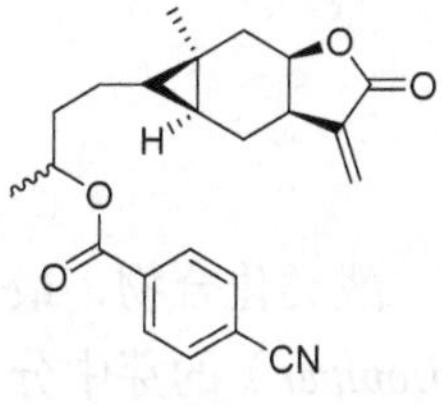
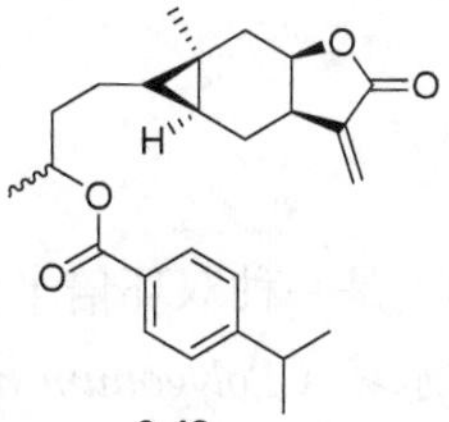
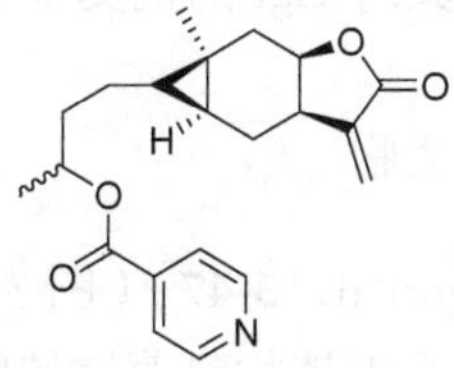
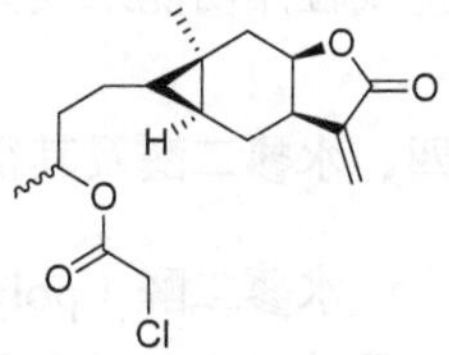

3-41　**3-42**　**3-43**　**3-44**

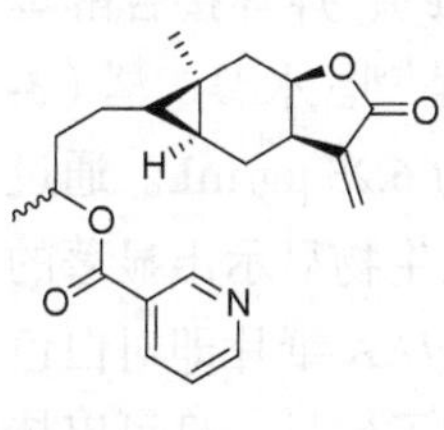
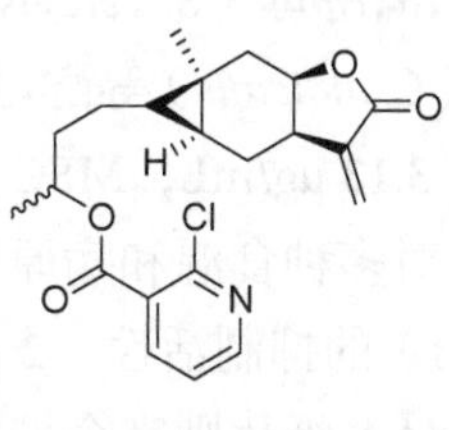

3-45　**3-46**

图 3-4　主要天名精内酯酮倍半萜的化学结构

Feng 等[26]设计并合成了 38 种天名精内酯醇（carabrol，**3-38**）（图 3-4）的衍生物，并对它们进行了针对真菌病原体瓜类炭疽病菌（*C. lagenarium*）的抗真菌活性测试。特别值得注意的是，当苯环中引入氰基或异丙基，如化合物 **3-41**（4-氰苯基）和 **3-42**（4-异丙基），观察到显著提高的抗真菌活性，IC_{50} 值分别为 2.70 μg/mL

和 2.82 μg/mL，接近于一种常用的抗真菌药物氯硝托。除此之外，其他衍生物 **3-43**、**3-44**、**3-45** 和 **3-46**（图 3-4）也表现了显著的抗真菌活性，其 IC_{50} 值分别为 4.31 μg/mL、4.51 μg/mL、8.26 μg/mL 和 4.62 μg/mL，强于天名精内酯酮（**3-37**）（9.98 μg/mL）和天名精内酯醇（**3-38**）（24.81 μg/mL）（图 3-4）。这些衍生物有望被开发成为新型环保的抗真菌药物。

天名精内酯酮（carabrone，**3-37**）具有广谱抗真菌活性，特别是对毁灭性的植物病原真菌小麦全蚀病菌（*Gaeumannomyces graminis* var. *tritici*，Ggt）表现出特别高的效率。Wang 等[27]通过线粒体标志和亚细胞成像揭示了天名精内酯酮对小麦全蚀病菌 Ggt 的抗真菌机制。当 Ggt 暴露于天名精内酯酮（EC_{50} 值为 28.45 μg/mL）7 天后，观察到线粒体浓度下降以及线粒体结构的一些明显变化，这表明天名精内酯酮可能直接作用于线粒体。进一步设计并合成了一种荧光缀合物（TTY），作为具有与天名精内酯酮相似抗 Ggt 活性（EC_{50} 为 33.68 μg/mL）的替代品。此外，还通过免疫小鼠制备了一种高滴度（256000）的特异性多克隆抗体，并应用两种成像技术，即荧光缀合物（FC）和免疫荧光（IF），来确定天名精内酯酮的亚细胞定位。FC 和 IF 荧光信号均显示其线粒体定位，这些结果暗示化合物 **3-37** 通过干扰线粒体功能来发挥其对 Ggt 的抗真菌活性。

四、水蓼二醛及其衍生物

水蓼二醛（polygodial，**3-47**）（图 3-5）是一种双环倍半萜二醛类化合物，最初是从日本一种食品香料植物科蓼属植物水蓼（*Polygonum hydropiper*）的芽中分离出来的一种辛辣成分，属于一种天然绿色抗菌剂[28]。研究表明，水蓼二醛（**3-47**）显示出强大的杀菌活性，特别是对酿酒酵母（*S. cerevisiae*）、拜耳接合酵母（*Zygosaccharomyces bailii*）和白色念珠菌（*C. albicans*）等酵母菌[29]。水蓼二醛（**3-47**）对酿酒酵母（*S. cerevisiae*）的 MIC 为 3.13 μg/mL，MFC 为 6.25 μg/mL。通过 AA 纸片生物测定法[30]，水蓼二醛（**3-47**）对多种食源和病原微生物显示出显著的抗菌活性，特别是白色念珠菌（*C. albicans*）的抑制活性：2 μg/AA 纸片即对白色念珠菌的生长造成了可见的影响，而 5 μg/AA 纸片则完全抑制了生长，且可以持续 11 天（ZI 依然可达到 10.5 mm）。其异构体 amphotericin B（**3-48**）（图 3-5）则仅对金黄色葡萄球菌（*S. aureus*，MIC = 20 μg/mL）、假单胞菌（*Pseudomonas* sp.，MIC = 10 μg/mL）和枯草杆菌（*B. subtilis*，MIC = 50 μg/mL）显示中等活性，而 100 μg/AA 纸片对白色念珠菌的生长才能造成微弱影响。

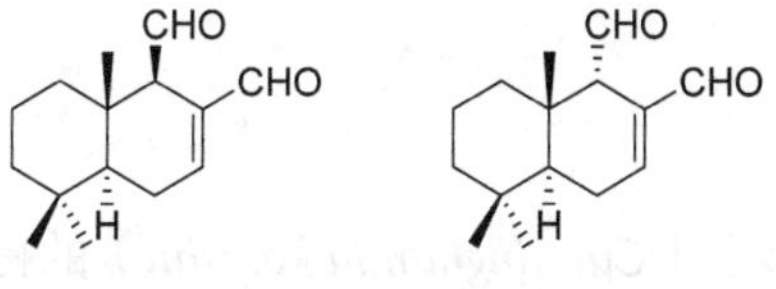

3-47　　　　　　**3-48**

图 3-5　主要水蓼二醛及其衍生物倍半萜的化学结构

Kubo 等[31]研究表明水蓼二醛（**3-47**）与乙二胺四乙酸（EDTA）联合使用时，对酿酒酵母（*S. cerevisiae*）的杀菌活性显著增强。在 10^7 CFU/mL 的接种量下，EDTA 在高达 6400 μg/mL 的浓度下没有显示出任何杀菌效果，而水蓼二醛（**3-47**）无论接种量大小，都显示出几乎相同的抗真菌活性（MIC 为 3.13 μg/mL，MFC 为 6.25 μg/mL）。随后，在不同的接种条件下研究了 EDTA 和水蓼二醛（**3-47**）的组合效应。在 10^5 CFU/mL 的接种量下，发现 EDTA 与水蓼二醛（**3-47**）的半 MIC 或半 MFC 结合时对酿酒酵母具有强大的抗真菌活性。因此，MIC 和 MFC 分别降低到 12.5 μg/mL 和 200 μg/mL。结果，EDTA 在与亚致死量的水蓼二醛（**3-47**）结合时发展出强大的杀菌活性。同时，水蓼二醛（**3-47**）的抗真菌活性在与 EDTA 的半 MIC 或半 MFC 结合时也增加了。MIC 和 MFC 分别降低到 0.39 μg/mL 和 0.78 μg/mL。有趣的是，即使在 10^7 CFU/mL 的接种量下，EDTA 被发现在与水蓼二醛（**3-47**）的半 MIC 或半 MFC 结合时表现出强大的抗真菌活性。因此，MIC 和 MFC 分别降低到 25 μg/mL 和 50 μg/mL。EDTA 还被发现在其亚抑制或亚致死浓度下将水蓼二醛（**3-47**）的抗真菌活性提高 20 倍。这种协同效应可能是由于水蓼二醛（**3-47**）对细胞膜的破坏作用，这有助于外来化合物（EDTA）穿过细胞膜进入酵母细胞。一旦进入细胞内，EDTA 就会与各种必需酶所需的二价金属如 Mg^{2+} 和 Ca^{2+} 形成螯合物。

此外，水蓼二醛（**3-47**）对食品中引起变质的拜耳接合酵母（*Z. bailii*）具有显著的杀菌作用，其 MFC 为 50 μg/mL（0.17 mmol/L）。其主要作用机制是扰乱细胞膜上的完整蛋白功能，作为非离子表面活性剂发挥作用，导致细胞膜流动性降低，进而影响细胞的正常生理活动。此外，水蓼二醛与其他食品防腐剂的协同效应也在研究中得到了证实。当水蓼二醛（**3-47**）与茴香脑（相当于 1/2 MFC 的浓度）联合使用时，其杀菌活性相较于单独使用茴香脑增强了 128 倍。同样，水蓼二醛（**3-47**）与山梨酸的亚致死量结合使用时，杀菌活性相较于山梨酸单独使用增强了 512 倍。这些发现表明，水蓼二醛（**3-47**）不仅是一种有效的抗微生物剂，而且通过与其他防腐剂的协同作用，能够显著提高食品保藏的安全性和效率。这种协同效应的开发利用，为食品保鲜技术提供了新的思路和策略。

五、其他倍半萜

Cheng 等[32]从台湾杉木（*Cunninghamia konishii*）的提取物中筛选并鉴定具有抗真菌活性的倍半萜类化合物（主要为杜松烷），并进一步评估它们对木材腐朽真菌的抑制效果。研究发现，台湾杉木乙醇提取物的正己烷可溶部分对桦革裥菌（*Lenzites betulina*）、炭球菌（*Daldinia concentrica*）、硫黄菌（*Laetiporus sulphureus*）和密黏褐菌（*Gloeophyllum trabeum*），展现出显著的抑制活性，其 IC_{50} 分别为 33 μg/mL、46 μg/mL、62 μg/mL 和 49 μg/mL。进一步活性跟踪分离发现，在台湾杉木乙醇提取物的主要成分中，T-杜松醇（T-cadinol，**3-49**）、T-依兰油醇（T-muurolol，**3-50**）和雪松醇（cedrol，**3-51**）（图 3-6）在 100 μg/mL 的浓度下有效地抑制了木材腐朽真菌的生长，其抗真菌指数分别为 51.4% ~ 100.0%、39.5% ~ 100.0% 和 68.3% ~ 100.0%。该研究表明台湾杉木的乙醇提取物可以被视为 T-杜松醇、T-依兰油醇和雪松醇作为新型天然抗真菌剂的有力来源。此外，Liu 等[33]从菊科橐吾属植物离舌橐吾（*Ligularia veitchiana*）根部中分离得到了一种经过修饰的呋喃佛术烷倍半萜 1,3-二甲氧基-4,6-二甲基萘呋喃（**3-52**），其对金黄色葡萄球菌表现出中等活性（MIC 为 62.5 μg/mL）。

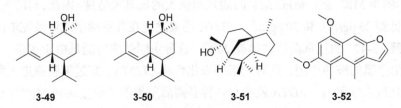

3-49　　　　**3-50**　　　　**3-51**　　　　**3-52**

图 3-6　其他倍半萜类化合物的化学结构

第三节　二萜类抗菌剂

一、穿心莲内酯

穿心莲内酯（andrographolide，**3-53**）（图 3-7）是从传统中药材爵床科植物穿心莲（*Andrographis paniculata*）中发现的双环二萜内酯类化合物，为反式稠环半日花烷骨架。穿心莲内酯是药用植物穿心莲中的关键活性成分，在临床上可用于治疗由李斯特菌、大肠杆菌、金黄色葡萄球菌引起的细菌性痢疾。研究表明，穿心莲内酯及其衍生物具有显著的抗菌活性。Banerjee 等[34]的研究发现添加 0.5 mg/mL 的穿心莲内酯，金黄色葡萄球菌的活细胞数显著减少，同时其生物膜的形成被抑制。其作用机制可能是穿心莲内酯通过损害 DNA 合成、干扰 RNA 和蛋白质的合成导致下游生物合成途径被抑制。Zhang 等[35]开发了一种穿心莲内酯-β-环糊精包合物（AG-β-CD），用于金黄色葡萄球菌肺炎的吸入治疗。结果显示，AG-β-CD 的肺部递送通过调节免疫反应导致细菌抑制和炎症减轻。

Tang 等[36]对穿心莲内酯（3-53）进行结构修饰，发现具有内酯环开环结构的化合物 3-54、3-56 和 3-56（图 3-7）显示出对大肠杆菌、铜绿假单胞菌、产气杆菌（*Aerobacter aerogenes*）、金黄色葡萄球菌等的显著更好的抗菌潜力，其 MIC 分别达到 18.9 μg/mL、56.9 μg/mL 和 42.5 μg/mL，其中化合物 3-54 的抗菌活性是穿心莲内酯的 32 倍。构效关系分析认为，双键 1（2）和 12（13）以及内酯的环开环可能在抗菌活性中起主要作用，而羟基与抗菌活性之间没有明显的相关性。Chen 等[37]通过固定化南极酵母（*Candida antarctica*）脂肪酶 B（Novozym 435）合成了一系列 14 位羟基酰基化的穿心莲内酯衍生物：包括 14-丁酰穿心莲内酯（3-57）、14-乙酰穿心莲内酯（3-58）和 14-辛酰穿心莲内酯（3-59）（图 3-7），其中 14-丁酰穿心莲内酯（3-57）的抗菌活性最强，对蜡样芽孢杆菌（*B. cereus*）和大肠杆菌（*E. coli*）的抑制活性（MIC 均为 4 μg/mL），与现有的抗生素庆大霉素和苯唑西林

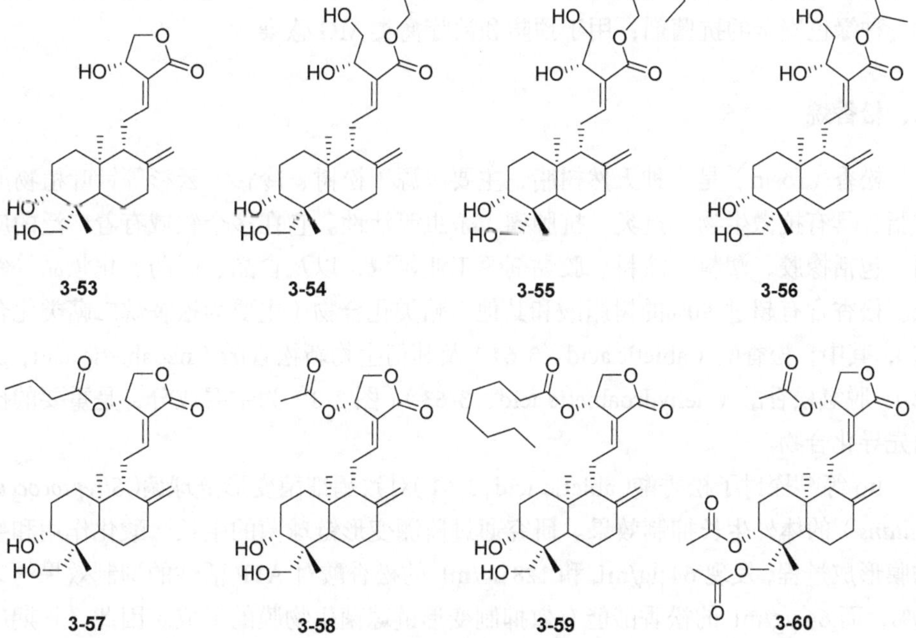

图 3-7 二萜穿心莲内酯及其衍生物的化学结构

的活性相当，而穿心莲内酯则无活性。樊安利[38]合成了三乙酰穿心莲内酯（**3-60**）（图 3-7），在 50 mg/mL 浓度下，乙酰穿心莲内酯对枯草芽孢杆菌、黑根霉菌（*Rhigopus mgricans*）、苹果酵母（*Sourdough starter*）和辣椒晚疫病菌（*Phytophthora capsici*）的抑制效果明显强于穿心莲内酯。

　　穿心莲内酯的抗菌活性在禽养殖方面有广泛的研究和应用。大肠杆菌性腹泻是鸡大肠杆菌病的一种表现形式，由肠毒素性大肠杆菌（ETEC）侵入鸡体后，在肠道内定居并繁殖，释放肠毒素，引发严重的腹泻症状[39]。Guo 等[40]的研究显示，穿心莲内酯能够通过干扰细菌的群体感应机制，减轻禽致病性大肠杆菌及其毒素对 Ⅱ 型肺细胞的损害。李江北等[41]的研究发现，肉鸡感染大肠杆菌 ETEC 后，15 天的存活率降至 68.9%，体重显著下降。而在饲料中添加 200 μg/mL 的穿心莲内酯干混悬剂后，肉鸡的腹泻率显著降低，存活率提升了 17.8%，且受感染肉鸡的平均日增重（ADG）和平均日采食量（ADFI）均有显著增加。此外，罗荣龙[42]通过二倍稀释法测试发现，穿心莲内酯对禽支原体病（*Mycoplasma gallisepticum*，MG）的 MIC 为 3.75 μg/mL，且在浓度低于 200 μg/mL 时对鸡原代肺 Ⅱ 型上皮细胞（AEC-Ⅱ）活性无不良影响。此外，穿心莲内酯还能显著抑制 MG 黏附蛋白 pMGA1.2 在肺组织和 AEC-Ⅱ 中的表达。本研究结果表明，穿心莲内酯不仅能抑制 MG 的增殖和黏附蛋白的表达，还能恢复 MG 感染肉鸡的生产性能，表明穿心莲内酯可以作为一种绿色安全的抗菌剂，用于预防和治疗禽类 MG 感染。

二、松香烷

　　松香（rosin）是一种天然树脂，主要来源于松树、冷杉、云杉等针叶植物的树脂，具有抗微生物、抗炎、抗肿瘤、杀虫等活性。它在多个领域有着广泛的应用，包括橡胶、塑料、涂料、胶黏剂等工业领域，以及食品、医药、化妆品等领域。松香含有超过 90% 的树脂酸和其他二萜类化合物（主要为松香烷二萜类化合物），其中，松香酸（abietic acid，**3-61**）及其衍生物新松香酸（neoabietic acid，**3-62**）、脱氢松香酸（dehydroabietic acid，**3-63**）（图 3-8）为主要成分，是重要的抗菌先导化合物。

　　Ito 等[43]探讨了松香酸（abietic acid，**3-61**）对致龋细菌变形链球菌（*Streptococcus mutans*）的体外生长抑制效果。研究通过监测变形链球菌的生长、酸化作用和生物膜形成过程，发现 64 μg/mL 和 128 μg/mL 的松香酸对 ATP 活性的抑制效果约为 80%，而 64 μg/mL 的松香酸能有效抑制变形链球菌生物膜的形成。因此，长期应用以松香酸为基础的抗菌剂可能对预防变形链球菌生物膜感染具有积极作用。Helfenstein 等[44]发现松香酸（abietic acid，**3-61**）对鼠伤寒沙门氏菌（*S.*

typhimurium）、表皮葡萄球菌（*S. epidermidis*）、痤疮丙酸杆菌（*Propionibacterium acnes*）、肺炎链球菌（*Streptococcus pneumoniae*）以及胶红酵母（*Rhodotorula mucilaginosa*）的 MIC_{90} 分别 31 μg/mL、8 μg/mL、4 μg/mL、16 μg/mL 和 31 μg/mL。

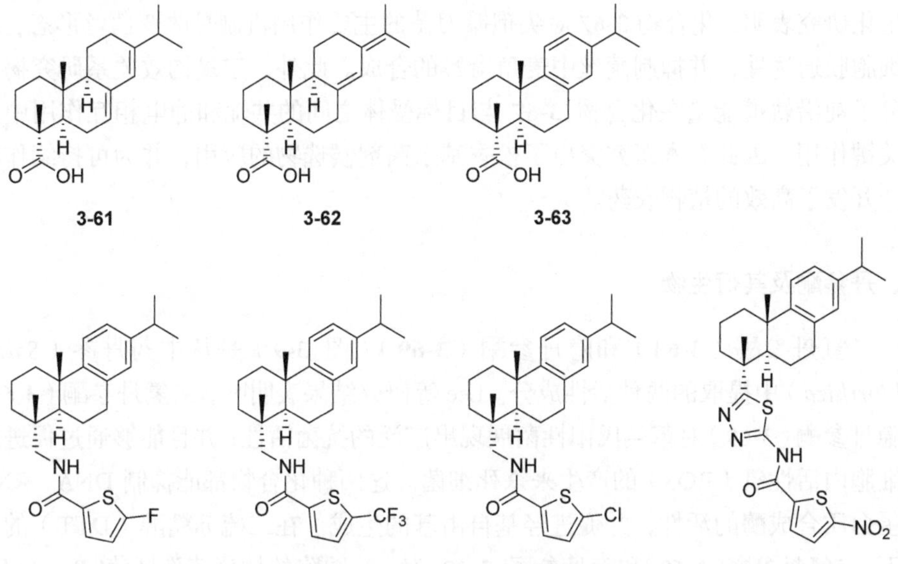

3-61 3-62 3-63

3-64 3-65 3-66 3-67

图 3-8 松香二萜及其衍生物的化学结构

Tao 等[45]从天然产物松香脱氢松香酸（dehydroabietic acid）合成了一系列脱氢松香酰胺衍生物，并评估了它们对苹果树腐烂病菌（*V. mali*）、辣椒疫霉（*P. capsici*）、灰葡萄孢（*B. cinerea*）、核盘菌（*Sclerotinia sclerotiorum*）和镰刀菌（*Fusarium oxysporum*）的抗真菌效果。体外和体内抗真菌活性结果表明，含有噻吩杂环的松香基酰胺化合物对灰葡萄孢有更好的抑制效果。特别地，化合物 5-氟-2-噻吩脱氢松香酰胺（**3-64**）（图 3-8）在抑制 *B. cinerea* 方面显示出卓越的性能，其 EC_{50} 为 0.490 mg/L，强于阳性对照药物噻菌胺（penthiopyrad，EC_{50} 为 0.562 μg/mL）。其他衍生物 **3-65** 和 **3-66**（图 3-8）也展现出良好的抗真菌活性，其 EC_{50} 值分别为 0.652 μg/mL 和 0.865 μg/mL。生理生化研究进一步揭示了化合物 **3-64** 对灰葡萄孢的主要作用机制，包括改变菌丝形态、增加细胞膜的通透性以及抑制呼吸代谢中的三羧酸（TCA）循环。此外，定量构效关系（QSAR）和构效关系（SAR）研究表明，基于松香的酰胺衍生物的电荷分布通过氢键、共轭和静电相互作用与目标受体结合，在抗真菌活性中发挥了关键作用。

Mao 等[46]为了提高松香在植物杀菌剂中的效果，从天然产物松香合成了系列脱氢松香基-1,3,4-噻二唑衍生物。特别是，化合物脱氢松香基-(1,3,4-噻二唑-2-基)-5-硝基噻吩-2-甲酰胺（**3-67**）（图 3-8）对黄瓜上的尖孢镰刀菌（*F. oxysporum*）表现出优异的抗真菌特性，其 EC_{50} 值为 0.618 μg/mL，低于阳性对照药剂卡宾达唑（0.649 μg/mL）。体内抗真菌活性结果表明，**3-67** 对黄瓜植株具有保护作用。生理和生化研究表明，化合物 **3-67** 对尖孢镰刀菌的主要作用机制是改变菌丝形态，增加细胞膜通透性，并抑制菌丝中麦角甾醇的合成。此外，定量构效关系研究揭示了分子前沿轨道能量在化合物 **3-67** 与目标受体之间的共轭和静电相互作用中发挥关键作用。因此，本研究突出了松香基杀菌剂候选物的应用，并为可持续作物生产开发了高效的植物农药。

三、丹参酮及其衍生物

二氢丹参酮（**3-68**）和隐丹参酮（**3-69**）（图 3-9）是从中药丹参（*Salvia miltiorrhiza*）中提取的两种活性成分。Lee 等研究结果表明[47]，二氢丹参酮（**3-68**）和隐丹参酮（**3-69**）对革兰氏阳性菌展现出广泛的抗菌活性，并且能够通过促进细菌细胞内活性氧（ROS）的产生来杀死细菌。这两种化合物都能抑制 DNA、RNA 和蛋白质合成酶的活性，并促进羟基自由基的生成。在二硫苏糖醇（DTT）的存在下，二氢丹参酮（**3-68**）和隐丹参酮（**3-69**）对 rec-缺陷的枯草芽孢杆菌（*B. subtilis*）的抗菌活性有所降低。Cha 等的研究显示[48]，化合物 **3-69** 对 11 种口腔致病菌具有良好的抑制活性，其 MIC_{50} 在 0.25 ~ 4 μg/mL 之间，并且化合物 **3-69** 能与氨苄青霉素、庆大霉素产生协同作用，显著减少抗生素的使用量。Dang 等[49]从康定鼠尾草（*Salvia prattii*）中分离得到的 4 个松香烷型二萜，包括丹参酮ⅡA（**3-70**）、丹参酚酮（**3-72**）、隐丹参酮（**3-69**）和铁锈醇（**3-73**）（图 3-9），研究发现这些成分都能够有效抑制铜绿假单胞菌的生长，MIC 值分别为 20 μg/mL、30 μg/mL、30 μg/mL 和 15 μg/mL。王冬冬[50]发现经过吡咯烷修饰的丹参酮ⅡA（**3-74**）和吡咯烷修饰的丹参酮Ⅰ（**3-75**）比丹参酮ⅡA（**3-70**）和丹参酮Ⅰ（**3-71**）具有更优的抗菌活性。这两种化合物作为杀菌型抗菌剂，能够将金黄色葡萄球菌（*Staphylococcus aureus*）的数量降至检测限以下。化合物 **3-74** 对金黄色葡萄球菌和单核细胞增生李斯特菌（*L. monocytogenes*）的 MIC 为 16 μg/mL，MBC 分别为 64 μg/mL（4 倍 MIC）和 128 μg/mL（8 倍 MIC）；而化合物 **3-75** 对两种菌的 MIC 为 8 μg/mL，MBC 均为 16 μg/mL（2 倍 MIC）。

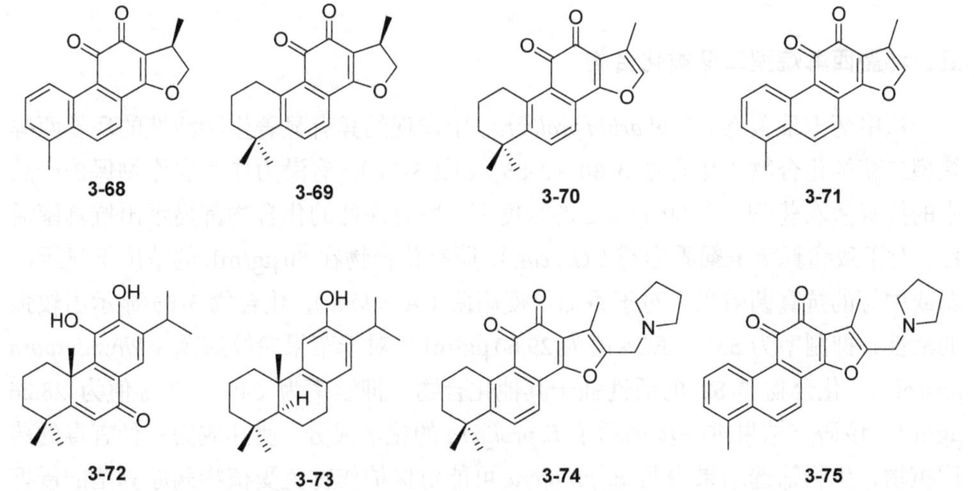

3-68　**3-69**　**3-70**　**3-71**

3-72　**3-73**　**3-74**　**3-75**

图 3-9　丹参酮及其衍生物的化学结构

四、向日葵中对映贝壳杉烷型二萜类化合物

向日葵（*Helianthus annuus*）作为一种油料作物在全球范围内种植，其花托是副产品，通常被视为农业工业废弃物。Zhao 等[51]研究发现，从向日葵花托中分离出 17 种二萜类化合物，大多数显示出对灰葡萄孢（*B. cinerea*）的潜在抗真菌活性，尤其是化合物 **3-76**、**3-77**、**3-78** 和 **3-79**（图 3-10），它们的最小抑制浓度值在 0.05 ~ 0.1 mg/mL 之间，展现出更为显著的抑制效果。此外，四种抗真菌二萜类化合物能够破坏灰葡萄孢的细胞膜完整性，抑制其生物膜形成能力，并促进细胞内容物的渗出。更为重要的是，向日葵花托的乙酸乙酯提取物在 1.6 mg/mL 的浓度下，能够保护 42.9%的蓝莓免受灰葡萄孢的侵害。这些发现暗示向日葵花托有望成为一种生物控制剂，用于预防果实采后的病害。

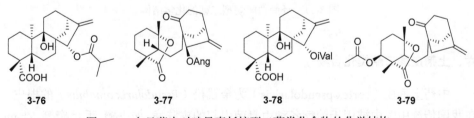

3-76　**3-77**　**3-78**　**3-79**

图 3-10　向日葵中对映贝壳杉烷型二萜类化合物的化学结构

五、环曼西醇烷型二萜类化合物

从中药土瓜狼毒（*Euphorbia prolifera*）中发现的具有显著生物活性的环曼西醇烷型二萜类化合物（化合物 **3-80 ~ 3-85**）（图 3-11），有潜力作为农作物保护产品中的抗真菌农药[52]。在 50 μg/mL 的浓度下，所有评估的化合物都显示出抗真菌活性。对于致病真菌玉蜀黍赤霉（*G. zeae*），所有化合物在 50 μg/mL 的浓度下显示出弱或中等的抗真菌效果。对于番茄早疫病菌（*A. solani*），化合物 **3-85** 显示出较强的活性，抑制率为 53%，EC_{50} 值为 29.60 μg/mL。对于苹果轮纹病菌（*Physalospora piricola*），化合物 **3-82** 的活性强于其他化合物，抑制率为 64%，EC_{50} 值为 28.26 μg/mL。该研究结果进一步揭示了 *E. prolifera* 的化学成分，使其成为一种有毒的药用植物，生物筛选结果表明 *E. prolifera* 可能对保护作物免受植物病原真菌的侵害具有潜在的用途，这些生物活性化合物可能被视为作物保护产品中抗真菌农药的候选物质。

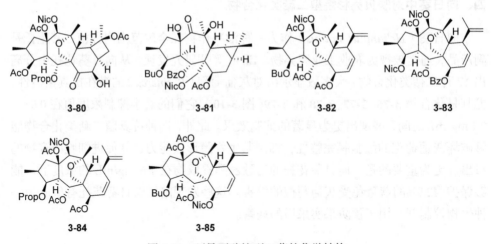

3-80　　**3-81**　　**3-82**　　**3-83**

3-84　　**3-85**

图 3-11　环曼西醇烷型二萜的化学结构

六、土荆皮酸二萜类化合物

中药土荆皮（cortex pseudolaricis）为金钱松（*Pseudolarix amabilis*）的根皮，在我国传统中医中被用于治疗各种由真菌引起的皮肤病，如皮癣、手足癣等。Zhang 等[53]从中成功提取了 8 种化合物，包括 4 个土荆皮酸二萜类化合物：土荆皮酸 A（**3-86**）、乙基土荆皮酸 B（**3-87**）、土荆皮酸 B（**3-88**）、土荆皮酸 B-O-β-D-葡萄糖苷（**3-89**）（图 3-12）。并评估了它们对芒果炭疽病菌（*C. gloeosporioides*）的体外抗真菌活性。在 5 μg/mL 的浓度下，所有化合物均能有效抑制落花生黑点病菌（*C. gloeosporioides*）的生长。在这些化合物中，土荆皮酸 A（**3-86**）和乙基土荆皮酸 B（**3-87**）显示出最强的抑制作用，EC_{50} 值分别为 1.07 μg/mL 和 1.62 μg/mL。此外，这两种化合物还显著干扰了病原体孢子的发芽和芽管的延伸，显示出潜在的抗真菌作用。100 μg/mL 的乙基土荆皮酸 B（**3-87**）处理在抑制芒果采后炭疽病方面比相同浓度的多菌灵更有效。乙基土荆皮酸 B（**3-87**）引起了 *C. gloeosporioides* 菌丝形态的改变，包括变形、膨胀和塌陷。乙基土荆皮酸 B（**3-87**）导致菌丝顶端显示出异常的生长，副顶端扩张区域出现多分枝，形状不规则。这些发现需要进一步研究乙基土荆皮酸 B（**3-87**）的结构优化，以探索其作为作物保护潜在抗真菌剂的可能性。

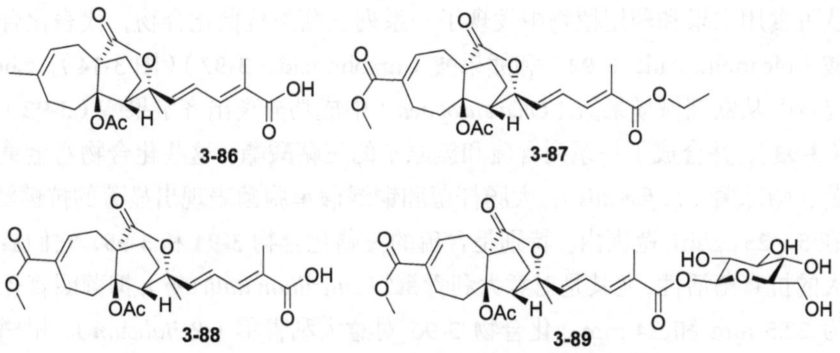

图 3-12　土荆皮酸二萜类化合物的化学结构

七、克罗烷型二萜类化合物

Nguyen 等[54]从垂枝长叶暗罗（*Polyalthia longifolia*）的中分离并鉴定了系列克罗烷型二萜（图 3-13），其中，化合物 **3-90** 显示出广泛的抗真菌活性，MIC 值在 50 ~ 100 μg/mL 的范围内；化合物 **3-91** 显示出最强的抗真菌活性，MIC 值在 6.3 ~ 12.5 μg/mL 的范围内。当评估化合物 **3-91** 对稻瘟病、番茄晚疫病和辣椒炭疽病的体内抗真菌活性时，与未处理对照相比，化合物 **3-91** 在 250 μg/mL 和 500 μg/mL 的浓度下至少减少了 60% 的植物病害，研究表明 *P. longifolia* 的枝条和叶子的甲醇提取物及其主要化合物 **3-91** 可以作为开发环保型植物保护剂的来源。

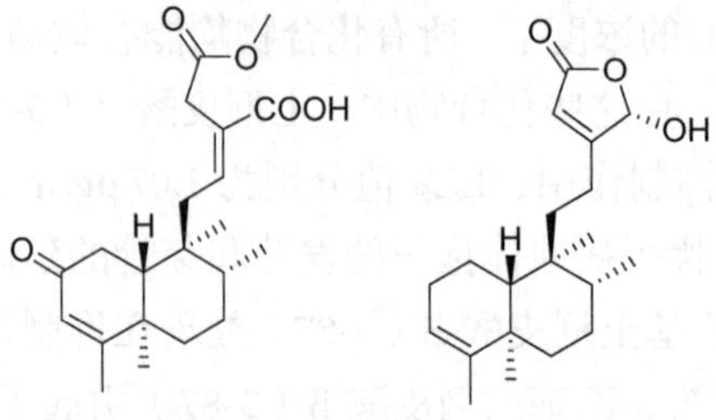

3-90　　　　　**3-91**

图 3-13　克罗烷型二萜的化学结构

第四节　三萜类抗菌剂

从可食用水果和药用植物中发现了一系列三萜类抗菌化合物，代表化合物齐墩果酸（oleanolic acid，**3-92**）和熊果酸（ursolic acid，**3-97**）（图 3-14）。Chouaïb 等研究者[55]从欧洲橄榄果渣（*Olea europaea*）中成功分离出齐墩果酸（**3-92**）和山楂酸（**3-93**），并合成了一系列含硫和氯原子的三萜酸酯。这些化合物对金黄色葡萄球菌、肠球菌（*E. faecalis*）、大肠杆菌和铜绿假单胞菌表现出显著的抗菌活性，MIC 在 5～25 µg/mL 范围内。特别是含硫的三萜化合物 **3-94** 和 **3-95**，它们展现出了强大的抗真菌活性，尤其是对意大利青霉（*Penicillium italicum*），抑菌圈直径（IZ）分别为 22.5 mm 和 24 mm；化合物 **3-96** 对意大利青霉（*P. italicum*）、柑橘青霉（*Penicillium digitatum*）、哈茨木霉（*Trichoderma harzianum*）和黑曲霉（*A. niger*）的 IZ 值分别为 14 mm、15.5 mm、16 mm 和 19 mm。Liu 等[56]深入探讨了蓝莓（*Vaccinium* spp.）角质层蜡的抗真菌能力，特别是其对灰霉菌（*B. cinerea*）的影响。研究结果表明，蓝莓角质层蜡能够有效抑制灰霉菌的生长，其中熊果酸（ursolic acid，**3-97**）被鉴定为关键的抗真菌化合物。熊果酸在体内外实验中均显示出对灰霉菌生长的抑制作用，它通过增加灰霉菌的细胞外电导率和胞内物质泄漏，导致菌丝形态发生变形，并破坏了细胞的超微结构。此外，熊果酸还能刺激活性氧化物质（ROS）的积累，同时使 ROS 清除酶失活，表明熊果酸可能通过破坏细胞膜的完整性来发挥其抗真菌效果。这些发现揭示了熊果酸在蓝莓灰霉病控制中的潜在应用价值。作为一种天然存在的化合物，熊果酸可能成为一种环保且有效的替代品，用于减少化学杀菌剂的使用，提高蓝莓等水果的抗病能力。未来的研究可能会探索熊果酸在农业生产中的应用方法，以及如何优化其使用以实现最佳的病害控制效果。Qiu 等[57]从虎耳草科落新妇属植物 *Astilbe myriantha* 的根茎中分离得到的具有抗菌活性的齐墩果烷型三萜类化合物 **3-98**（图 3-14）。研究发现，化合物

3-98 对所有测试的病原真菌均表现出抑制活性，MIC 介于 13.9～34.0 μg/mL 之间，其中，水稻纹枯病菌（*Rhizoctonia solani*）和指状青霉（*P. digitatum*）的抑制活性最强，EC_{50} 值均为 13.9 μg/mL。因此，从肉豆蔻根中分离出的活性化合物有望成为开发天然抗真菌剂的先导化合物。从中国三叶木通（*Akebia trifoliata*）果实（一种叫八月炸的可食用水果）中分离得到了一系列齐墩果醇三萜类化合物[58]。其中，化合物 **3-99**、**3-92** 和 **3-100**（图 3-14）对金黄色葡萄球菌、枯草杆菌、大肠杆菌、沙门氏菌（*Salmonella enterica*）和痢疾杆菌（*Shigella dysenteriae*）均显示出显著的抗菌活性，MIC 值在 0.9～15.6 μg/mL 之间，活性同卡那霉素（MIC 值在 1.9～3.9 μg/mL 之间）相当。

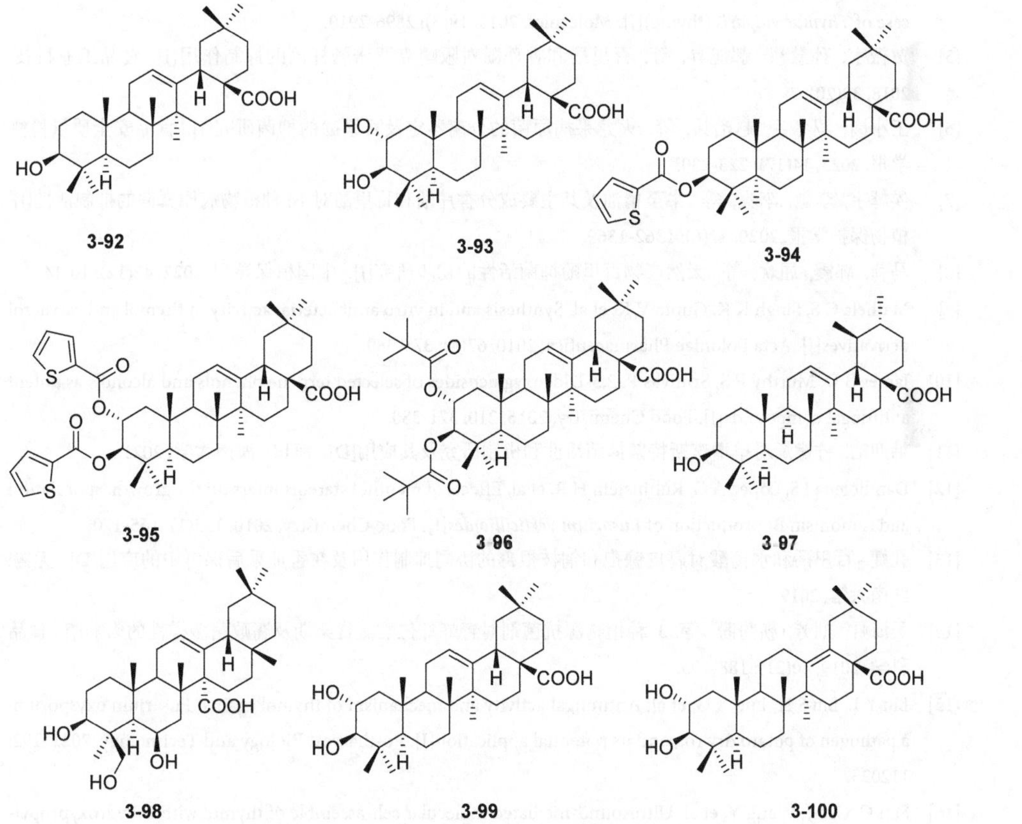

图 3-14　代表三萜类抗菌剂的化学结构

参 考 文 献

[1]　Marchese A, Orhan I E, Daglia M, et al. Antibacterial and antifungal activities of thymol: A brief review of the literature[J]. Food Chemistry, 2016, 210: 402-414.

[2]　Dzamic A M, Nikolic B J, Giweli A, et al. Libyan Thymus capitatus essential oil: Antioxidant, antimicrobial, cytotoxic and colon pathogen adhesion-inhibition properties[J]. Journal of Applied Microbiology, 2015, 119(2): 389-399.

[3]　Chauhan A K, Kang S C. Thymol disrupts the membrane integrity of *Salmonella ser. typhimurium* in vitro and recovers infected macrophages from oxidative stress in an ex vivo model[J]. Research in Microbiology, 2014, 165(7): 559-565.

[4]　Ahmad A, Van Vuuren S, Viljoen A. Unravelling the complex antimicrobial interactions of essential oils-the case of *Thymus vulgaris* (thyme)[J]. Molecules, 2014, 19(3): 2896-2910.

[5]　贾振宇, 孙慧慧, 郝旭昇, 等. 百里酚和香芹酚对阪崎克罗诺肠杆菌的抑制作用[J]. 食品工业科技, 2018, 39(20): 79-86.

[6]　王小岗, 罗冬兰, 赵治兵, 等. 火龙果病原菌的分离鉴定及百里酚的抑菌研究[J]. 食品安全质量检测学报, 2023, 14(17): 223-230.

[7]　侯辉宇, 李敏, 李爽, 等. 牛至精油及其主要成分香芹酚和百里酚对16种植物病原真菌的抑制活性[J]. 植物保护学报, 2020, 47(6): 1362-1369.

[8]　马莉, 郭震, 屈欢, 等. 天然产物百里酚抑菌活性的初步研究[J]. 中国植保导刊, 2022, 42(12): 10-14.

[9]　Mathela C S, Singh K K, Gupta V K, et al. Synthesis and in vitro antibacterial activity of thymol and carvacrol derivatives[J]. Acta Poloniae Pharmaceutica, 2010, 67(4): 375-380.

[10]　James B D, Murthy P S, Srinivas P. 2,3-Dideoxyglucosides of selected terpene phenols and alcohols as potent antifungal compounds[J]. Food Chemistry, 2016, 210: 371-380.

[11]　韩迎洁. 柠檬烯对单增李斯特菌抑菌活性和机制研究及其应用[D]. 海口: 海南大学, 2021.

[12]　Dambolena J S, López A G, Rubinstein H R, et al. Effects of menthol stereoisomers on the growth, sporulation and fumonisin B$_1$ production of *Fusarium verticillioides*[J]. Food Chemistry, 2010, 123(1): 165-170.

[13]　孔婕. 百里酚和水杨酸对腐皮镰孢和匍枝根霉的协同抑制作用及在番茄采后保鲜中的应用[D]. 无锡: 江南大学, 2019.

[14]　吴海虹, 刘芳, 靳盼盼, 等. 3 种植物源抗菌剂对青虾虾仁贮藏货架期及腐败菌多样性的影响[J]. 食品科学, 2019, 40(21): 188-195.

[15]　Liu Y L, Liu S H, Luo X G, et al. Antifungal activity and mechanism of thymol against Fusarium oxysporum, a pathogen of potato dry rot, and its potential application[J]. Postharvest Biology and Technology, 2022, 192: 112025.

[16]　Sun C, Cao J, Wang Y, et al. Ultrasound-mediated molecular self-assemble of thymol with 2-hydroxypropyl-β-cyclodextrin for fruit preservation[J]. Food Chemistry, 2021, 363(5): 130327.

[17]　欧阳锐, 俞俊颖, 林渊智, 等. 3 种植物精油微胶囊抗菌膜在鱼丸保鲜中的应用[J]. 食品研究与开发, 2022, 43(23): 132-138.

[18]　Wattanasatcha A, Rengpipat S, Wanichwecharungruang S. Thymol nanospheres as an effective anti-bacterial agent[J]. International Journal of Pharmaceutics, 2012, 434(1): 360-365.

[19]　Shah B, Davidson P M, Zhong Q. Nanocapsular dispersion of thymol for enhanced dispersibility and increased

antimicrobial effectiveness against *Escherichia coli* O157: H7 and Listeria monocytogenes in model food systems[J]. Applied and Environmental Microbiology, 2012, 78(23): 8448-8453.

[20] Pan K, Chen H, Davidson P M, et al. Thymol nanoencapsulated by sodium caseinate: Physical and antilisterial properties[J]. Journal of Agricultural and Food Chemistry, 2014, 62(7): 1649-1657.

[21] Wang D M, Zhang C C, Zhang Q, et al. Wightianines A-E, dihydro-β-agarofuran sesquiterpenes from *Parnassia wightiana*, and their antifungal and insecticidal activities[J]. Journal of Agricultural and Food Chemistry, 2014, 62: 6669-6676.

[22] Wang M, Zhang Q, Ren Q, et al. Isolation and characterization of sesquiterpenes from *Celastrus orbiculatus* and their antifungal activities against phytopathogenic fungi[J]. Journal of Agricultural and Food Chemistry, 2014, 62(45): 10945-10953.

[23] Musharraf S G, Najeeb A A, Rahat A A, et al. Metabolites of the fungistatic agent 2β-methoxyclovan-9α-ol by macrophomina phaseolina[J]. Journal of Agricultural and Food Chemistry, 2011, 59(7): 3234-3238.

[24] Saiz-Urra L, Racero J C, Macías-Sáchez A J, et al. Synthesis and quantitative structure-antifungal activity relationships of clovane derivatives against *Botrytis cinerea*[J]. Journal of Agricultural and Food Chemistry, 2009, 57(6): 2420-2428.

[25] Feng J, Ma Z, Li J, et al. Synthesis and antifungal activity of carabrone derivatives[J]. Molecules, 2010, 15: 6485-6492.

[26] Feng J, Wang H, Ren S X, et al. Synthesis and antifungal activities of carabrol ester derivatives[J]. Journal of Agricultural and Food Chemistry, 2012, 60: 3817-3823.

[27] Wang L, Zhang Y, Wang D, et al. Mitochondrial signs and subcellular imaging provide insight into the antifungal mechanism of carabrone against *Gaeumannomyces graminis* var. *tritici*[J]. Journal of Agricultural and Food Chemistry, 2018, 66: 81-90.

[28] Barnes C, Loder J. Structure of polygodial: a new sesquiterpene dialhyde from *Polygonum hydropiper* L.[J]. Australian Journal of Chemistry, 1962, 15(2): 322-327.

[29] Fujita K I, Kubo I. Naturally occurring antifungal agents against *Zygosaccharomyces bailii* and their synergism[J]. Journal of Agricultural and Food Chemistry, 2005, 53(13): 5187-5191.

[30] McCallion R F, Cole A L, Walker J R L, et al. Antibiotic compounds from New Zealandplants II. Polygodial, an anti-*Candida* agent from *Pseudowintera colorata*[J]. Planta Medica, 1982, 44: 134-138.

[31] Kubo I, Lee S H, Ha T J. Effect of EDTA alone and in combination with polygodial on the growth of *Saccharomyces cerevisiae*[J]. Journal of Agricultural and Food Chemistry, 2005, 53(5): 1818-1822.

[32] Cheng S S, Chung M J, Lin C Y, et al. Phytochemicals from *cunninghamia konishii* hayata act as antifungal agents[J]. Journal of Agricultural and Food Chemistry, 2012, 60(1): 124-128.

[33] Liu Q, Shen L, Wang T T, et al. Novel modified furanoeremophilane-type sesquiterpenes and benzofuran derivatives from *Ligularia veitchiana*[J]. Food Chemistry, 2010, 122(1): 55-59.

[34] Banerjee M, Parai D, Chattopadhyay S, et al. Andrographolide: antibacterial activity against common bacteria of human health concern and possible mechanism of action[J]. Folia Microbiologica, 2017, 62(3): 237-244.

[35] Zhang T T, Zhu L F, Li M, et al. Inhalable Andrographolide-β-cyclodextrin inclusion complexes for treatment of *staphylococcus aureus* pneumonia by regulating immune responses[J]. Molecular Pharmaceutics, 2017,14 (5): 1718-1725.

[36] Tang C L, Zhang W J, Wang X Y, et al. Synthesis and biological evaluation of andrographolide derivatives as potent antibacterial agents[J]. Letters in Drug Design and Discovery, 2011, 8(9): 816-821.

[37] Chen Z G, Zhu Q, Zong M H, et al. Enzymatic synthesis and antibacterial activity of andrographolide derivatives[J]. Process Biochemistry, 2011, 46: 1649-1653.

[38] 樊安利. 穿心莲内酯和乙酰穿心莲内酯的微生物转化及活性比较研究[D]. 杨凌: 西北农林科技大学, 2006.

[39] Xing Z, Li H, Li M, et al. Disequilibrium in chicken gut microflora with avian colibacillosis is related to microenvironment damaged by antibiotics[J]. Science of the Total Environment, 2021, 762: 143058.

[40] Guo X, Zhang L Y, Wu S C, et al. Andrographolide interferes quorum sensing to reduce cell damage caused by avian pathogenic *Escherichia coli*[J]. Veterinary Microbiology, 2014, 174(3-4): 496-503.

[41] 李江北, 杨霞, 傅嘉莉, 等. 穿心莲内酯干混悬剂对人工感染大肠杆菌致肉鸡腹泻的药效评价[J]. 畜牧兽医学报, 2021, 52(11): 3246-3259.

[42] 罗荣龙. 穿心莲内酯防治鸡毒支原体感染的效果及其分子机制[D]. 武汉: 华中农业大学, 2023.

[43] Ito Y, Ito T, Yamashiro K, et al. Antimicrobial and antibiofilm effects of abietic acid on cariogenic *Streptococcus mutans*[J]. Odontology, 2020, 108(1): 57-65.

[44] Helfenstein A, Vahermo M, Nawrot D A, et al. Antibacterial profiling of abietane-type diterpenoids[J]. Bioorganic and Medicinal Chemistry, 2017, 25(1): 132-137.

[45] Tao P, Wu C, Hao J, et al. Antifungal application of rosin derivatives from renewable pine resin in crop protection[J]. Journal of Agricultural and Food Chemistry, 2020, 68: 4144-4154.

[46] Mao S Y, Wu C Y, Gao Y Q, et al. Pine rosin as a valuable natural resource in the synthesis of fungicide candidates for controlling *Fusarium oxysporum* on cucumber[J]. Journal of Agricultural and Food Chemistry, 2021, 69: 6475-6484.

[47] Lee D S, Lee S H, Noh J G, et al. Antibacterial activities of cryptotanshinone and dihydrotanshinone I from a medicinal herb, *Salvia miltiorrhiza* Bunge[J]. Bioscience Biotechnology and Biochemistry, 1999, 63(12): 2236-2239.

[48] Cha J D, Jeong M R, Choi K M. et al. Synergistic effect between cryptotanshinone and antibiotics in oral pathogenic bacteria[J]. Advances in Bioscience and Biotechnology, 2013, 4: 283-294.

[49] Dang J, Cui Y L, Pei J J, et al. Efficient separation of four antibacterial diterpenes from the roots of *Salvia prattii* using non-aqueous hydrophilic solid-phase extraction followed by preparative high-performance liquid chromatography[J]. Molecules, 2018, 23(3): 623-634.

[50] 王冬冬. 基于丹参酮的药物设计及其生物活性研究[D]. 杨凌: 西北农林科技大学, 2018.

[51] Zhao Y, Wang Z J, Wang C B, et al. New and antifungal diterpenoids of sunflower against Gray Mold[J]. Journal of Agricultural and Food Chemistry, 2023, 71: 16647-16656.

[52] Xu J, Kang J, Cao X, et al. Characterization of diterpenes from *Euphorbia prolifera* and their antifungal activities against phytopathogenic fungi[J]. Journal of Agricultural and Food Chemistry, 2015, 63(25): 5902-5910.

[53] Zhang J, Yan L, Yuan E, et al. Antifungal activity of compounds extracted from *Cortex Pseudolaricis* against *Colletotrichum gloeosporioides*[J]. Journal of Agricultural and Food Chemistry, 2014, 62(21): 4905-4910.

[54] Nguyen M V, Han J W, Dang Q L, et al. Clerodane diterpenoids identified from Polyalthia longifolia showing antifungal activity against plant pathogens[J]. Journal of Agricultural and Food Chemistry, 2021, 69: 10527-10535.

[55] Chouaïb K, Hichri F, Nguir A, et al. Semi-synthesis of new antimicrobial esters from the natural oleanolic and maslinic acids[J]. Food Chemistry, 2015, 183: 8-17.

[56]　Liu R L, Zhang L P, Xiao S Y, et al. Ursolic acid, the main component of blueberry cuticular wax, inhibits *Botrytis cinerea* growth by damaging cell membrane integrity[J]. Food Chemistry, 2023, 415: 135753.

[57]　Qiu Y, Song W Y, Zheng M L. et al. Antifungal activities of triterpenoids from the roots of *Astilbe myriantha* Diels[J]. Food Chemistry, 2011, 128: 495-499.

[58]　Wang J, Ren H, Xu Q L, et al. Antibacterial oleanane-type triterpenoids from pericarps of Akebia trifoliata[J]. Food Chemistry, 2015, 168: 623-629.

第四章　生物碱类抗菌剂

生物碱类化合物，以其多样的化学结构和独特的生物活性，在现代医学、食品科学和农业领域扮演着重要的角色。第四章详尽地探讨了生物碱类抗菌剂的研究与开发，重点涵盖了小檗碱、血根碱、胡椒碱、辣椒素、石蒜碱、苦参碱、喜树碱、千金藤碱、马铃薯碱、茄碱以及黄皮酰胺类生物碱等多样的生物碱。这些源自天然的生物碱抗菌剂，在植物病害的防控、食品的保鲜、兽药以及农业化学领域展现出了巨大的应用潜力。本章通过对这些生物碱的结构特征、生物活性、作用机制以及应用前景进行系统的分析研究，旨在为新型绿色抗菌剂的开发提供坚实的科学基础，进而降低对传统化学合成药物的依赖，最终推动可持续发展和绿色化学的实践。

第一节　小檗碱及其衍生物

小檗碱（又名黄连素，berberine，**4-1**）及其衍生物药根碱（jateorrhizine，**4-2**）和黄藤素（palmatine，**4-3**）（图 4-1），是一种在自然界中广泛分布的异喹啉类生物碱，主要富集于毛茛科、芸香科和小檗科等植物的根茎或茎皮中。在传统中医领域，小檗碱作为黄连、黄柏等多种清热燥湿类药材的有效成分，被普遍应用于临床治疗由细菌感染引起的胃肠道疾病。小檗碱的抗菌历史源远流长，其主要适应证为肠道感染，对链球菌、肺炎球菌、霍乱弧菌等多种细菌均显示出显著的抗菌效果。小檗碱的抗菌机制涉及多个方面，包括干扰 DNA 复制、RNA 转录和蛋白质合成，破坏细菌细胞壁结构和细胞膜上的离子通道，以及干扰细菌的糖代谢过程。这种多靶点的作用机制可能是小檗碱不易使细菌产生抗药性的关键所在，尤其是对于痢疾杆菌和金黄色葡萄球菌[1]。此外，基于小檗碱及其衍生物的抑菌性能，在果蔬保鲜和植物防病方面也有很多重要应用。

小檗碱的体外抗菌活性研究。早在 1969 年，Amin 等学者[2]对小檗碱的抗微生物活性开展了系统研究，发现其对致病菌真菌假丝酵母属（*Candida*）热带念珠菌（*C. tropicalis*）、朊假丝酵母菌（*C. utilis*）、白色念珠菌（*C. albicans*）以及申克氏孢子丝菌（*Sporothrix schenckii*）表现出显著的抑制活性，其 MIC 分别为 3.1 μg/mL、12.5 μg/mL、12.5 μg/mL 和 6.2 μg/mL；同时，对植物病原菌黄单胞杆菌属（*Xanthomonas*）柑橘黄单胞杆菌（*X. citri*）、锦葵黄单胞菌（*X. malvacearum*）、野油菜黄单胞菌（*X. campestris*）表现出显著的抑制活性，其 MIC 分别为 3.1 μg/mL、6.2 μg/mL、12.5 μg/mL；对常见的食源性病菌金黄色葡萄球菌（*Staphyrlococcus aureus*）、大肠杆菌（*Escherichia coli*）、枯草芽孢杆菌（*Bacillus subtilis*）、短小芽孢杆菌（*B. pumilus*）具有一定的抑制活性，其 MIC 为 25～50 μg/mL；而对革兰氏阴性菌假单胞菌属（*Pseudomonas*）铜绿假单胞菌（*P. aeruginosa*）、芒果假单胞菌（*P. mangiferae*）、清枯假单胞菌（*P. solanacearum*）等的 MIC 均大于 100 μg/mL。

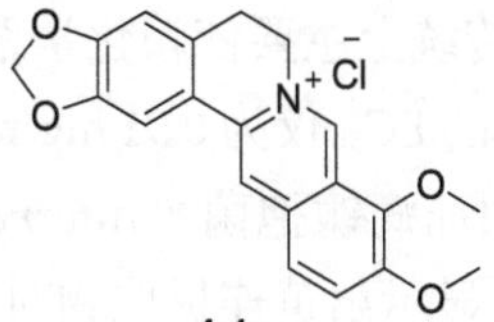

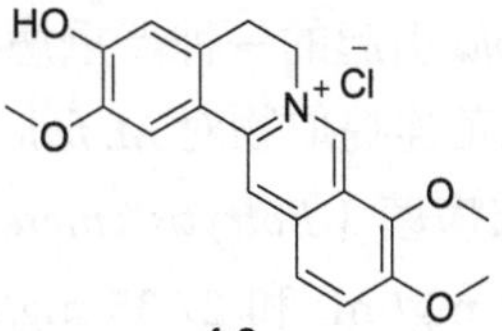

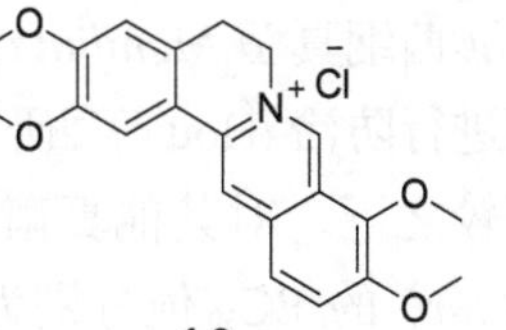

图 4-1　小檗碱及其衍生物的化学结构

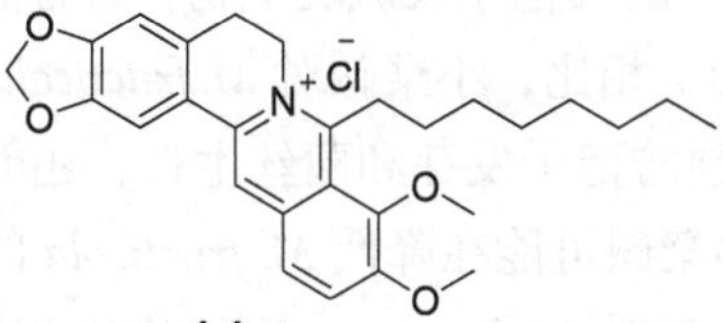

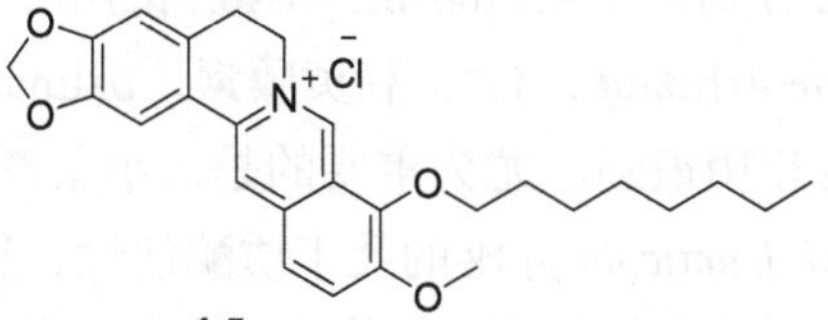

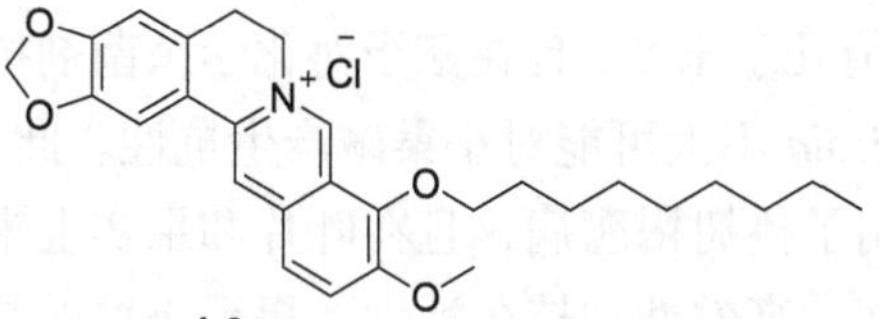

在结构修饰领域，杨勇[3]对合成的 8-烷基小檗碱衍生物进行了体外抗菌活性测试。实验结果显示，8-辛基小檗碱（**4-4**）展现出最强的抗菌效果，对枯草芽孢杆菌（*Bacillus subtilis*）和多重耐药金黄色葡萄球菌（MRSA）显示了显著的抑制活性，其 MIC 均为 1.95 μg/mL，其抗菌活性分别是小檗碱的 125 倍和 64 倍；对大肠杆菌和痢疾志贺氏菌（*Shigella dysenteriae*）的 MIC 值达到 15.63 μg/mL，抗菌能力分别增加了 16 倍和 32 倍；对白色念珠菌的 MIC 值达到 31.25 μg/mL，抗菌能力也增加了 16 倍。Kim 等[4]探究了小檗碱衍生物的结构与活性关系，他们合成了一系列含有 9-*O*-酰基和 9-*O*-烷基取代基的化合物，并对它们针对革兰氏阳性菌、革

兰氏阴性菌以及真菌的抗菌活性进行了测试。烷基类化合物在抗菌活性上优于酰基类化合物。其中，六至十一烷的衍生物对革兰氏阳性菌和真菌表现出了强大的抗菌活性，活性最强的为辛烷衍生物（**4-5**）和壬烷衍生物（**4-6**）（图 4-1），其对藤黄微球菌（*Micrococcus luteus*）的 MIC 均仅为 0.125 μg/mL。该研究说明，过短或过长的取代基都会降低其活性，适度大小的疏水性取代基可能是实现最佳抗菌效果的关键因素。

　　小檗碱在果蔬保鲜和植物防病方面也有很多实际应用研究。桃子褐腐病是由子囊菌纲真菌 *Monilinia fructicola* 引起的一种严重病害，传统上主要依赖化学杀菌剂进行防治。Hou 等[5]研究发现黄连提取物对 *M. fructicola* 的 EC_{50} 仅为 0.91 mg/mL，相较之下，对其他真菌如灰霉病菌（*Botrytis cinerea*）和茄病镰孢菌（*Alternaria solani*）的 EC_{50} 值分别为 14.09 mg/mL 和 27.35 mg/mL，显示出黄连提取物对 *M. fructicola* 具有特异性的抑制作用。进一步对黄连提取物的活性成分进行跟踪分离，发现主要抑制作用的成分为小檗碱（berberine，**4-1**），其对 *M. fructicola* 的 EC_{50} 和 MIC 分别低至 4.5 μg/mL 和 46.9 μg/mL。与黄连中的其他小檗碱类似物，如药根碱（jateorrhizine，**4-2**）和黄藤素（palmatine，**4-3**）相比，小檗碱对 *M. fructicola* 的抑制作用最强。尤为重要的是，小檗碱不仅能预防孢子发芽和菌丝生长，还能抑制 *M. fructicola* 分泌的几丁质酶活性，这表明小檗碱可能在降低 *M. fructicola* 的致病力方面发挥作用。此外，实验中还观察到小檗碱对 *M. fructicola* 具有强大的体内抑制效果，且在高达 400 μg/mL 的浓度下对桃子果实未见明显的细胞毒性，这一浓度远高于其 MIC 值（46.90 μg/mL）。进一步研究还发现[6]，尽管 *M. fructicola* 连续十六代被小檗碱处理，但 EC_{50} 和 MIC 值几乎未变，且在赋予对化学杀菌剂抗性的基因中没有发生突变，这表明 *M. fructicola* 不太可能对小檗碱产生抗性。此外，两年的田间试验表明，小檗碱有效地控制了桃树褐腐病，且在叶片和果实上未观察到明显损害。鉴于其众所周知的安全性、高效性和持久活性，提示小檗碱是一种有前景的天然杀菌剂，用于控制桃子褐腐病。

　　佟树敏等学者[7]通过结合 0.6% 的苦参碱（0.15%）和小檗碱（0.45%），开发了一种高效的杀菌剂，即 0.6% 苦小檗碱杀菌水剂。这种杀菌剂在控制由苹果黑腐皮壳菌（*Valsa mali*）引起的苹果腐烂病、由梨生囊孢壳菌（*Botryosphaeria berengeriana*）引起的苹果轮纹病以及由古巴假霜霉菌（*Pseudoperonospora cubensis*）引起的黄瓜的霜霉病方面显示出了卓越的防治效果，尤其对苹果腐烂病防治有特效，防治效果可达 100%。进一步的田间试验表明[8]，使用 0.5% 小檗碱水剂，以 400 倍稀释比例，对由瓜类单丝壳（*Spharotheca cucurbiae*）引起的南瓜白粉病的防治效果达到了 76.7%，这一效果明显超过了以 1500 倍稀释比例使用的 20% 三唑酮乳油对照药剂，并且对南瓜的生长没有不良影响。以上研究说明小檗碱杀菌水剂是一种安全、高效、经济的植物杀菌剂。侯东耀等[9]通过乳化-化学交联工艺制备了含有小檗碱的壳聚糖微球。这些微球具有优良的球形特性和光滑的表面，平均粒径约为 15 μm，其包封效率为 78.98%，药物载荷率为 4.78%。在为期 30 天的药物释放测试中，小檗碱能够从微球中逐渐释放。通过生长速率法评估，这些微球对三种主要植物病原真菌显示出了显著的抑制效果，特别是在 5 μg/mL 的浓度下，对番茄早疫病菌（Alternaria solani）和番茄灰霉菌（Botrytis cinerea）的抑制效果分别达到了 65%和60%，提示该微球在防治番茄病变上具有应用价值。在阎春琦等[10]的研究中，他们深入分析了小檗碱和壳聚糖对一系列蔬菜病原真菌的抑制效果。研究揭示，小檗碱即便在极低的浓度（0.234 mg/mL）也能显著抑制包括辣椒炭疽病菌（Vermicularia capsici）在内的五种主要蔬菜病原真菌。壳聚糖同样表现出色，特别是在 20 mg/mL 的浓度下，对番茄灰霉病菌（Botrytis cinerea）的抑制效果达到了 65%，并且对其他四种果蔬病原真菌也显示出抑制效果。基于这些发现，研究者们进一步开发了一种创新的复合膜，该膜以小檗碱和壳聚糖为主要成分。这种膜展现出了良好的缓释性能，在模拟环境条件下，20 天的实验周期内，小檗碱的累积释放率大约为25%。这种缓慢释放的小檗碱不仅能有效地抑制特定真菌的生长，还能控制大多数细菌的增殖。因此，这种复合膜在果蔬的保鲜和抗菌保护方面显示出了一定的应用潜力。

此外，在家禽养殖方面，汤法银等学者[11]发现，小檗碱与牛至油联合使用时，对耐药性鸡源大肠杆菌展现出协同作用，有效提升了杀菌效果。进一步地，刘小康研究[12]中指出，小檗碱在不同浓度下能够逆转沙门氏菌和大肠杆菌对黏菌素的耐药性，并且当与 EDTA 配合使用时，杀菌效果得到了增强。鸭疫里默氏杆菌病是养鸭业面临的一个重大挑战。Fernandez 等研究者[13]发现，每日给予感染鸭疫里默氏杆菌的肉鸭口服 200 mg/kg 的小檗碱能够调节宿主的免疫反应，降低促炎因子的表达，并提高抗炎因子的水平，这显著提高了感染鸭的存活率，并减少了病原菌的负荷。

在食品包装领域，防止微生物生长并确保包装材料的安全性对于延缓食品腐败过程具有至关重要的作用。Ning 等[14]成功合成并整合了一种新型绿色小檗碱/植酸盐复合物（BPA），并将其嵌入聚乙烯醇（PVA）薄膜中，以赋予其荧光及光动力抗菌特性。相较于盐酸小檗碱（BHL），BPA 显示出更显著的荧光特性，这一现象归因于植酸（phytic acid，PA，环己六醇六磷酸，是从植物种籽中提取的一种有机磷类化合物）对 BHL 分子内运动及分子间 π-π 堆积作用的限制。通过分子动力学模拟，研究人员观察到 BHL 与 PA 在 PVA 基质中通过静电相互作用形成了聚集体，这一聚集过程伴随着干燥过程中结合能的变化。随着 BPA 含量的增加，薄膜在紫外线、水蒸气和氧气阻隔性能以及荧光特性方面均有所提升，然而，其拉伸强度和断裂伸长率则相应降低。经过辐射处理后，PVA-BPA9 薄膜对金黄色葡萄球菌、大肠杆菌、柑橘青霉（Penicillium citrinum）和黑曲霉（Aspergillus niger）展现出卓越的抗菌效果，抗菌率分别高达 100%、100%、86.14% 和 66.24%，这一效果的提升与活性氧物质的增加密切相关。此外，使用辐射处理的 PVA-BPA9 薄膜包装的熟鸡肉和橙子的微生物菌落总数，相较于使用 PVA 薄膜包装的样品，分别降低了 87.54% 和 29.21%。本项工作揭示了基于天然抗菌剂小檗碱开发绿色光动力介导薄膜的潜力，为提升食品包装的安全性和有效性开辟了新的研究路径，具有一定的应用价值。

第二节　血根碱及其衍生物

血根碱（sanguinarine，**4-7**）（图 4-2），作为二类新兽药博落回散的主要活性成分，属于季铵型苯并菲啶类异喹啉生物碱，主要分布于罂粟科植物博落回（Macleaya cordata）和白屈菜（Chelidonium majus）等药用植物中。广泛的科学研究已经证实，血根碱拥有多样的药理作用，包括抗菌、抗肿瘤、杀虫以及对畜禽生产性能的影响等，因而在畜牧业生产中得到了广泛的应用。血根碱展现出显著的抑菌效果，许多发达国家已经将其作为抗生素的替代品，应用于畜牧业生产之中。通过对血根碱及其衍生物的深入研究，我们期望为开发新型绿色饲料抗菌剂提供科学依据，以促进畜牧业的可持续发展。

（一）血根碱及其衍生物的抗菌活性研究

王高学等[15]的研究发现血根碱（sanguinarine，**4-7**）对六种水产病原菌具有不同程度的抑制效果，其中对嗜水气单胞菌（Aeromonas hydrophila）的抑制效果最为显著，其 MBC 和 MIC 分别为 25 μg/mL 和 12.5 μg/mL。孙文霞等[16]的研究表明，血根碱（sanguinarine，**4-7**）对白假丝酵母菌（Candida albicans）、大肠杆菌（Escherichia coli）和金黄色葡萄球菌具有明显的抑制作用，其 MIC 分别为 40 μg/mL、80 μg/mL 和 40 μg/mL，尤其当浓度是 1 mg/mL 时，对白假丝酵母菌（C. albicans)的 IZ 达到 34 mm。赵东亮等[17]的研究发现,血根碱对大肠杆菌(Escherichia coli）表现出较低的抗菌活性，对金黄色葡萄球菌（Staphylococcus aureus）和枯草芽孢杆菌（Bacillus subtilis）的最低抗菌浓度则低于 40 μg/mL；对四连球菌（Tetracoccus）和蜡样芽孢杆菌（Bacillus cereus）的 MIC 均为 80 μg/mL，而作为一种植物源天然抗菌剂，血根碱具有广泛的抗菌谱和显著的抗菌效果，对四连球菌、蜡样芽孢杆菌和枯草芽孢杆菌的抗菌活性甚至强于青霉素和小檗碱。而另一个类似物博落回碱（bocconoline，**4-8**）（图 4-2）的抗菌效果则相对较弱。郁建平等[18]的研究表明，血根碱（sanguinarine，**4-7**）对多种真菌也有广谱的抑制作用，最低抑菌浓度普遍低于 40 μg/mL，强于小檗碱和博落回碱（bocconoline，**4-8**）。

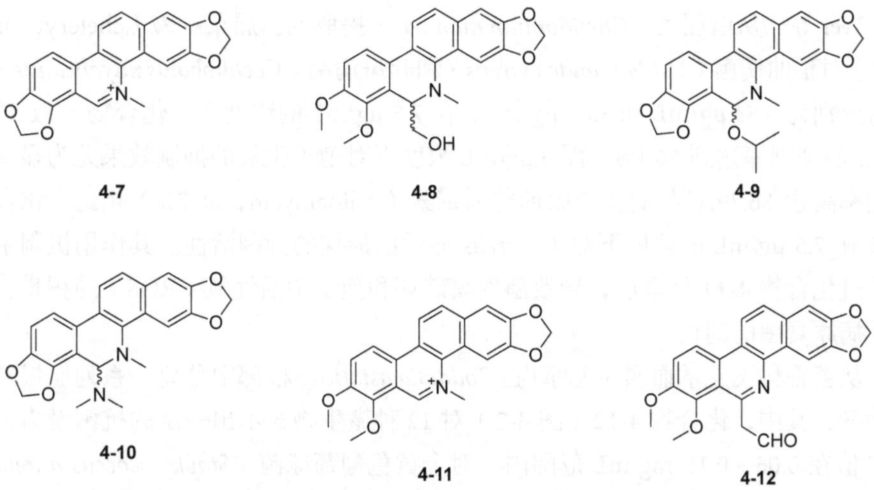

图 4-2　血根碱及其衍生物的化学结构

Lv 等[19]在二氢血根碱的 6 位上进行了修饰得到了 32 个化合物，这些化合物对五种真菌的效力特性变化很大，与血根碱的特性显著不同。例如，在 50 μg/mL 浓度下，**4-9** 和 **4-10**（图 4-2）对水稻真菌性纹枯病菌（*Rhizoctonia solani*）的毒性最大（均 100% 抑制），其次依次是番茄早疫病菌（*Alternaria solani*）（均为 77.3%）、禾谷镰孢菌（*Gibberella zeae*）（均为 50%）、褐斑病病原（*Cercospora arachidicola*）（分别为 47.8% 和 15.8%）。血根碱对 *R. solani*、*A. solani* 和 *C. arachidicola* 的毒性相似（在 50 μg/mL 时抑制率在 66.7% ~ 77.0% 之间）。大多数目标化合物对水稻真菌性纹枯病菌（*Rhizoctonia solani*）有高抑制活性，其 EC_{50} 在 1.0 ~ 4.4 μg/mL 之间，其中 **4-9** 和 **4-10** 活性最强，分别为 1.0 μg/mL 和 1.2 μg/mL，其 EC_{50} 大约是商业杀菌剂氟环唑的 3 倍（0.33 μg/mL），血根碱的 13 倍（EC_{50} 为 11.6 μg/mL）。综上所述，血根碱及其衍生物作为一种潜在的抗菌药物，具有广阔的开发和应用前景。

此外，血根碱（sanguinarine，**4-7**）与白屈菜红碱（chelerythrine，**4-11**）（图 4-2）在分子结构上的主要区别在于它们 7 位和 8 位上的取代基。在对金黄色葡萄球菌（*Staphylococcus aureus*）的抑制作用测试中，白屈菜红碱显示出较强的抑制效果，其抑菌圈直径达到 20.7 mm，相比之下，血根碱的抑菌圈直径为 17.7 mm。然而，在对抗大肠杆菌（*E. coli*）和嗜水气单胞菌（*Aeromonas hydrophila*）这两种病原菌时，血根碱的抑制效果更为显著，其抑菌圈直径分别为 15.3 mm 和 9.7 mm，而白屈菜红碱的抑菌圈直径则为 11.7 mm 和 6.7 mm。此外，血根碱对巴氏杆菌（*Pasteurella multocida*）具有抑制作用，而白屈菜红碱则未显示出对这种细菌的抑制效果。这些结果表明，血根碱和白屈菜红碱这两种生物碱在 7 位和 8 位上不同的取代基，导致了它们对相同菌种的抑制效果存在差异[20]。

　　Wei 等[21]从白屈菜（*Chelidonium majus*）中提取的白屈菜红碱（chelerythrine，**4-11**）对稻曲病菌（*Ustilaginoidea virens*）和叶斑病菌（*Cochliobolus miyabeanus*）的 EC_{50} 分别为 6.53 μg/mL 和 5.62 μg/mL。在 7.5 μg/mL 的浓度下，化合物 **4-11** 对 *U. virens* 的抑制率达到 56.1%，而 4 μg/mL 浓度下对孢子生长的抑制效果尤为显著，抑制率高达 86.7%。与商业杀菌剂井冈霉素（validamycin，28.7%）相比，化合物 **4-11** 在 7.5 μg/mL 的浓度下对 *U. virens* 显示出最佳的抑制活性。其作用机制主要是通过化合物 **4-11** 处理后，导致菌丝膜破坏和孢子中活性氧（ROS）的积累，触发了病原真菌的凋亡。

　　从芸香科飞龙掌血属飞龙掌血（*Toddalia asiatica*）根部中分离一系列血根碱衍生物[22]，其中，化合物 **4-12**（图 4-2）对 12 种微生物显示出一定的抗菌潜力，其 MIC 值在 0.06～0.15 mg/mL 范围内，对金黄色葡萄球菌（*Staphylococcus aureus*）和光滑念珠菌（*Candida glabrata*）的抑制活性最高，MIC 分别为 80 μg/mL 和 40 μg/mL；此外，还测试了血根碱（sanguinarine，**4-7**）对变形链球菌（*Streptococcus mutans*）和草绿色链球菌（*Streptococcus viridans*）的抑菌活性，其 MIC 均为 20 μg/mL。

　　（二）血根碱及其衍生物的应用研究

　　在应用领域，血根碱（sanguinarine，**4-7**）因其显著的抗菌效果而被广泛用作兽药，在畜牧业中占有重要地位，此外，在植物病原菌防治方面也有一定的潜在应用价值。其抗菌作用可能与其抑制 DNA 合成和逆转录酶活性进而影响细胞膜的通透性有关。

　　在植物病原菌防治方面，李超[23]在对 10 种植物源物质的筛选中，发现大黄素（一种从中药大黄中发现的天然蒽醌类化合物）、狼毒素（从中药狼毒中发现的一种天然二聚黄酮类化合物）和血根碱对魔芋软腐病菌（*Erwinia carotovora*）和猕猴桃溃疡病菌（*Pseudomonas syringae*）展现出显著的抑制效果。具体来说，大黄素对这两种病原细菌的抑菌圈（IZ）直径分别为 17.3 mm 和 13.3 mm；血根碱的 IZ 为 19.3 mm 和 6.7 mm，与此相比，对照药剂链霉素 IZ 均为 12 mm。此外，大黄素和血根碱对魔芋软腐病菌（*E. carotovora*）的 MIC 值分别为 7.8 μg/mL 和 15.6 μg/mL。

进一步开展魔芋软腐病的田间药效试验，观察到单独灌根处理时，血根碱与狼毒素混合使用（施药浓度 5 μg/mL）和单独使用血根碱（施药浓度 19 μg/mL）的防效最高，分别达到 77.76% 和 75.75%，这一效果优于 288 μg/mL 的农用链霉素对照药剂。而在灌根加喷雾处理下，施药浓度为 10 μg/mL 的大黄素和 19 μg/mL 的血根碱展现出最高的防效，分别为 79.77% 和 71.55%，同样优于 288 μg/mL 的农用链霉素对照药剂，显示出它们在防治病害方面的潜力。这些数据充分证明了这些植物源物质对魔芋软腐病菌具有显著的防治效果。

血根碱在畜牧业和渔业养殖方面，研究报道较多。Juskiewicz 等[24]的研究揭示，在肉鸡饲料中添加 15 mg/kg 的血根碱虽未显著促进鸡的体重增长或饲料转化率，却有效增强了盲肠中有益菌群的活性。这种添加还提高了短链脂肪酸的浓度，抑制了有害酶活性和有害菌的糖酵解过程，同时降低了肠道内消化物的 pH 值，对肠道健康产生了积极影响。罗来婷和陈贞年等[25,26]在中华鳖的饲料中分别添加了 0、50 mg/kg、100 mg/kg、150 mg/kg 的化合物血根碱，并在 75 天饲养后对其生长性能、免疫能力、肌肉品质等进行了评估。研究发现，血根碱显著提升了中华鳖的存活率和抗氧化能力，改善了肌肉品质，并对肠道菌群结构和肝脏健康产生了积极影响。特别是在添加 50 mg/kg 血根碱的组别中，鳖肉中的总氨基酸和鲜味氨基酸含量有所增加。综合考虑，中华鳖饲料中血根碱的最佳添加范围为 50～100 mg/kg。Zhang 等[27]的研究表明，血根碱能够显著增强锦鲤的非特异性免疫和抗氧化能力，同时降低肠道中肿瘤坏死因子-α（TNF-α）和白细胞介素-1β（IL-1β）的基因表达水平，促进肠道微生物多样性的增加。实验中，经过嗜水气单胞菌（Aeromonas hydrophila）攻击后，血根碱处理组的锦鲤存活率显著提高，表明血根碱有助于提升锦鲤对病原体的抵抗力。Imanpoor 等[28]的研究进一步发现，在鲤鱼饲料中添加博落回散（主要成分为化合物 4-7 和 4-8）后，鲤鱼的生长性能得到显著改善，肠道中的有害细菌如大肠杆菌数量明显减少。在嗜水气单胞菌（Aeromonas hydrophila）攻击试验中，添加了博落回散的鲤鱼组的存活率比对照组有显著提高。陈团[29]的研究发现，在草鱼的高棉粕和菜粕饲料中添加较高剂量的血根碱（800 mg/kg），可以显著提升草鱼的生长性能、消化能力和肌肉品质。同时，草鱼的抗氧化能力（如 MnSOD 基因表达）和免疫相关基因（如 IL-1 和 occludin）表达水平上升，肠道结构得到改善，消化吸收能力增强，肠道微生物群落结构也得到优化。Zhang 等[30]的研究表明，血根碱能够增强鲫鱼的免疫和抗病能力，通过调节多个免疫因子的表达水平，如在鳃、肾、脾脏组织中下调白细胞介素和肿瘤坏死因子的表达，以及在鳃中降低趋化因子-1（CCL-1）的表达，在肾和脾脏中上调其表达，同时提高转化生长因子-β（TGF-β）的表达。Bussabong[31]等的研究发现，血根碱丰富的博落回提取物能显著提高对虾的抗炎和抗菌能力，从而提升对虾的健康度和存活率。石勇等[32]在黄鳝饲料中添加血根碱后，发现其能有效减轻脂多糖（LPS）诱导的免疫应激和炎症反应，改善黄鳝的健康状况。综上所述，血根碱作为一种饲料添加剂，在多种水产动物和畜牧业中显示出提升生长性能、增强免疫和抗病能力、改善肠道健康以及促进微生物多样性的潜力。

第三节　胡椒碱及其衍生物

胡椒碱（piperine，**4-13**）（图 4-3），也被称作胡椒酰胺或胡椒辣碱，是胡椒科植物胡椒（*Piper nigrum*）中的关键活性成分。作为香辛料中的佼佼者，胡椒被誉为"香料之王"，其颗粒不仅在烹饪中扮演着调味剂的角色，还兼具防腐剂、健胃剂、解热剂和利尿剂的功能。近年来，胡椒因其潜在的抗菌、抗氧化、抗炎、抗抑郁和抗肿瘤等多重功效，成为了研究的热点。

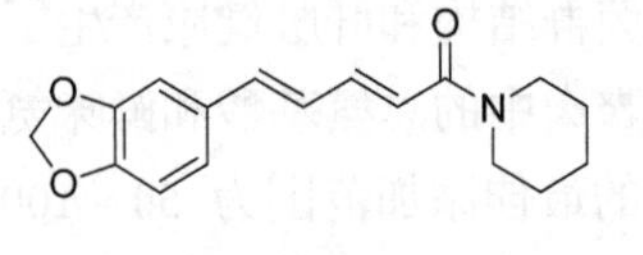

4-13 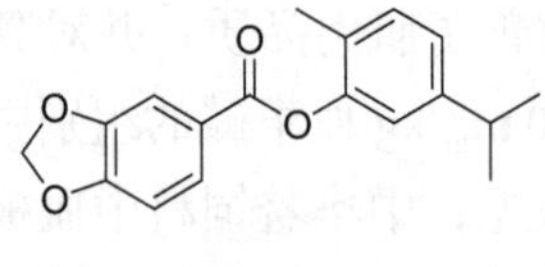　　　　　　　　　**4-14** 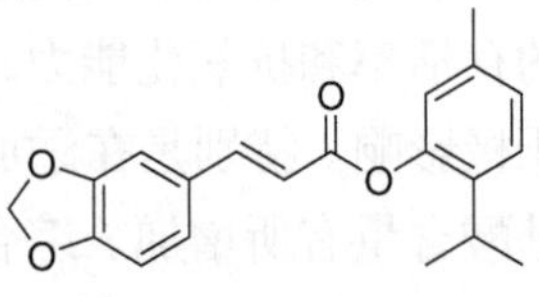　　　　　　　　　**4-15**

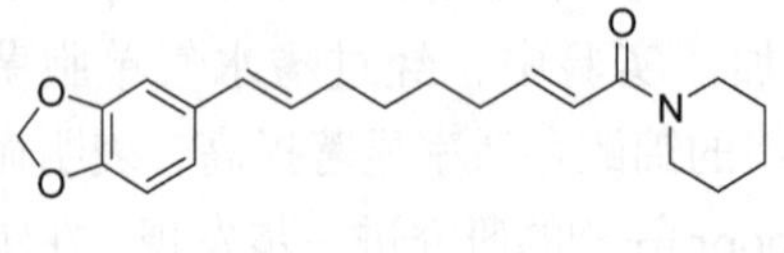

4-16 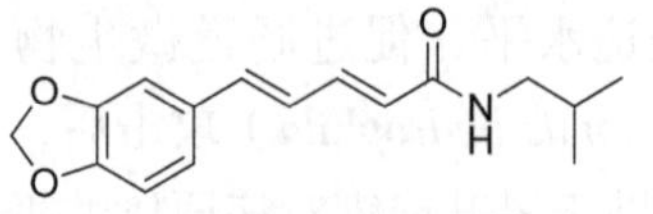　　　　　　　　　　　　　　**4-17**

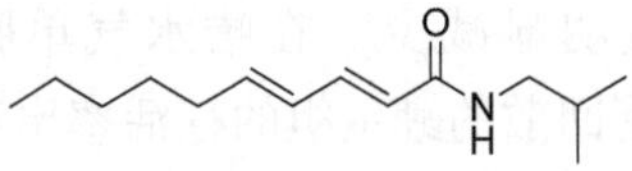

4-18

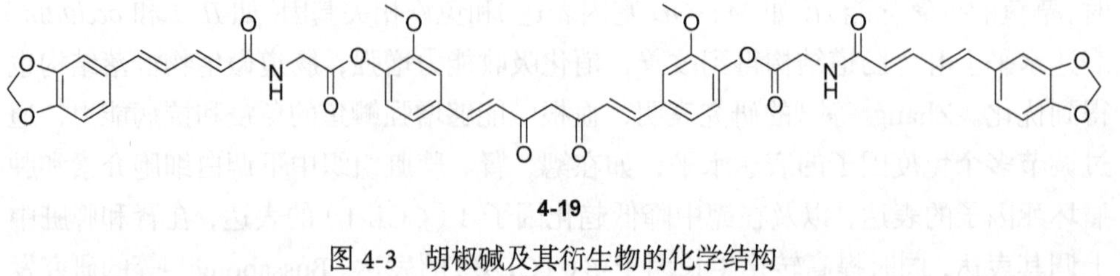

4-19

图 4-3　胡椒碱及其衍生物的化学结构

　　唐辉等[33]的研究表明,胡椒的石油醚提取物对单核细胞增生李斯特菌(*Listeria monocytogenes*)、鼠伤寒沙门氏菌(*Salmonella typhimurium*)和铜绿假单胞菌(*Pseudomonas aeruginosa*)显示出显著的抑菌活性,MIC 分别为 0.625 mg/mL、1.25 mg/mL 和 0.625 mg/mL。这一作用机制可能涉及破坏细菌的细胞壁和细胞膜,导致细胞内外物质交换失衡,抑制细菌代谢途径,减少能量产生,最终导致细菌死亡。与常规防腐剂相比,这种提取物展现出更强的抗菌能力,能有效抑制肉制品中的病原菌和腐败菌生长,从而延长肉制品的保质期。葛畅等[34]通过常压回流法提取胡椒成分(主成分为胡椒碱),并将其与壳聚糖和乙酸混合制成复合保鲜剂,用于延长冷却肉的保鲜期。通过优化配方比例,他们发现当胡椒提取物浓度为 0.95%,壳聚糖为 0.99%,乙酸为 0.80%时,能够显著抑制微生物生长,将细菌总数降至 5.2214 lg CFU/g。在香蕉保鲜领域,研究人员利用胡椒提取物、海藻酸钠和 β-环糊精进行涂膜处理,实验结果表明,这种处理方式能显著降低香蕉的呼吸强度,减少营养物质的损失,有效延长香蕉的保鲜期。最佳配方为海藻酸钠 3%,胡椒提取物 0.4%,β-环糊精与胡椒提取物的包埋比为 4：1,这一配方能显著提升香蕉的货架寿命。王净净等[35]研究发现胡椒碱(piperine, **4-13**)对多种植物病原菌西瓜立枯病菌(*Rhizoctonia solani*)、茶树链格孢病菌(*Alternaria tenuis*)茶树炭疽病菌(*Gloeosporium theaesinensis*)、辣椒疫霉病菌(*Phytophthora capsici*)、茶树拟茎点病菌(*Phomopsis adianticola*)具有显著的抑制活性,其 IC_{50} 分别为 89.50 μg/mL、116.77 μg/mL、42.84 μg/mL、34.87 μg/mL 和 84.88 μg/mL。有意思的是,设计合成的胡椒碱导向精油衍生物的抑菌活性普遍超过了胡椒碱本身,特别是在抑制辣椒疫霉病菌(*Phytophthora capsici*)方面表现尤为显著,化合物 **4-14** 和 **4-15**(图 4-3)的 IC_{50} 分别为 1.21 μg/mL 和 7.79 μg/mL,不仅优于化合物胡椒碱(IC_{50} 为 34.87 μg/mL),也优于阳性对照药物多菌灵(IC_{50} 为 114.42 μg/mL)。胡椒碱导向精油衍生物可以为后续该类衍生物的结构优化奠定一定的基础。

　　Lee 及其团队[36]在荜拨(长柄胡椒,即黑胡椒,*Piper longum*)中发现了一种名为胡椒酮碱(pipernaline, **4-16**)(图 4-3)的胡椒碱衍生物。在 1 mg/mL 的浓度下,长柄胡椒的己烷提取物对稻瘟病菌(*Pyricularia oryzae*)、灰葡萄孢菌(*Botrytis cineria*)、马铃薯晚疫病菌(*Phytophthora infestans*)和小麦条锈病菌(*Puccinia recondita*)显示出杀菌活性,抑制率分别为 33%、15%、40%和 100%。活性跟踪分离得到一种哌啶生物碱胡椒酮碱,对小麦条锈病菌(*Puccinia recondita*)显示出强大的杀菌活性,在 0.5 mg/mL 和 0.25 mg/mL 的浓度下,抑制率分别为 91%和 80%。这些发现指出化合物 **4-16** 在农业病害防治上可能具有重要的应用前景。Srinivasa 等[37]从荜拨(*Piper longum*)中得到胡椒碱的类似物荜茇宁酰胺(piperlonguminine,

4-17）（图 4-3）对革兰氏阳性菌枯草芽孢杆菌（*Bacillus subtilis*）、金黄色葡萄球菌（*Staphylococcus aureus*）和球形芽孢杆菌（*Bacillus sphaericus*）具有抑制作用，其MIC 分别为 20 μg/mL、9 μg/mL 和 12.5 μg/mL；胡椒碱（piperine，**4-1**）对三种菌的 MIC 分别为 25 μg/mL、12 μg/mL 和 12.5 μg/mL；墙草碱（pellitorine，**4-18**）（图 4-3）对三种菌的 MIC 分别为 25 μg/mL、12.5 μg/mL 和 20 μg/mL。而三种胡椒碱的类似物对革兰氏阴性菌活性相对较弱。Mishra 等[38]合成了一系列胡椒碱衍生物，其中姜黄素-胡椒碱衍生物 **4-19** 在相同浓度下，其对多种微生物的抑制效果甚至超过了市场上的抗细菌药物头孢批西（cefepime）。

第四节　辣椒素及其衍生物

与胡椒碱类似，辣椒碱（capsaicin，**4-20**）（图 4-4），又称辣椒辣素，是从常见蔬菜茄科植物辣椒（*Capsicum annuum*）及其变种中发现的一种高辛辣香草酰氨类生物碱，是辣椒辛辣味的来源，具有抑菌、诱食、开胃、增加消化液分泌等多种生物学功能[39]。Patrícia 等[40]研究发现辣椒碱（capsaicin，**4-20**）及其衍生物二氢辣椒素（dihydrocapsaicin，**4-21**）（图 4-4）具有显著的抗菌活性，又存在差异：辣椒碱对金黄色葡萄球菌（*Staphylococcus aureus*）、克雷白氏肺炎杆菌（*Klebsiella pneumoniae*）、大肠杆菌（*Escherichia coli*）的 MIC 分别仅为 1.2 μg/mL、0.6 μg/mL和 5 μg/mL；二氢辣椒素（dihydrocapsaicin，**4-21**）则对粪肠球菌（*Enterococcus faecalis*）、枯草芽孢杆菌（*Bacillus subtilis*）、铜绿假单胞菌（*Pseudomonas aeruginosa*）的 MIC 分别仅为 0.6 μg/mL、1.2 μg/mL 和 2.5 μg/mL。

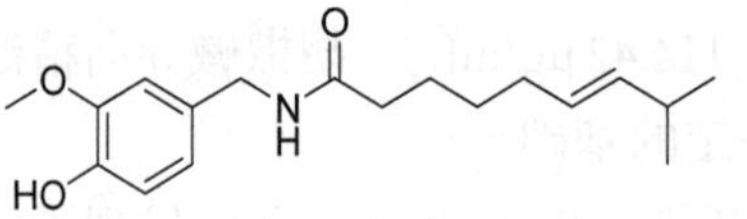

4-20 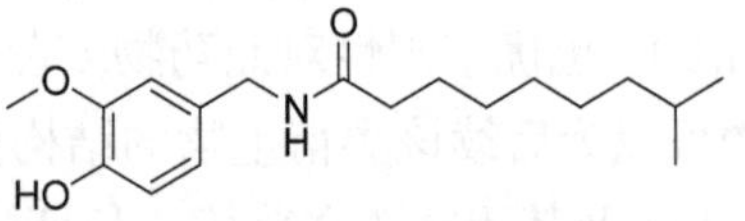　　　　　　　　　　　　　**4-21**

图 4-4　辣椒素及其衍生物的化学结构

应用方面，李化强等[41]给 1 日龄蛋鸡喂食含 18 mg/kg 辣椒碱的饲料 14 天后，发现辣椒碱能有效降低盲肠 pH 值，增强盲肠壁的厚度，并且提高对沙门氏菌的抵抗力。进一步的实验显示，不同含量的辣椒碱（0.76 mg/kg、12.26 mg/kg 和 35.26 mg/kg）对蛋鸡的生产性能没有负面影响。由于鸡对辣味不敏感，可以安全地在饲料中添加较高剂量的辣椒碱，这不仅能增强蛋鸡的肠道健康，而且不会影响其摄食和生产性能。

第五节 石蒜碱及其衍生物

石蒜碱（lycorine，**4-22**）（图4-5）为石蒜科石蒜（*Lycoris radiata*）鳞茎内的吲哚里西啶生物碱。石蒜碱具有显著的抑菌活性[42]，在0.5 mg/mL的浓度下，它对小麦赤霉菌（*Fusarium graminearum*）、番茄早疫菌（*Alternaria solani*）、葡萄炭疽菌（*Colletotrichum gloeosporioides*）和花椰菜黑斑菌（*A. brassicae*）这四种病原真菌的抑制效果尤为显著，抑制率介于73.9%～78%之间，其MIC分别为26.17 μg/mL、97.46 μg/mL、49.67 μg/mL和46.68 μg/mL。初步作用机制研究表明，石蒜碱对病原真菌的细胞膜通透性造成了明显的影响，导致可溶性蛋白含量下降，细胞内琥珀酸脱氢酶的活性降低，从而阻碍了营养物质的吸收[43]。

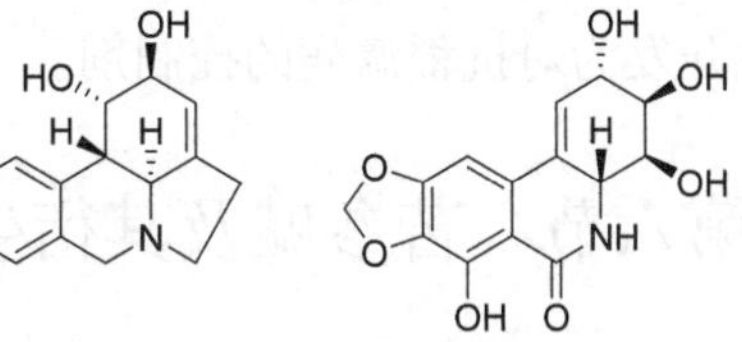

4-22　　　　**4-23**

图4-5　石蒜碱及其衍生物的化学结构

应用研究方面，Zhao等[44]的研究揭示了石蒜碱在防治苹果采后灰葡萄孢菌（*Botrytis cinerea*）方面的显著效果。体外实验结果表明，对照组接种3天后菌落直径约为50 mm，而经1 mmol/L石蒜碱处理的样本菌落直径不足对照组的一半。而当石蒜碱浓度提升至5 mmol/L时，菌丝生长被完全抑制。研究还考察了石蒜碱对孢子发芽的影响，发现在培养10小时后，对照组约95%的孢子已经发芽，而5 mmol/L石蒜碱处理的样本发芽率仅为17%。此外，5 mmol/L石蒜碱还能完全抑制发芽管的伸长。在控制苹果灰霉病方面，石蒜碱同样表现出色。接种2天后，经30 mmol/L石蒜碱处理的样本病害发生率仅为50%，而对照样本所有伤口均出现了病害症状。随着石蒜碱剂量的增加，病斑直径也相应减小。具体来说，30 mmol/L石蒜碱显著减轻了苹果果实的腐烂，接种后2、3、4天的病斑直径分别为6 mm、8 mm、13 mm；而对照组分别为8 mm、16 mm、27 mm。作用机制的研究表明，石蒜碱能够破坏灰葡萄孢菌的膜完整性并损害其细胞活力。此外，石蒜碱处理后，多个与MAPK和GTPase相关的编码基因表达水平降低。综合这些发现，石蒜碱作为一种有效且有前景的化合物，对于控制由灰葡萄孢菌引起的苹果采后病害具有重要的应用潜力。

此外，Qiao 等[45]研究发现石蒜碱（lycorine，4-22）和黄花夹竹桃碱（narciclasine，4-23）（图 4-5）在体外对稻瘟病菌（Magnaporthe oryzae）具有良好的抑制活性。石蒜碱和黄花夹竹桃碱对稻瘟病菌菌丝生长的 EC_{50} 值（分别为 1.24 μg/mL 和 1.35 μg/mL）显著低于甲基硫菌灵（2.61 μg/mL）。石蒜碱的抑制率 90%的有效浓度（EC_{90}）值与甲基硫菌灵相比没有显著差异，而黄花夹竹桃碱的 EC_{90} 值则显著高于甲基硫菌灵。另一方面，石蒜碱和黄花夹竹桃碱对稻瘟病菌孢子萌发的 EC_{50} 值（分别为 2.53 μg/mL 和 1.59 μg/mL）和 EC_{90} 值（分别为 8.60 μg/mL 和 3.73 μg/mL）显著低于甲基硫菌灵（分别为 43.76 μg/mL 和 520.63 μg/mL）。这些结果表明，石蒜碱和黄花夹竹桃碱在体外对稻瘟病菌具有良好的抗真菌活性。此外，石蒜碱在测试浓度下对水稻幼苗没有不良影响。而黄花夹竹桃碱对水稻具有植物毒性。随后，在体内评估了石蒜碱对稻瘟病的控制效果，结果表明石蒜碱显著降低了病害症状，200 μg/mL 秋水仙碱的控制效果与 200 μg/mL 多菌灵略弱，这表明秋水仙碱和石蒜属植物提取物有潜力被开发为对抗稻瘟病的控制剂。

第六节　苦参碱及其衍生物

苦参碱（matrine，4-24）（图 4-6）是从中药豆科槐属植物苦参（Sophora flavescens）、苦豆子（S. alopecuroides）、广豆根（S. subprostrata）的干燥根中分离得到的一种天然喹诺里西啶类生物碱，其类似物还包括槐果碱（sophocarpine，4-25）、槐定碱（sophoridine，4-26）、氧化苦参碱（oxymatrine，4-27）和氧化槐果碱（oxysophocarpine，4-28）（图 4-6）等。

刘军锋等[46]对苦参碱（4-24）、槐定碱（4-26）、氧化苦参碱（4-27）、氧化槐果碱（4-28）和苦豆子总碱的抗菌活性进行了研究，这些生物碱被测试对大肠杆菌（Escherichia coli）、金黄色葡萄球菌（Staphylococcus aureus）、枯草芽孢杆菌（Bacillus subtilis）、番茄早疫（Alternaria solani）、番茄灰霉（Botrytis cinerea）和辣椒炭疽（Vermicularia capsici）的抗菌效果。实验结果显示，总生物碱和 4 种生物碱单体对 3 种细菌的生长均显示出显著的抑制效果，其中，槐定碱和苦参碱的活性最强，苦参碱对抗大肠杆菌、金黄色葡萄球菌、枯草芽孢杆菌的 MIC 分别为 12.5 μg/mL、25 μg/mL 和 12.5 μg/mL；槐定碱对抗大肠杆菌、金黄色葡萄球菌、枯草芽孢杆菌的 MIC 分别为 12.5 μg/mL、25 μg/mL 和 25 μg/mL；相比之下，这些生物碱对三种真菌的抗菌效果相对较弱，MIC 均大于或等于 100 μg/mL。特别是氧化苦参碱、氧化槐果碱和苦豆子总碱对番茄灰霉菌的 MIC 均达到了 400 μg/mL。在 100 μg/mL 浓度下，只有槐定碱和苦参碱显示出对番茄早疫的抑制作用；而在 100 μg/mL 浓度下，只有槐定碱显示出对辣椒炭疽菌的抑制作用。此外，于平儒[47]对苦豆子根（*S. alopecuroides*）的总碱、苦参碱（**4-24**）、槐果碱（**4-25**）、槐定碱（**4-26**）和氧化苦参碱（**4-27**）进行了抑菌活性测定。结果表明，测试的生物碱对植物病原菌番茄灰霉病菌（*Botrytis cinerea*）、小麦赤霉病菌（*Fusarium graminearum*）、辣椒疫霉病菌（*Phytophthora capsici*）、苹果炭疽病菌（*Glomerella cingulata*）以及玉米大斑病菌（*Exserohilum turcium*）的抑菌活性均较高，在 0.1 g/mL 供试浓度下，对供试真菌菌丝的抑制率均在 80% 以上，活体试验中，对番茄灰霉病的保护效果及对小麦白粉病的保护、治疗效果均大于 50%。其中，槐果碱（**4-25**）对 5 种植物病原菌的 EC_{50} 分别为 2.9818 mg/mL、1.6350 mg/mL、1.8081 mg/mL、0.5513 mg/mL 和 0.2239 mg/mL，槐定碱（**4-26**）的 EC_{50} 分别为 1.4010 mg/mL、1.0133 mg/mL、1.7293 mg/mL、0.7678 mg/mL 和 0.9170 mg/mL。

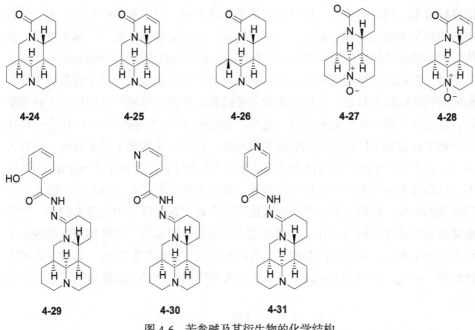

图 4-6　苦参碱及其衍生物的化学结构

　　结构修饰方面，龙雨等研究者[48]发现苦参碱腙类衍生物 **4-29**、**4-30** 和 **4-31**（图 4-6）表现出了较好的抗菌效果。其中 **4-29** 对大肠杆菌（*Escherichia coli*）、绿脓杆菌（*Pseudomonas aeruginosa*）、金黄色葡萄球菌（*Staphylococcus aureus*）、痤疮丙酸杆菌（*Propionibacterium acnes*）和白色念珠菌（*Candida albicans*）的 MIC 值分别为 1 mg/mL、1 mg/mL、0.5 mg/mL、0.25 mg/mL 和 0.25 mg/mL；**4-30** 的 MIC 值

分别为 4 mg/mL、4 mg/mL、4 mg/mL、0.0625 mg/mL 和 0.0625 mg/mL；**4-31** 的 MIC 值分别为 2 mg/mL、4 mg/mL、4 mg/mL、0.0625 mg/mL 和 0.0625 mg/mL，以上结果均强于苦参碱本身（MIC 值分别为 8 mg/mL、8 mg/mL、8 mg/mL、16 mg/mL 和 8 mg/mL）。特别值得注意的是，**4-30** 和 **4-31** 对痤疮丙酸杆菌和白色假丝酵母的抑制活性甚至超过了常用的抗菌药物盐酸多西环素和氟康唑（0.125 mg/mL）。

潜在应用研究方面，杨若琪等[49]发现苦参碱(**4-24**)对变形链球菌(*Streptococcus mutans*)具有显著的抑制效果，其 MIC 为 10.00 mg/mL。其不仅能有效抑制变形链球菌的生长和生物膜的形成，还能消除已经成熟的生物膜。苦参碱（**4-24**）处理后，变形链球菌产生的有机酸明显减少，同时其浮游细胞和生物膜细胞的代谢活性也受到了抑制。这些发现表明，苦参碱对变形链球菌的生长、代谢活动及其生物膜的形成均有一定的抑制作用。鉴于这些特性，苦参碱有潜力作为一种新型抗龋药物进行开发。如果将其开发成含漱液等非口服制剂，可能会在抗龋齿方面取得良好效果，同时避免了口服可能带来的毒性影响。进一步的研究还发现，苦参中的四种生物碱在单独处理时，对变形链球菌的浮游细胞代谢活性和生物膜形成均表现出浓度依赖性的抑制作用[50]。当这些生物碱与洗必泰（chlorhexidine）联合使用时，它们对变形链球菌显示出不同程度的协同抑制效果，其中苦参碱与洗必泰的协同活性最为显著。这些结果为苦参碱在口腔健康领域的应用提供了科学依据，并指出了进一步研究的方向。此外，无乳链球菌（*S. agalactiae*），作为一种在中国奶牛养殖场中广泛流行的乳腺炎病原体，对养殖业构成了严重威胁。研究表明[51]，苦参碱（**4-24**）在与标准菌株共培养 24 小时后，即使在 2 mg/mL 的浓度下，也能与未加药组产生极显著的差异，并且在浓度超过 4 mg/mL 时能够完全抑制细菌的生长。该研究揭示了苦参碱能有效抑制无乳链球菌中的毒力因子，特别是那些与侵袭性黏附能力和免疫逃避能力相关的基因表达。这种抑制作用减少了细菌对奶牛乳腺上皮细胞的黏附，从而减轻了对乳腺组织的损伤，有助于维护乳腺健康。因此，苦参碱（**4-24**）显示出作为预防和治疗奶牛乳腺炎的潜在药物的前景。

第七节　喜树碱及其衍生物

喜树碱（camptothecin，CPT，**4-32**）（图 4-7）是一种喹啉类生物碱，最初从中国喜树（*Camptotheca acuminata*）的树皮和茎中分离出来的五环喹啉生物碱，是抗癌药物开发中的重要先导化合物之一。

叶斑病和根腐病是喜树（*C. acuminata*）的主要真菌病害，这些病害限制了喜树的栽培。生物测定表明[52]，喜树碱（**4-32**）和从喜树中分离出的黄酮类化合物在体外能有效控制喜树叶斑病和根腐病的病原真菌链格孢菌（*Alternaria alternata*）、黑附球霉（*Epicoccum nigrum*）、叶枯病菌（*Pestalotia guepinii*）、德氏霉（*Drechslera sp.*）和燕麦镰孢（*Fusarium avenaceum*）。喜树碱（**4-32**）在 10~30 μg/mL 的浓度下抑制了大约 50% 的菌丝生长（EC_{50}），并在 75~125 μg/mL 的浓度下完全抑制了生长。黄酮类化合物在 50 μg/mL 的浓度下效果不如喜树碱（**4-32**），特别是在处理后 20 天内，但在 100 μg/mL 或 150 μg/mL 的浓度下效果更佳。喜树碱（**4-32**）可能作为开发杀菌剂的先导化合物，尤其是针对喜树（*C. acuminata*）本身的叶斑病和根腐病。

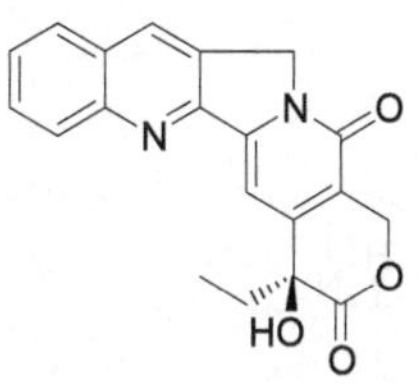

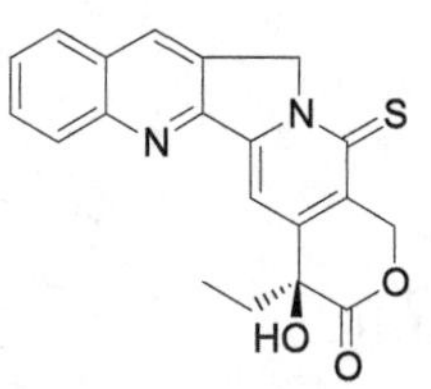

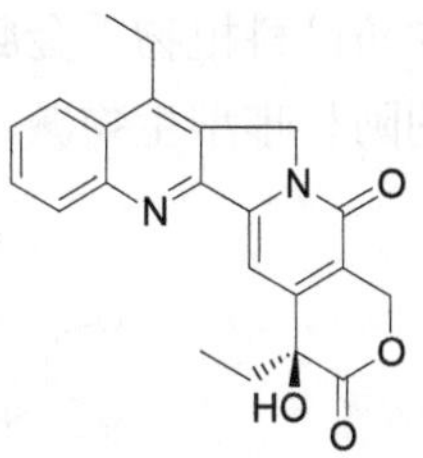

图 4-7　喜树碱及其衍生物的化学结构

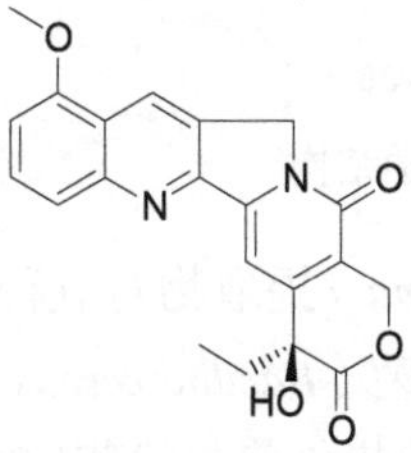

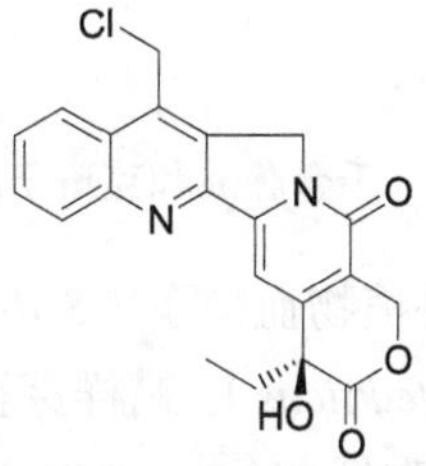

为了探究喜树碱（**4-32**）及其衍生物（**4-33**~**4-36**）对抗采后芒果炭疽病（*Colletotrichum gloeosporioides*）的潜在抗真菌效果，并评估它们作为新型杀菌剂候选物质的可能性，Feng 等[53]对喜树碱及其半合成衍生物在体外和体内对胶孢炭疽菌（*C. gloeosporioides*）进行了测试。在 20 mg/L 的浓度下，喜树碱（**4-32**）其衍生物 16a-硫代喜树碱（**4-33**）、7-乙基喜树碱（**4-34**）、9-甲氧基喜树碱（**4-35**）和 7-苄基氯喜树碱（**4-36**）均显示出对 *C. gloeosporioides* 菌丝生长的有效抑制，其 EC_{50} 值分别为 1.93 μg/mL、1.33 μg/mL、1.94 μg/mL、1.79 μg/mL 和 3.81 μg/mL。在这些衍生物中，9-甲氧基喜树碱（**4-35**）的抑制效果最为显著，其 EC_{50} 和 EC_{90} 值分别为 1.79 μg/mL 和 7.37 μg/mL。在 500 μg/mL 的浓度下，9-甲氧基喜树碱（**4-35**）的

浸泡处理在抑制三种不同栽培品种芒果采后炭疽病方面，与相同浓度的商业杀菌剂多菌灵（2.20 μg/mL）相比具有相似的效果，但效果不及丙环唑（0.10 μg/mL）。初步的作用机制研究表明，9-甲氧基喜树碱（**4-35**）能够引起 *C. gloeosporioides* 菌丝的形态和超微结构发生改变，包括膨胀、异常分枝以及细胞壁的破裂和增厚。这些发现表明，9-甲氧基喜树碱可能是一种潜在的抗真菌先导化合物，它可能通过与喜树碱不同的机制来控制采后芒果炭疽病。

第八节　千金藤碱

千金藤碱（stephanine，**4-37**）和克班宁（crebanine，**4-38**）（图 4-8）是从传统中药植物防己科植物千金藤（*Stephania japonica*）或血散薯（*S. dielsiana*）的块茎中分离得到阿朴啡型生物碱。

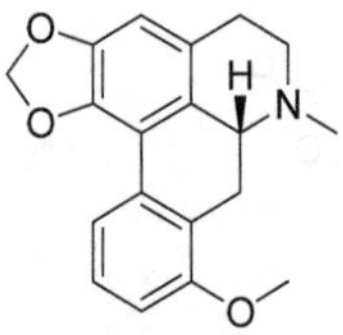

4-37 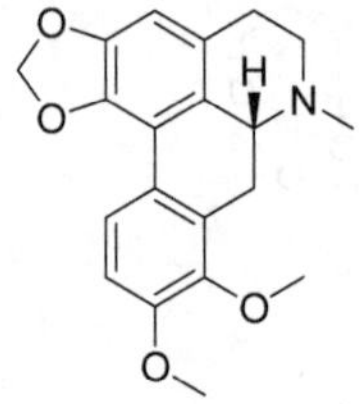　　　　　　　**4-38**

图 4-8　千金藤碱和克班宁的化学结构

研究结果表明[54]，防己科植物血散薯（*S. dielsiana*）提取物对五种革兰氏阳性溶菌微球菌（*Micrococcus lysodeikticus*）、蜡样芽孢杆菌（*Bacillus cereus*）、巨大芽孢杆菌（*B. megaterium*）、枯草芽孢杆菌（*B. subtilis*）和金黄色葡萄球菌（*Staphylococcus aureus*）（MIC 值为 0.625～3.75 mg/mL）和四种革兰氏阴性致病细菌大肠杆菌（*Escherichia coli*）、普通变形杆菌（*Proteus vulgaris*）、伤寒沙门氏菌（*Salmonella typhi*）和痢疾志贺氏菌（*Shigella dysenteriae*）表现出显著的抑制活性（MIC 值为 1.25～7.5 mg/mL）；而化合物千金藤碱（**4-37**）和克班宁（**4-38**）对革兰氏阳性致病细菌具有较高的抑制活性，MIC 值为 0.078～0.312 mg/mL，但对革兰氏阴性动物病原细菌的抑制活性较低。血散薯提取物、千金藤碱（**4-37**）和克班宁（**4-38**）对植物病原体柿假尾孢（*Cercospora kaki*）、梨胶锈菌（*Gymnosporangium haraeanum*）、稻瘟病菌（*Pyricularia oryzae*）、立枯丝核菌（*Rhizoctonia solani*）和玉米大斑病菌（*Colletotrichum graminicola*）菌丝生长具有抑制作用。提取物对上述五种病原菌的 EC_{50} 值分别为 7.53 mg/mL、0.818 mg/mL、0.700 mg/mL、1.70 mg/mL

和 2.04 mg/mL；千金藤碱（**4-37**）的 EC$_{50}$ 值分别为 155 µg/mL、21.9 µg/mL、10.6 µg/mL、13.0 µg/mL 和 21.9 µg/mL；克班宁（**4-38**）的 EC$_{50}$ 值分别为 111 µg/mL、64.7 µg/mL、18.9 µg/mL、42.5 µg/mL 和 40.5 µg/mL。与广谱杀菌剂卡苯达唑相比，提取物、千金藤碱（**4-37**）和克班宁（**4-38**）对 *C. kaki*、*R. solani* 和 *C. graminicola* 的毒性较低，但对 *G. haraeanum* 和 *P. oryza* 的毒性较高。此外，提取物、千金藤碱（**4-37**）和克班宁（**4-38**）对奇异根串珠霉（*Thielaviopsis paradoxa*）、甘薯枯萎病菌（*Fusarium oxysporum f. sp. niveum*）、柑橘褐斑病菌（*Sphaceloma fawcettii*）和梨胶锈菌（*G. haraeanum*）孢子发芽的抑制活性进行了测定。提取物对上述四种病原菌的抑制率在 10 mg/mL 浓度下均为 100%；千金藤碱（**4-37**）在 0.4 mg/mL 浓度下的抑制率分别为 97.50%、100%、100% 和 100%；克班宁（**4-38**）的抑制率分别为 94.96%、100%、100% 和 100%。这些结果表明，血散薯提取物、千金藤碱（**4-37**）和克班宁（**4-38**）对这四种病原菌孢子发芽具有高抑制活性。千金藤碱（**4-37**）和克班宁（**4-38**）可以作为抗菌药物直接用于临床。

在农药领域，尽管由于它们对植物病原真菌的抗真菌活性相对较低，但与目前使用的化学杀菌剂相比，它们可以通过结构修饰或重建作为开发新型农业杀菌剂的先导化合物。千金藤碱（**4-37**）和克班宁（**4-38**）的杀菌机制可能与现有的化学杀菌剂不同。因此，千金藤碱（**4-37**）和克班宁（**4-38**）开发的杀菌剂可能具有潜在价值。

第九节　马铃薯碱和茄碱

马铃薯（*Solanum tuberosum*）是茄科茄属的一年生草本植物，以其独特的粮食、蔬菜和水果属性，在全球众多国家的饮食中占据着举足轻重的地位。它不仅被列为世界七大主要粮食作物之一，而且在重要性上仅次于水稻、玉米和小麦，彰显其在全球粮食安全中的核心作用。然而，皮色发青或发芽的马铃薯因含过量生物碱而变得有毒而不能食用。从马铃薯[55]中提取总马铃薯糖生物碱（TPAs）以及两种甾体生物碱 α-马铃薯碱（*α-solanine*，**4-39**）和 α-茄碱（*α-chaconine*，**4-40**）（图 4-9）。采用绿色合成途径，从马铃薯生物碱制备了银纳米粒子（AgNPs）。这些马铃薯生物碱及其纳米粒子对植物病原真菌链格孢菌（*Alternaria alternate*）、半知菌立枯丝核菌（*Rhizoctonia solani*）、灰霉病菌（*Botrytis cinerea*）和甘薯枯萎病菌（*Fusarium oxysporum f sp. lycopersici*）的菌丝生长显示出了抑制效果。TPAs 显示出最强的杀菌毒性，对 *R. solani*、*A. alternate*、*B. cinerea* 和 *F. oxysporum* 的 EC$_{50}$ 值分别为 19.8 µg/mL、22.5 µg/mL、26.5 µg/mL 和 32.3 µg/mL。α-马铃薯碱（*α-solanine*，

4-39）和 α-茄碱（α-chaconine，**4-40**）以 1∶1 比例混合时，表现出显著的抗真菌活性。由生物碱制备的 AgNPs（直径范围为 39.5～80.3 nm）具有更强的杀菌毒性，TPAs 纳米粒子的 EC_{50} 值介于 10.9～16.1 μg/mL 之间。这些生物碱对小麦和萝卜的植物毒性很低或几乎没有。研究结果表明，马铃薯生物碱及其纳米粒子有潜力作为传统化学杀菌剂的生物合理替代品，降低对有毒化学杀菌剂的过度依赖。

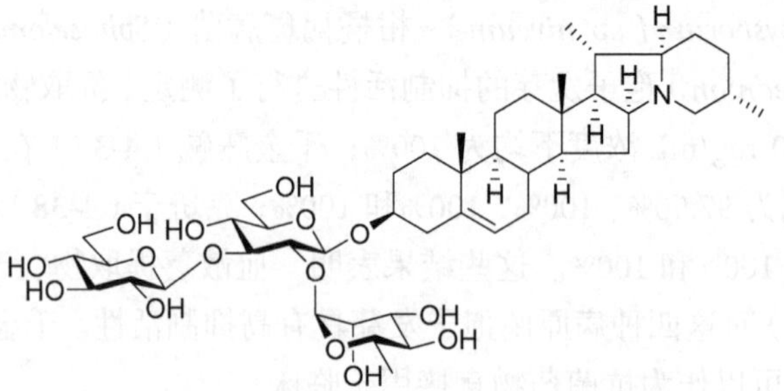

图 4-9　α-马铃薯碱和 α-茄碱的化学结构

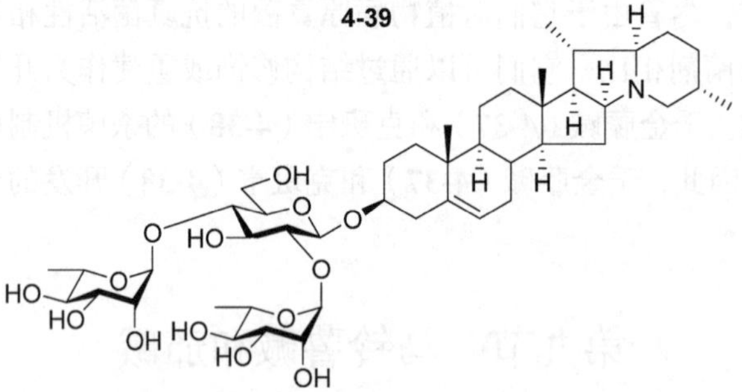

第十节　黄皮酰胺类生物碱

黄皮（*Clausena lansium*）属芸香科黄皮属植物，其黄皮果可鲜食或盐渍、糖渍成凉果，有消食、顺气、除暑热功效；根、叶及果核有行气消滞、散热止痛、化痰等功效，还可治腹痛、胃痛、感冒发热等病症。

刘艳霞等[56]对黄皮果核的甲醇提取物进行了研究，并探究其对芒果炭疽病菌（*Colletotrichum gloeosporioides*）在内的 7 种水果病原真菌的抑制活性。研究发现，在 10 mg/mL 的浓度下，该提取物对芒果炭疽病菌（*C. gloeosporioides*）和香蕉枯萎病菌（*Fusarium oxysporum* f. sp. *cubense*）的菌丝生长抑制率分别达到了 87.36% 和 84.55%。从黄皮果核甲醇提取物中分离得到的生物总碱，对这两种真菌的 EC_{50} 值分别为 0.78 mg/mL 和 0.81 mg/mL。进一步从提取物中提取并鉴定出一种新的黄皮酰胺类生物碱 lansiumamide B（**4-41**）（图 4-10）。当 **4-41** 的浓度为 80 μg/mL 时，它对这两种病原体的菌丝生长展现出显著的抑制效果，对香蕉枯萎病病菌的抑制率为 60.78%，对芒果炭疽病病菌的抑制率更是高达 83.33%。

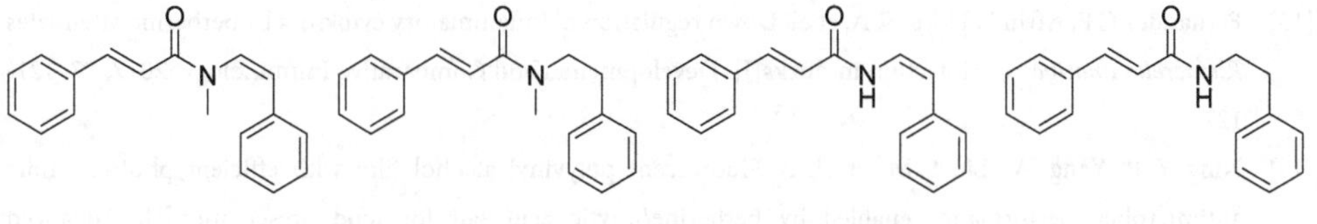

4-41　　　　　　**4-42**　　　　　　**4-43**　　　　　　**4-44**

图 4-10　主要黄皮酰胺类生物碱的化学结构

此外，Yan 及其研究团队[57]从黄皮（*C. lansium*）中成功分离出七种酰胺类生物碱。他们的研究结果表明，这些生物碱对油菜菌核病病原体（*Sclerotinia sclerotiorum*）具有抑制效果。其中，lansiumamide B（**4-41**）和 lansiumamide C（**4-42**）（图 4-10）显示出了最佳的活性，其 EC_{50} 值分别为 4.95 μg/mL 和 13.24 μg/mL，低于商业系统性杀菌剂卡苯达唑（0.64 μg/mL）；而 phenethyl cinnamide（**4-43**）和 lansiumamide A（**4-44**）（图 4-10）表现出中等活性，EC_{50} 值分别为 56.66 μg/mL 和 46.46 μg/mL。这些发现表明，天然黄皮酰胺类生物碱 lansiumamide B（**4-41**）和 lansiumamide C（**4-42**）在植物病害的生物防治领域具有潜在的应用价值。

参 考 文 献

[1]　钟慈平, 骞宇, 舒畅, 等. 小檗碱及其衍生物抑菌作用研究进展[J]. 食品科学, 2013, 34(7): 321-325.

[2]　Amin A H, Subbaiah T V, Abbasi K M. Berberine sulfate: Antimicrobial activity, bioassay, and mode of action[J]. Canadian Journal of Microbiology, 1969, 15(9): 1067-1076.

[3]　杨勇. 8-烷基小檗碱同系物的合成与药理活性[D]. 重庆: 西南大学, 2008.

[4]　Kim S H, Lee S J, Lee J H, et al. Antimicrobial activity of 9-O-acyl- and 9-O-alkylberberrubine derivatives[J]. Planta Medica, 2002, 68(3): 277-281.

[5]　Hou D, Yan C, Liu H, et al. Berberine as a natural compound inhibits the development of brown rot fungus Monilinia fructicola[J]. Crop Protection, 2010, 29: 979-984.

[6]　Fu W, Tian G, Pei Q, et al. Evaluation of berberine as a natural compound to inhibit peach brown rot pathogen Monilinia fructicola[J]. Crop Protection, 2017, 91: 20-26.

[7]　佟树敏, 李学静, 杨先芹. 0.6%苦·小檗碱杀菌水剂研制及在苹果树上的应用[J]. 农业环境保护, 2002, 21(1): 67-69.

[8]　周小军, 凌士鹏, 陈礼威, 等. 小檗碱水剂防治南瓜白粉病的效果[J]. 浙江农业科学, 2010(2): 380-381.

[9]　侯东耀, 葛喜珍, 刘军锋, 等. 小檗碱壳聚糖微球制备及其抗真菌活性测定[J]. 过程工程学报, 2008,

　　　　8(5): 962-966.

[10] 阎春琦, 葛喜珍, 田平芳. 小檗碱和壳聚糖抗蔬菜病原真菌活性测定及复合膜制备[J]. 北方园艺, 2009(8): 131-133.

[11] 汤法银, 裴亚玲, 陈燕杰. 牛至油和小檗碱联用对产 ESBLs 鸡大肠埃希菌的体外抗菌试验[J]. 中国兽医杂志, 2012, 48(6): 31-33.

[12] 刘小康. 小檗碱和 EDTA 协同逆转细菌对黏菌素耐药性的分子机制[D]. 郑州: 河南农业大学, 2021.

[13] Fernandez C P, Afrin F, Flores R A, et al. Down regulation of inflammatory cytokines by berberine attenuates *Riemerella anatipestifer* infection in ducks[J]. Developmental and Comparative Immunology, 2017, 77: 121-127.

[14] Ning Y P, Yang W, Liu S M, et al. A Fluorescent polyvinyl alcohol film with efficient photodynamic antimicrobial performance enabled by berberine/phytic acid salt for food preservation[J]. Advanced Functional Materials, 2024, online, DOI: 10.1002/adfm.202411314.

[15] 王高学, 王建福, 原居林, 等. 博落回杀灭鱼类指环虫和病原菌活性成分的研究[J]. 西北植物学报, 2007, 27(8): 1650-1655.

[16] 孙文霞, 袁仕善, 黄琼瑶, 等. 血水草生物碱及其血根碱抑菌作用的研究[J]. 实用预防医学, 2010, 17(9): 1864-1866.

[17] 赵东亮, 郁建平, 周晓秋, 等. 博落回生物碱的抑菌作用研究[J]. 食品科学, 2005, 26(1): 45-47.

[18] 郁建平, 赵东亮, 孟祥斌, 等. 博落回生物碱对八种真菌的抑菌作用研究[J]. 贵州大学学报: 自然科学版, 2006, 23(1): 77-80.

[19] Lv P, Chen Y, Shi T, et al. Synthesis and fungicidal activities of sanguinarine derivatives.[J]. Pesticide Biochemistry and Physiology, 2017, 147: 3-10.

[20] 胡海军. 血根碱及白屈菜红碱抑菌和杀螨活性构效关系[D]. 杨凌: 西北农林科技大学, 2008.

[21] Wei Q, Cui D, Liu X, et al. *In vitro* antifungal activity and possible mechanisms of action of chelerythrine[J]. Pesticide Biochemistry and Physiology, 2020, 164: 140-148.

[22] Hu J, Shi X, Chen J, et al. Alkaloids from *Toddalia asiatica* and their cytotoxic, antimicrobial and antifungal activities[J]. Food Chemistry, 2014, 148: 437-444.

[23] 李超. 10 种植物源活性物质对 4 种病原细菌的抑菌活性筛选[D]. 杨凌: 西北农林科技大学, 2017.

[24] Juskiewicz J, Gruzauskas R, Zdunczyk Z, et al. Effects of dietary addition of *Macleaya cordata* alkaloid extract on growth performance, caecal indices and breast meat fatty acids profile in male broilers[J]. Journal of Animal Physiology and Animal Nutrition, 2011, 95(2): 171-178.

[25] 罗来婷, 王佩, 王晓清, 等. 血根碱对中华鳖生长和体组成及血清指标的影响[J]. 湖南农业大学学报: 自然科学版, 2019, 45(2): 184-188.

[26] 陈贞年, 王晓清, 罗来婷, 等. 高通量测序分析血根碱对中华鳖肠道菌群结构的影响[J]. 渔业科学进展, 2021, 42(1): 177-185.

[27] Zhang R, Wang X W, Zhu J Y, et al. Dietary sanguinarine affected immune response, digestive enzyme activity and intestinal microbiota of Koi carp (*Cryprinus carpiod*)[J]. Aquaculture, 2019, 502: 72-79.

[28] Imanpoor M R, Roohi Z. Effects of sangrovit-supplemented diet on growth performance, blood biochemical parameters, survival and stress resistance to salinity in the *Caspian roach* (*Rutilus rutilus*) fry[J]. Aquaculture Research, 2016, 47(9): 2874-2880.

[29] 陈团. 饲料中添加血根碱对草鱼生长、免疫及肠道健康的影响[D]. 长沙: 湖南农业大学: 2018.

[30] Zhang C, Ling F, Chi C, et al. Effects of praziquantel and sanguinarine on expression of immune genes and

susceptibility to *Aeromonas hydrophila* in goldfish (*Carassius auratus*) infected with *Dactylogyrus intermedius*[J]. Fish and Shellfish Immunology, 2013, 35(4): 1301-1308.

[31] Bussabong P, Rairat T, Chuchird N, et al. Effects of isoquinoline alkaloids from *Macleaya cordata* on growth performance, survival, immune response, and resistance to *Vibrio parahaemolyticus* infection of Pacific white shrimp (*Litopenaeus vannamei*)[J]. PlosOne, 2021, 16(5): e0251343.

[32] 石勇, 胡毅, 刘艳莉, 等. 血根碱对 LPS 诱导后黄鳝免疫应激及肠道炎症相关基因表达的影响[J]. 中国水产科学, 2020, 27(1): 124-137.

[33] 唐辉. 胡椒石油醚相提取物对肉类关键致病菌和腐菌的抑菌机理及其应用研究[D]. 海口: 海南大学, 2017.

[34] 葛畅. 胡椒抑菌活性物质的研究[D]. 海口: 海南大学, 2011.

[35] 王净净. 天然胡椒碱衍生物的合成及抑菌活性研究[D]. 武汉: 华中农业大学, 2020.

[36] Lee S E, Park B S, Kim M K, et al. Fungicidal activity of pipernonaline, a piperidine alkaloid derived from long pepper, *Piper longum* L., against phytopathogenic fungi[J]. Crop Protection, 2001, 20(6): 523-528.

[37] Srinivasa R P, Jamil K, Madhusudhan P, et al. Antibacterial activity of isolates from *Piper longum* and *Taxus baccata*[J]. Pharmaceutical Biology, 2001, 39: 236-238.

[38] Mishra S, Narain U, Mishra R, et al. Design, development and synthesis of mixed bioconjugates of piperic acid-glycine, curcumin-glycine/alanine and curcumin-glycine-piperic acid and their antibacterial and antifungal properties[J]. Bioorganic and Medicinal Chemistry, 2005, 13: 1477-1486.

[39] 丁宏标, 崔海滨, 吴秀丽, 等. 辣椒碱饲料添加剂的功能和应用[J]. 饲料工业, 2018, 39(11): 1-5.

[40] Patrícia L A N, Talita C E S N, Natália S M R, et al. Quantification, antioxidant and antimicrobial activity of phenolics isolated from different extracts of *Capsicum frutescens* (Pimenta Malagueta)[J]. Molecules, 2014, 19: 5434-5447.

[41] 李化强, 金礼吉, 李晓宇, 等. 辣椒素作为饲用抗生素替代品的研究进展[J]. 中国饲料, 2011, 23: 23-25.

[42] 任伟. 石蒜碱和小檗碱对植物病原真菌抑制作用及其抑菌生理指标分析[D]. 郑州: 河南农业大学, 2014.

[43] Shen J W, Ruan Y, Ren W, et al. Lycorine: A potential broad-spectrum agent against crop pathogenic fungi[J]. Journal of Microbiology and Biotechnology, 2014, 24(3): 354-358.

[44] Zhao S X, Guo Y H, Wang Q N, et al. Antifungal effects of lycorine on *Botrytis cinerea* and possible mechanisms[J]. Biotechnology Letters, 2021, 43(7): 1503-1512.

[45] Qiao S W, Yao J Y, Wang Q Z, et al. Antifungal effects of amaryllidaceous alkaloids from bulbs of *Lycoris* spp. Against *Magnaporthe oryzae*[J]. Pest Management Science, 2023, 79: 2423-2432.

[46] 刘军锋, 丁泽, 欧阳艳, 等. 苦豆子生物碱抗菌活性的测定[J]. 北京化工大学学报:自然科学版, 2011, 38(2): 84-88.

[47] 于平儒. 苦豆子等植物样品抑菌活性筛选研究[D]. 杨凌: 西北农林科技大学, 2001.

[48] 龙雨, 周滨, 仇干, 等. 15 位酰腙类苦参碱衍生物的合成以及抗菌活性研究[J]. 化学研究与应用, 2022, 34(7): 1639-1644.

[49] 杨若琪, 王静. 苦参碱对变形链球菌生物被膜的抑制作用研究[J]. 安徽农业科学, 2001, 49(9): 168-171.

[50] 杨若琪, 赵贵萍, 王川东, 等. 4 种苦参生物碱与洗必泰对变形链球菌的联合作用研究[J]. 现代中药研究与实践, 2021, 35(3): 34-38.

[51] 吴富鑫. 苦参碱对牛源无乳链球菌毒力及其毒力基因的影响[D]. 北京: 北京农学院, 2021.

[52] Li S, Zhang Z, Cain A, et al. Antifungal activity of camptothecin, trifolin, and hyperoside isolated from

Camptotheca acuminata[J]. Journal of Agricultural and Food Chemistry, 2005, 53(1): 32-37.

[53] Feng G, Zhang X S, Zhang Z Y, et al. Fungicidal activities of camptothecin semisynthetic derivatives against *Colletotrichum gloeosporioides* in vitro and in mango fruit[J]. Postharvest Biology and Technology, 2019, 147(1): 139-147.

[54] Deng Y, Yu Y, Luo H, et al. Antimicrobial activity of extract and two alkaloids from traditional Chinese medicinal plant *Stephania dielsiana*[J]. Food Chemistry, 2011, 124(4): 1556-1560.

[55] Almadiy A A, Nenaah G E. Ecofriendly synthesis of silver nanoparticles using potato steroidal alkaloids and their activity against phytopathogenic fungi[J]. Brazilian Archives of Biology and Technology, 2018, 61: e18180013.

[56] 刘艳霞, 巩自勇, 万树青. 黄皮酰胺类生物碱的提取及对 7 种水果病原真菌的抑菌活性[J]. 植物保护, 2009, 35(5): 53-56.

[57] Yan H, Xiong Z, Xie N, et al. Bioassay-guided isolation of antifungal amides against *Sclerotinia sclerotiorum* from the seeds of *Clausena lansium*[J]. Industrial Crops and Products, 2018, 121: 352-359.

第五章 天然醌类抗菌剂

第五章将探讨醌类化合物在农业和食品科技领域的研究进展，重点关注胡桃醌、白花丹醌、枫杨萘醌等萘醌类化合物，以及紫草素和大黄素类蒽醌化合物。这些天然物质因其在抑制多种有害微生物上的效果，以及对提升作物品质和保障食品安全的潜在价值而受到关注。

本章将汇总最新科研成果，详细探讨这些醌类化合物在控制农作物病害、降低食品中微生物污染的风险，以及它们在农业生产和食品保鲜中发挥的具体作用。我们将分析它们如何保护作物免受病原体侵害、延长食品的保鲜期，并通过天然途径提高食品的安全性。紫草素及其衍生物的相关研究，能够展现出其在农业领域对抗病虫害的潜力，进而有助于降低对化学农药的依赖程度。同时，蒽醌类化合物的研究也证实了它们在抑制作物病原体以及食品中有害微生物方面颇具成效。

通过本章内容，读者能够更全面地了解这些天然醌类化合物在农业与食品科技领域的应用潜力，从而为后续研究及产品开发提供参考依据。而且，这些研究有望推动更环保的农业保护剂和食品防腐剂的开发，以此应对全球食品安全面临的挑战，助力可持续农业的不断发展。

第一节 胡桃醌、白花丹醌和枫杨萘醌等萘醌类化合物

（一）胡桃醌

胡桃醌（5-羟基-1,4-萘醌，**5-1**），源自胡桃科胡桃属植物胡桃（*Juglans regia*）的根、叶、果实、壳及树皮，是一种具有抗菌、抗真菌和抗病毒等多重生物活性的天然萘醌化合物。路振康等[1]的研究揭示了胡桃醌对大肠杆菌（*Escherichia coli*）具有显著的抗菌效果，其 MIC 为 62.5 μg/mL。实验观察到，胡桃醌处理后的大肠杆菌细胞膜电导率显著上升，这一现象暗示胡桃醌可能破坏了细菌细胞膜的完整性，从而增加了膜的通透性。荧光光谱分析进一步证实了胡桃醌与膜蛋白的相互作用，导致大肠杆菌细胞膜结构发生改变。结晶紫和刃天青染色实验结果表明，胡桃醌通过抑制大肠杆菌的生物膜形成和呼吸作用，有效降低了细菌的活性。SDS-PAGE 和基因表达分析的结果揭示了，胡桃醌可抑制大肠杆菌中蛋白质、DNA 和

RNA 的表达。分子对接实验进一步显示，胡桃醌能够与 DNA 的凹槽结合，影响其二级结构。杨霞等[2]研究人员则发现，贵州野核桃青皮中的胡桃醌含量高达 0.84 mg/g，这一数值超过了本地泡核桃和云南泡核桃中的含量。此外，胡桃醌对马尾松溃疡病（Sphaeropsis sapinea）和核桃枝枯病（Phomopsis vaccinii）显示出良好的抑制效果，其半抑制浓度（EC_{50}）值分别为 102.751 μg/mL 和 112.808 μg/mL。综合这些发现，胡桃醌作为一种天然的抗菌剂，意味着其在预防和控制食源性植物病原菌方面具有重要的应用潜力。此外，核桃作为一种具有重要经济价值的农作物，其在全球市场上的销售和出口潜力可能会因黄曲霉（Aspergillus flavus）感染过程中产生的黄曲霉毒素的污染而大打折扣。Mahoney 等[3]研究了四种核桃中萘醌及其衍生物：胡桃醌（**5-1**）、白花丹醌（**5-2**）、1,4-萘醌（**5-3**）甲萘醌（**5-4**）（图 5-1），对黄曲霉（A. flavus）的抑制活性和黄曲霉毒素（AFT）生成的影响。萘醌类化合物具备延迟真菌发芽的作用，并且在较高浓度条件下，能够完全抑制真菌的生长。对黄曲霉毒素水平的影响，在很大程度上取决于培养基内各个萘醌的浓度。具体表现为，当处于较高浓度时，黄曲霉毒素的产生量呈现出减少的趋势，甚至能够被完全抑制；而处于较低浓度时，则会对黄曲霉毒素的生物合成起到刺激作用，尤其在浓度为 20 ppm 时，其生成量增加了 3 倍有余。通过分析发现，5-羟基或 2-甲基取代基的存在对于降低真菌活性以及影响黄曲霉毒素生成方面所起的作用最为突出，但是当这两种取代基同时存在时，并没有呈现出显著的叠加效应。

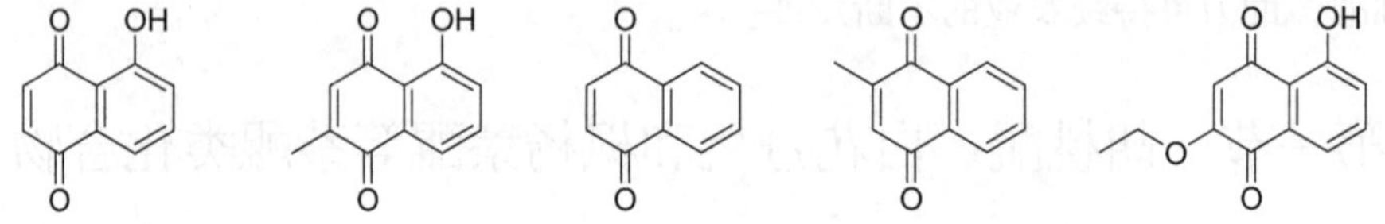

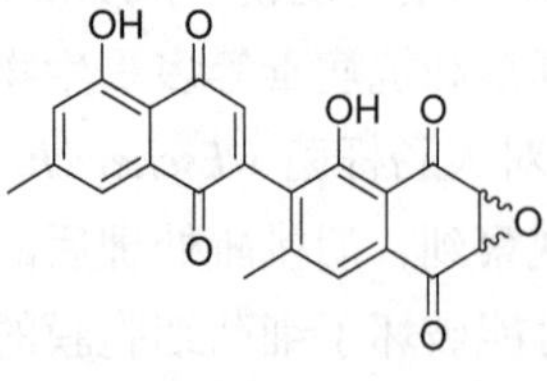

图 5-1   主要萘醌的化学结构

此外，在研究萘醌类化合物的结构特征与相关作用的关联时发现，5-羟基或 2-甲基取代基的存在，对于降低真菌活性以及影响黄曲霉毒素生成方面有着最大的影响力。但有意思的是，当这两种取代基同时存在于化合物结构中时，并没有观察到显著的叠加效应。此项研究表明，存在于核桃壳内部的萘醌，具备抑制黄曲霉生长以及黄曲霉毒素生物合成的潜在能力。这一基于天然物质所形成的防御机制，在维护核桃的内在品质以及保障其商业价值方面，发挥着至关重要的作用。

（二）白花丹醌

白花丹醌（又称雪兰醌，**5-2**），作为草药白花丹中的关键活性成分，已被证实具备一系列生物活性，包括抗氧化、抗炎、抗癌以及抗菌等。Dzoyem 等[4]对柿科柿属植物厚瓣柿树（*Diospyros crassiflora*）茎皮的提取物及其主要成分白花丹醌（**5-2**）进行了抗真菌活性评估，测试对象包括白色念珠菌（*Candida albicans*）、黑曲霉（*Aspergillus niger*）、黄曲霉（*A. flavus*）和镰刀菌（*Fusarium* sp.）等 12 种酵母和丝状真菌病原体。结果显示，所有受试真菌的生长均受到该提取物和白花丹醌的显著抑制。提取物和白花丹醌产生的抑制圈直径（IZ）分别为 12～18 mm 和 21～35 mm。在 MIC 方面，提取物的 MIC 值为 12.5～25 mg/mL，而白花丹醌的 MIC 值介于 0.78～3.12 μg/mL 之间，特别是对白色念珠菌、黑曲霉、黄曲霉和镰刀菌的 MIC 值均为 0.78 μg/mL，与标准抗真菌药物酮康唑的效果相近。因此，本研究支持将厚瓣柿树茎皮提取物用于传统真菌感染治疗的做法，并认为白花丹醌是一种有潜力的抗真菌候选药物。张驰等[5]的研究进一步揭示，白花丹醌对耐替加环素的鲍曼不动杆菌（tigecycline-resistant *Acinetobacter Baumanii*）显示出一定的抑菌活性，其 MIC 值介于 16～32 μg/mL 之间。当与替加环素联合使用时，能够降低鲍曼不动杆菌对替加环素的耐药性，部分表现出相加效应。这种抗菌增敏作用可能与抑制外排泵有关。因此，将抗菌药物与某些中药单体联用以对抗耐药性的研究，展现出了广阔的应用前景。

（三）枫杨萘醌

枫杨萘醌（5-羟基-2-乙氧基-1,4-萘醌，**5-5**），源自胡桃科枫杨属植物枫杨（*Pterocarya stenoptera*）。枫杨作为一种中药材，广泛用于治疗多种真菌性和细菌性皮肤病变，包括疥癣、脚癣、头癣以及其他由细菌引起的化脓性疾病。李汉浠等[6]研究表明，枫杨萘醌具有广泛的抗菌活性，对金黄色葡萄球菌的 MIC 为 12.5 μg/mL，MBC 为 50.0 μg/mL；对大肠杆菌的 MIC 为 6.25 μg/mL，MBC 为 25.0 μg/mL；对青枯假单胞菌（*Pseudomonas solanacearum*）的 MIC 为 3.125 μg/mL，MBC 为 6.25 μg/mL；对蜡样芽孢杆菌（*Bacillus cereus*）的 MIC 为 6.25 μg/mL，MBC 为 25.0 μg/mL；对白色念珠菌（*C. albicans*）的 MIC 为 3.125 μg/mL，MBC 为 12.5 μg/mL；对沙门氏菌（*Salmonella*）的 MIC 为 25 μg/mL，MBC 为 100.0 μg/mL。枫杨萘醌的

抗菌活性与左氧氟沙星相近，但明显优于阿奇霉素，这表明枫杨萘醌作为一种潜在的天然抗菌剂，具有重要的开发前景。

（四）其他类似萘醌化合物

Lajubutu 等[7]从柿科柿属植物三色柿（*Diospyros tricolor*）的根部分离到了具有抗菌活性的醌类二聚体化合物 diosquinone（5-6）。结果表明，在 10～60 μg/mL 的浓度下，化合物 5-6 对一系列革兰氏阳性菌均有一定的抑制活性，其 IZ 为 8～29 mm。在浓度为 30 μg/mL 下对粪肠球菌（*Enterococcus faecalis*）生长有明显的抑制作用。在 15～60 μg/mL 的浓度下，化合物 5-6 对一系列革兰氏阴性菌，包括大肠杆菌、铜绿假单胞菌（*Pseudomonas aeruginosa*）、产气肠杆菌（*Enterobacter aerogenes*）等，均有一定的抑制活性，其 IZ 为 8～38 mm。

综上所述，胡桃醌（5-1）、白花丹醌（5-2）和枫杨萘醌（5-5）等天然萘醌化合物显示出对多种病原微生物的抑制作用，这些化合物也可能在控制食源性病原体和提高农作物品质方面具有应用潜力。

第二节　紫草素及其衍生物

药用紫草为紫草科（Boraginaceae）中的紫草属（*Lithospermum*）、软紫草属（*Arnebia*）和滇紫草属（*Onosma*）中多种植物。紫草素及其衍生物，是从紫草根部提取的带有 C6 侧链的特殊萘醌类化合物，具有抗菌、愈合伤口、抗炎、抗血栓和抗肿瘤等作用。

（一）紫草素及其衍生物的化学结构、抗菌活性和作用机制研究

Shen 等[8]通过对新疆紫草（*Arnebia euchroma*）提取物的生物活性导向分离，分离得到了紫草素（5-7）、阿卡宁（5-8）及其衍生物乙酰阿卡宁（5-9）、乙酰紫草素（5-10）、异丁酰阿卡宁（5-11）、β,β-二甲基丙烯酰阿卡宁（5-12）、异戊酰阿卡宁（5-13）、(*S*)-α-甲基丁酰阿卡宁（5-14）和(*R*)-α-甲基丁酰阿卡宁（5-15）（图 5-2）。这些活性成分对耐甲氧西林金黄色葡萄球菌（methicillin-resistant *Staphylococcus aureus*，MRSA）和万古霉素耐药肠球菌（vancomycin-resistant enterococci，VRE）具有活性。首次阐明了 α-甲基丁酰阿卡宁的立体化学，并将两种异构体的抗菌活性进行了比较。衍生物（5-9～5-15）显示出比紫草素（5-7）、阿卡宁（5-8）（MIC 为 6.25 μg/mL）更强的抗 MRSA 活性（MIC 范围在 1.56～3.13 μg/mL），MBC/MIC 小于或等于 2。在时间杀灭实验中，对 MRSA 的杀菌作用在 2 小时内就能实现。衍生物（5-9～5-15）对 VRE 也具有活性，MIC 与 MRSA 相似。

此外，叶佳研究表明[9]，新疆紫草（*Arnebia euchroma*）根部位提取物对携带 NorA 外泵蛋白的多药耐药金黄色葡萄球菌（MRSA）具有较好的抗菌活性，MIC 为 8 μg/mL，强于阳性对照 norflaxicin（MIC 为 32 μg/mL），其中 β,β-二甲基丙烯酰阿卡宁（5-12）活性较强，对携带 NorA 外泵蛋白的多药耐药金黄色葡萄球菌的 MIC 仅 1 μg/mL。进一步作用机制研究表明[10]，紫草素的抗 MRSA 效果与其对肽聚糖的亲和力、细胞膜的通透性以及 ATP 结合盒（ABC）转运蛋白的活性有关。

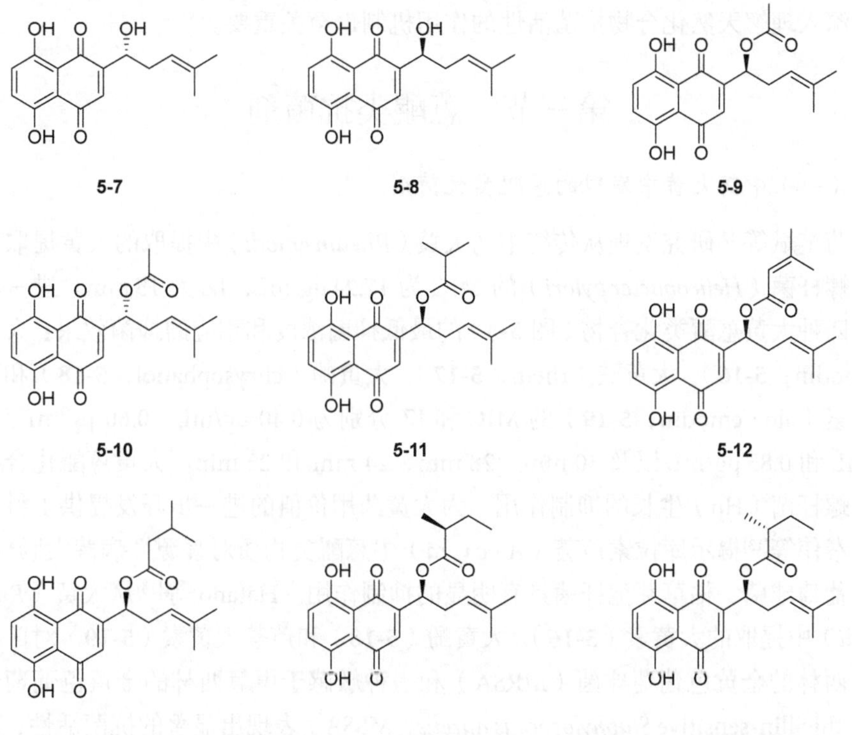

图 5-2　紫草素及其衍生物的化学结构

（二）紫草素及其衍生物的潜在应用研究

潜在应用方面，Chen 等[11]提出了一种新的水凝胶贴片（FSH3），它由丝素蛋白/透明质酸基质制成，具有光敏黏合特性，并注入了铁离子/紫草素（5-7）纳米颗粒以增强口腔溃疡的愈合效果。FSH3 水凝胶不仅展现了卓越的光热抗菌性能，还作为一种多功能的水凝胶敷料，用于伤口治疗，带来了抗菌和抗氧化的双重优势。当 FSH3 与纳米近红外（NIR）技术相结合时，能够实现对耐甲氧西林金黄色葡萄球菌（MRSA）的 100% 灭活，以及对多药耐药铜绿假单胞菌（MRPA）的 94.25%

清除率。这些特性不仅有助于消除细菌和调节氧化水平，还促进了伤口从炎症阶段向组织再生阶段的顺利过渡。在模拟糖尿病口腔溃疡的大鼠模型中，FSH3 显著加速了愈合过程，通过调整受损组织的炎症环境，维持口腔微生物群的平衡，并促进了更快的再上皮化。总体来看，光敏 FSH3 水凝胶展现了其在快速促进伤口恢复方面的潜力，并有望为糖尿病口腔溃疡的治疗策略带来革新。

　　综上所述，紫草素及其衍生物作为一种潜在的高效天然抗生素（尤其对多重耐药菌表现出良好活性），不仅对于减少对现有抗生素的依赖具有重大意义，而且对于深入理解天然化合物抗菌活性的作用机制也至关重要。

第三节　蒽醌类抗菌剂

（一）中药大黄中发现的蒽醌类抗菌剂

　　苟奎斌等[12]研究发现从传统中药大黄（*Rheum emodi*）中提取的大黄提取物对幽门螺杆菌（*Helicobacter pylori*）的 MIC 为 17.24 µg/mL，IZ 为 15 mm。进一步揭示了四种大黄蒽醌类化合物（图 5-3）的最低抑菌浓度和相应的抑菌效果：大黄素（emodin，**5-16**）、大黄酸（rhein，**5-17**）、大黄酚（chrysophanol，**5-18**）和芦荟大黄素（aloe emodin，**5-19**）的 MIC 和 IZ 分别为 0.40 µg/mL、0.60 µg/mL、0.78 µg/mL 和 0.85 µg/mL 以及 30 mm、28 mm、24 mm 和 23 mm。大黄蒽醌化合物对幽门螺杆菌（Hp）生长的抑制作用，为大黄药用价值的进一步开发提供了科学依据。秦伟等[13]揭示库拉索芦荟（*Aloe vera*）中蒽醌类物质对食源性病菌大肠杆菌、金色葡萄球菌、枯草芽孢杆菌具有明显的抑制作用。Hatano 等[14]从大黄（*Rheum emodi*）中提取的大黄素（**5-16**）、大黄酚（**5-18**）和芦荟大黄素（**5-19**）对四种耐甲氧西林的金黄色葡萄球菌（MRSA）和一种敏感于甲氧西林的金黄色葡萄球菌（methicillin-sensitive *Staphylococcus aureus*，MSSA）表现出显著的抗菌活性，芦荟大黄素（**5-19**）对 MRSA 和 MSSA 菌株具有抗菌效果，最低抑菌浓度（MIC）均为 2 µg/mL；大黄素（**5-16**）对大肠杆菌表现出抗菌活性，MIC 值为 128 µg/mL。Agarwal 等[15]发现大黄素（**5-16**）、大黄酚（**5-18**）、芦荟大黄素（**5-19**）和大黄素甲醚（physcion，**5-20**）对白色念珠菌（*C. albicans*）、新型隐球菌（*Cryptococcus neoformans*）、毛癣菌（*Trichophyton mentagrophytes*）和曲霉菌（*Aspergillus fumigatus*）表现出抗真菌活性，其 MIC 为 25 ～ 50 µg/mL。Babu 等[16]通过对大黄（*Rheum emodi*）根茎的生物活性导向分离，分离出了三种氧化蒽酯类化合物 revandchinone-3（**5-21**）、revandchinone-1（**5-22**）和 revandchinone-4（**5-23**），其对系列革兰氏阳性细菌（如枯草芽孢杆菌、球形芽孢杆菌和金黄色葡萄球菌）和革兰氏阴性细菌：如克雷伯氏菌（*Klebsiella aerogenes*）、紫色变形菌（*Chromobacterium violaceum*）和绿脓杆菌（*P. aeruginosa*），表现出中等强度的抗菌性能，在 30 μg/mL 和 100 μg/mL 的浓度下，IZ 在 7～14 mm 范围内。

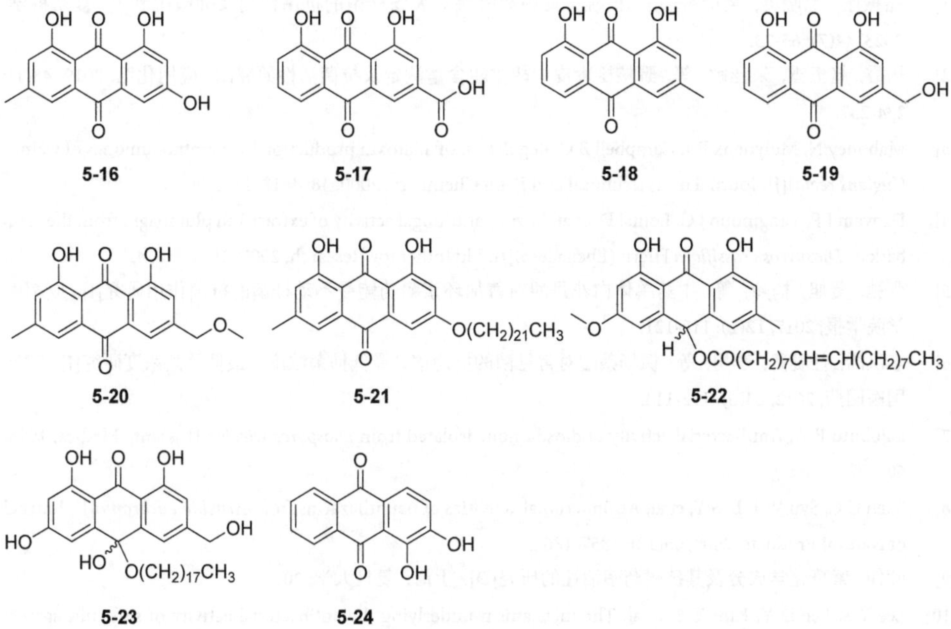

图 5-3　蒽醌的化学结构

（二）其他植物中发现的蒽醌类抗菌剂

宋文刚等[17]研究发现，从茜草中提取的茜草素（alizarin，**5-24**）有明显的体外抗结核分枝杆菌（*Mycobacterium tuberculosis*）的活性，作用于结核分枝杆菌的药物浓度为 160 mg/mL 时抑菌效果显著，且与药物作用时间无明显关系，药物作用一段时间后仍然无结核杆菌生长。

鼠李科裸芽鼠李属植物 *Frangula rupestris* 和 *F. alnus* 是巴尔干半岛分布的落叶灌木。研究结果显示[18]，其树皮中主要的蒽醌衍生物分别为大黄素甲醚（physcion，**5-20**）（0.11 mg/g）和大黄素（**5-16**）（2.03 mg/g）。两种植物展现出卓越的抗微生物活性，对金黄色葡萄球菌、大肠杆菌、白念珠菌、铜绿假单胞菌和石膏样小孢子菌（*Microsporum gypseum*）显示一定的抑制活性，其 MIC 值在 0.625～2.5 mg/mL。这项研究表明，*Frangula rupestris* 和 *F. alnus* 具备成为天然抗微生物剂的潜力，倘若将其应用于功能性食品或者药物领域，有望发挥出相应的健康益处，值得在后续研究及相关产业应用中予以进一步的关注与探索。

参 考 文 献

[1] 路振康, 毛晓英, 吴庆智, 等. 核桃青皮中胡桃醌对大肠杆菌的抗菌作用及抑菌机制[J]. 食品科学, 2023, 44(7): 65-73.

[2] 杨霞, 赵玉雪, 朱佳敏. 等. 野核桃青皮中胡桃醌含量测定及抗菌活性研究[J]. 应用化工, 2019, 48(1): 234-237.

[3] Mahoney N, Molyneux R J, Campbell B C. Regulation of aflatoxin production by naphthoquinones of walnut (*Juglans regia*)[J]. Journal of Agricultural and Food Chemistry, 2000, 48: 4418-4421.

[4] Dzoyem J P, Tangmouo J G, Lontsi D, et al. *In vitro* antifungal activity of extract and plumbagin from the stem bark of *Diospyros crassiflora* Hiern (Ebenaceae)[J]. Phytotherapy Research, 2007, 21: 675-674.

[5] 张驰, 贾旭, 杨羚, 等. 中药单体白花丹醌对替加环素耐药鲍曼不动杆菌的抗菌作用研究[J]. 成都医学院学报, 2017, 12(2): 117-121.

[6] 李汉浠, 任赛赛, 李勇, 等. 枫杨萘醌对常见菌的抗菌谱、最低抑菌浓度和最低杀菌浓度研究[J]. 时珍国医国药, 2012, 23(6): 112-114.

[7] Lajubutu B A. Antibacterial activity of diosquinone isolated from *Diospyros tricolor*[J]. Planta Medica, 1994, 60: 477.

[8] Shen C C, Syu W J, Li S Y, et al. Antimicrobial activities of naphthazarins from *Arnebia euchroma*[J]. Journal of Natural Products, 2002, 65(12): 1857-1862.

[9] 叶佳. 紫草化学成分及其抗耐药菌活性的研究[D]. 上海: 复旦大学, 2009.

[10] Lee Y S, Lee D Y, Kim Y B, et al. The mechanism underlying the antibacterial activity of shikonin against methicillin-resistant *Staphylococcus aureus*[J]. Evidence-based Complementary and Alternative Medicine, 2015, Article ID 520578.

[11] Chen X J, Li Z P, Ge X X, et al. Ferric iron/shikonin nanoparticle-embedded hydrogels with robust adhesion and healing functions for treating oral ulcers in diabetes[J]. Advanced Science, 2024, 11(45): 2405463.

[12] 苟奎斌, 孙丽华, 娄卫宁, 等. 大黄中 4 种蒽醌类化合物抑幽门螺杆菌效果比较[J]. 中国药学杂志, 1997, 32(5): 278-280.

[13] 秦伟, 乔丹, 宝力德. 芦荟蒽醌类物质的提取及其抑菌性研究[J]. 中国农学通报, 2011, 27(13): 135-138.

[14] Hatano T, Uebayashi H, Ito H, et al. Phenolic constituents of cassia seeds and antibacterial effect of some naphthalenes and anthraquinones on methicillin-resistant *Staphylococcus aureus*[J]. Chemical and Pharmaceutical Bulletin, 1999, 47(8): 1125-1127.

[15] Agarwal S K, Singh S S, Verma S, et al. Antifungal activity of anthraquinone derivatives from *Rheum emodi*[J]. Journal of Ethnopharmacology, 2000, 72: 43-46.

[16] Babu K S, Srinivas P V, Praveen B, et al. Antimicrobial constituents from the rhizomes of *Rheum emodi*[J]. Phytochemistry, 2003, 62: 203-207.

[17] 宋文刚, 孔祥宇, 韩中波, 等. 茜草素在体外抗菌活性的研究[J]. 中国地方病防治杂志, 2007, 22(1): 69-70.

[18] Kremer D, Kosalec I, Locatelli M, et al. Anthraquinone profiles, antioxidant and antimicrobial properties of *Frangula rupestris* (Scop.) Schur and *Frangula alnus* Mill. bark[J]. Food Chemistry, 2012, 131(4): 1174-1180.

第六章　脂肪烷类抗菌剂

在本书的第六章中，我们将深入探讨脂肪烷类抗菌剂的研究与开发，这是一个在现代食品保鲜、医药以及农业领域中日益受到重视的课题。随着耐药性微生物的增多和传统抗生素的局限性日益凸显，寻找新的抗菌剂变得尤为重要。本章将详细介绍一系列具有显著抗菌活性的天然脂肪烷类化合物，它们不仅在实验室中显示出了对抗多种病原微生物的潜力，而且在实际应用中也展现出了广泛的应用前景。本章首先聚焦于牛油果脂肪醇及其衍生物的研究。牛油果，作为一种全球公认的健康水果，其未成熟果肉中分离出的脂肪醇衍生物显示出对结核分枝杆菌的体外抑制活性。这些发现不仅为结核病的辅助治疗提供了新的思路，也为牛油果的药用价值增添了新的维度。紧接着，我们将探讨鱼腥草素及其衍生物的抗菌特性。鱼腥草作为一种药食同源的植物，其核心抗菌成分鱼腥草素及其衍生物在抗菌领域的应用前景广阔。本章将详细介绍鱼腥草素的化学性质、药理活性以及其在食品保鲜和临床应用中的安全性和有效性。在第三节中，我们将讨论 α,β-不饱和烯醛类化合物的抗菌活性。这些化合物在艾菊和橄榄等植物中被发现，并对一系列病原微生物显示出显著的抗菌效果。本章将深入分析这些化合物的结构-活性关系，并探讨它们在食品保鲜和医药领域的应用潜力。第四节将介绍多炔醇类化合物的抗真菌活性。多炔醇作为一类广泛存在于伞形科和五加科植物中的次生代谢产物，对多种致病真菌具有显著的生物活性。本章将详细阐述多炔醇的化学结构、生物活性以及在农业和医药领域的应用前景。第五节将探讨脂肪酸类化合物的抗菌作用。以葱属植物为例，本章将介绍从葱籽中鉴定出的脂肪酸类化合物，并探讨它们对植物病原真菌的抑制活性，以及在农业领域的应用潜力。最后，在第六节中，我们将讨论噻吩类化合物的抗真菌活性。这些化合物在蓝刺头属植物中被发现，并显示出对多种植物病原真菌的显著抑制效果。本章将详细介绍噻吩类化合物的化学结构、生物活性以及在植物保护中的应用前景。

总体而言，第六章将为读者提供一个全面的视角，以了解脂肪烷类抗菌剂的最新研究进展和开发潜力。通过对这些天然化合物的深入研究，我们不仅能够更好地理解它们的抗菌机制，还能够为开发新型抗菌剂提供科学依据，以应对日益严峻的耐药性微生物挑战。

第一节　牛油果脂肪醇及其衍生物

　　樟科鳄梨属植物鳄梨（*Persea americana*）的果实（俗称牛油果）被全球公认为健康水果[1]。通过对未成熟鳄梨果肉中的活性乙酸乙酯部分对结核分枝杆菌（*Mycobacterium tuberculosis*）的体外抑制活性，其 MIC 值为 15 μg/mL，进行生物活性跟踪分离出一系列脂肪醇衍生物，其中，avocadenol A（6-1）、avocadenol B（6-2）、avocadenol C（6-3）、(2R,4R)-1,2,4-三羟基十七烷-16-炔（6-4）、(2R,4R)-1,2,4-三羟基十九烷（6-5）和(2R,4R)-1,2,4-三羟基十七烷-16-烯（6-6）（图 6-1）显示出对结核分枝杆菌（*Mycobacterium tuberculosis*）的体外抑制活性，其 MIC 值分别为24.0 μg/mL、33.8 μg/mL、55.5 μg/mL、24.9 μg/mL、35.7 μg/mL 和 60.4 μg/mL。其主要成分(2R,4R)-1,2,4-三羟基十九烷（6-5）的 MIC 值为 35.7 μg/mL，活性弱于提取物，推测可能在未成熟鳄梨果肉中多种脂肪醇衍生物发挥抗分枝杆菌活性的协同效应。该研究提示牛油果可能对结核病患者是一种有益的水果，但该推论还需要更多的实验证据。

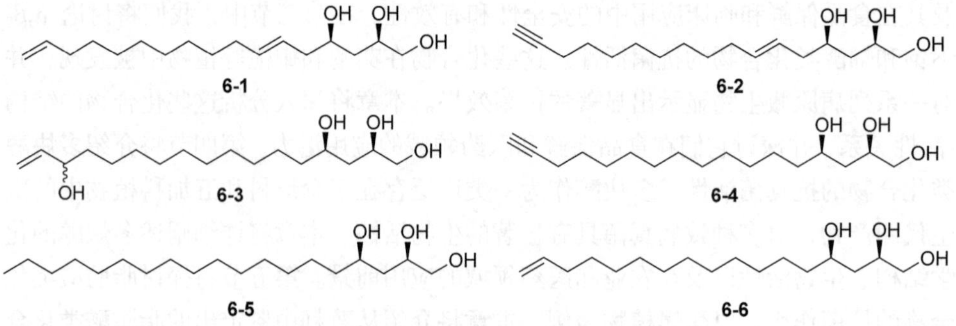

图 6-1　牛油果中活性脂肪醇的化学结构

第二节　鱼腥草素及其衍生物

　　鱼腥草（*Houttuynia cordata*），是一种既可食用又可药用的植物，其新鲜或干燥的全草都具有重要的药用价值[2]。在鱼腥草中，发挥核心抗菌作用的活性成分是鱼腥草素（houttuynin，HTT，6-7），也被称作癸酰乙醛（图 6-2）。尽管 HTT 具有显著的抗菌特性，但其化学性质不稳定，易受氧化和聚合作用的影响，这限制了其抗菌潜力的发挥。针对这一挑战，科研人员通过将 HTT 与亚硫酸氢钠进行化学加成反应，成功合成了鱼腥草素钠（sodium houttuyfonate，SH，6-8）（图 6-2），这一化合物不仅继承了 HTT 的药理活性,而且在物理化学稳定性方面表现更为优异。此外,新鱼腥草素钠(sodium new houttuyfonate, SNH, 6-9)(图 6-2)作为 SH 的衍生物,在分子结构中脂肪链部分增加了两个亚甲基,这一改变可能进一步提升了其药理效果及稳定性。值得注意的是,新诺明钠片剂已在临床应用中积累了多年的安全使用记录,未发现明显的不良反应,这证实了 SH 类药物在口服给药途径上的安全性。研究表明,鱼腥草素衍生物作为一种天然来源的脂肪类化合物具有显著的抗菌活性,SH 对金黄色葡萄球菌(*Staphylococcus aureus*)和白色念珠菌(*Candida albicans*)的最小抑制浓度(MIC)分别为 62.5 μg/mL 和 64 μg/mL;而 SNH 对金黄色葡萄球菌(*S. aureus*)和肺炎链球菌(*Streptococcus pneumococcus*)的最小抑制浓度分别为 32 μg/mL 和 8.26 μg/mL[2]。

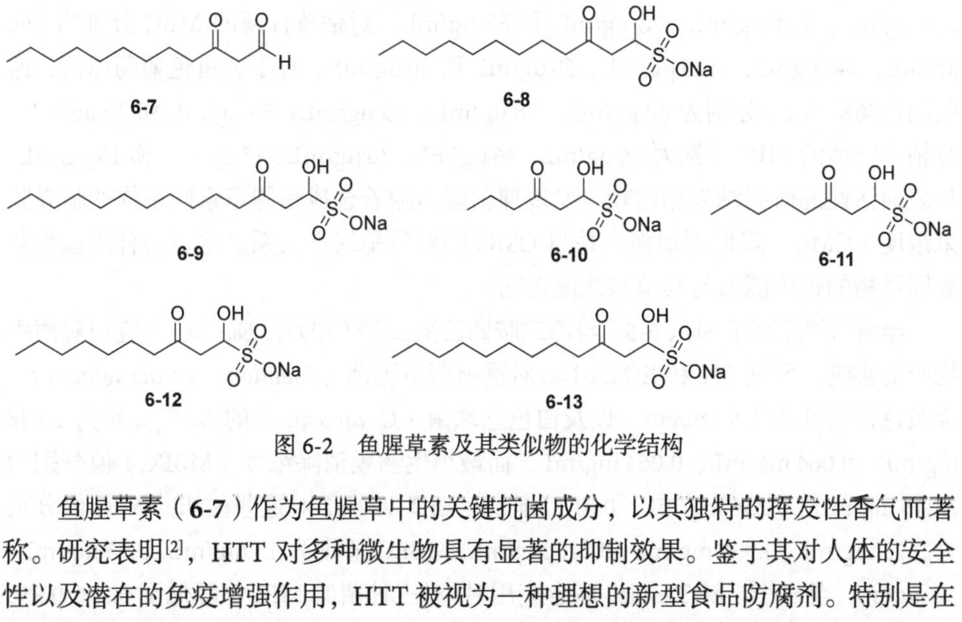

图 6-2 鱼腥草素及其类似物的化学结构

鱼腥草素(6-7)作为鱼腥草中的关键抗菌成分,以其独特的挥发性香气而著称。研究表明[2],HTT 对多种微生物具有显著的抑制效果。鉴于其对人体的安全性以及潜在的免疫增强作用,HTT 被视为一种理想的新型食品防腐剂。特别是在籼米粥的防腐处理上,HTT 显示出了卓越的效果。籼米粥在高温烹饪过程中,虽然能够杀灭米粒表面的大部分微生物,但在保存期间,外界微生物的侵入仍是导致其腐败变质的主要因素。HTT 对这些外来微生物展现出了强大的抑制乃至杀灭作用,因而在籼米粥的保鲜中发挥了重要作用。

袁吕江[3]以鱼腥草素的分子结构为蓝本,首次系统性地合成了一系列合成鱼腥草素的同系物,包括丁酰乙醛亚硫酸钠(HOU-C₄,6-10)、己酰乙醛亚硫酸钠(HOU-C₆,6-11)、辛酰乙醛亚硫酸钠(HOU-C₈,6-12)、癸酰乙醛亚硫酸钠(HOU-C₁₀,6-13)以及十二酰乙醛亚硫酸钠(SNH,6-9)(图 6-2)。以金黄色葡萄球菌、枯草杆菌、大肠杆菌等为微生物模型，研究了这些同系物的抗菌活性及其变化规律。体外抑菌活性试验结果显示，这些合成鱼腥草素同系物对金黄色葡萄球菌（$S.$ $aureus$）、枯草杆菌、大肠杆菌（$Escherichia coli$）和酿酒酵母（$Saccharomyces cerevisiae$）均展现出不同程度的抑菌效果，其中，对枯草杆菌和金黄色葡萄球菌的抑菌效果最为显著，啤酒酵母次之，而对大肠杆菌的效果最弱。在实验条件下，大肠杆菌对辛酰乙醛亚硫酸钠（**6-12**）、癸酰乙醛亚硫酸钠（**6-13**）和十二酰乙醛亚硫酸钠（**6-9**）无反应，而啤酒酵母对丁酰乙醛亚硫酸钠（**6-10**）和十二酰乙醛亚硫酸钠（**6-9**）无反应。以金黄色葡萄球菌和枯草杆菌为研究对象，采用比浊法进一步研究了合成鱼腥草素同系物的抑菌活性。实验结果表明，丁酰乙醛亚硫酸钠（**6-10**）、己酰乙醛亚硫酸钠（**6-11**）、辛酰乙醛亚硫酸钠（**6-12**）、癸酰乙醛亚硫酸钠（**6-13**）以及十二酰乙醛亚硫酸钠（**6-9**）对金黄色葡萄球菌的 MBC 分别为 436 μg/mL、363 μg/mL、154 μg/mL、78 μg/mL 和 55 μg/mL，对枯草杆菌的 MBC 分别为 360 μg/mL、240 μg/mL、126 μg/mL、68 μg/mL 和 50 μg/mL。对于金黄色葡萄球菌，这些同系物的 MIC 分别为 80 μg/mL、78 μg/mL、39 μg/mL、39 μg/mL 和 39 μg/mL，对枯草杆菌的 MIC 分别为 36 μg/mL、36 μg/mL、36 μg/mL、15 μg/mL 和 15 μg/mL。与表面活性的研究结果相比较，发现抑菌能力随着合成鱼腥草素同系物的临界胶束浓度（CMC）降低而增强，并与 CMC 的对数呈线性关系。这表明合成鱼腥草素同系物的抑菌能力与其疏水性成正比。

李芳等[4]探究了 SH（**6-8**）与乙二胺四乙酸二钠（EDTA-Na$_2$）联合应用对菌生物膜的影响。发现 SH 和 EDTA-Na$_2$ 对铜绿假单胞菌（$Pseudomonas aeruginosa$）、金黄色葡萄球菌（$S.$ $aureus$）以及白色念珠菌（$C.$ $albicans$）的 MIC 分别为 2.048 mg/mL、0.064 mg/mL、0.064 mg/mL，而最小生物膜清除浓度（MBEC）值分别为 2.048 mg/mL、0.256 mg/mL、0.512 mg/mL。EDTA-Na2 对这些菌株的 MIC 值分别为 3.75 mg/mL、0.938 mg/mL、0.117 mg/mL，MBEC 值则为 15 mg/mL、3.75 mg/mL、30 mg/mL。当 SH 与 EDTA-Na2 联合应用时，对三种菌的 MIC 值降低至 0.256/0.938 mg/mL、0.008/0.233 mg/mL 和 0.008/0.029 mg/mL，MBEC 值降低至 0.512/3.722 mg/mL、0.032/0.469 mg/mL 和 0.064/0.938 mg/mL。机制研究证实了联合应用 SH 和 EDTA-Na$_2$ 对抑制细菌生长和清除生物膜具有显著效果，细菌数量显著减少，生物膜结构明显减少或几乎消失。这一发现为开发新型抗生素替代品提供了有价值的参考。

铜绿假单胞菌（$P.$ $aeruginosa$）是一种临床上常见的病原体，其致病力与绿脓菌素和生物被膜的含量密切相关。研究发现[5]，SH（**6-8**）显著抑制了 $P.$ $aeruginosa$ 生物膜的形成，并明显改变了细胞形态和生物膜结构，尤其在 $P.$ $aeruginosa$ 菌株生物膜发展的各个阶段有效降低了其主要成分海藻酸盐（alginate）的水平。进一步地，SH 抑制生物膜形成的机制：它通过降低与海藻酸盐生物合成密切相关的 *algD* 和 *algR* 基因的表达水平，进而影响生物被膜的形成。Zhao 等[6]研究了 SNH（6-9）对铜绿假单胞菌生物膜、毒力因子以及转录活动的影响。结果表明，SNH 处理后，铜绿假单胞菌群体感应（QS）中的关键基因 *rhlI* 和 *pqsA* 表达水平下调。SNH 能够减少蛋白酶和荧光素的产生，并通过对铜绿假单胞菌 QS 系统的调节作用来抑制生物膜的形成。此外，SNH 还改变了与毒力因子和生物膜形成相关的基因（如 *lasA*、*lasB*、*lecA*、*phzM*、*pqsA* 和 *pilG*）的表达。这些发现暗示了 SNH 可能通过影响由群体感应控制的毒力因子和生物膜相关基因的表达来对抗铜绿假单胞菌。此外，SH（6-8）与头孢他啶（ceftazidime）[7]、红霉素（erythromycin）[8] 或妥布霉素（tobramycin）[9]的联合使用能够增强这些抗生素对铜绿假单胞菌生物被膜的清除效果，这表现为这些抗生素对细菌生物被膜的最小抑制浓度（sessile minimal inhibiting concentration，SMI）的降低，其中，单独使用 SH 的黏附期、早期和成熟期的 SMI 值分别为 128 μg/mL、128 μg/mL 和 256 μg/mL；SH（6-8）与头孢他啶（ceftazidime）共用 SMI 值分别为 8 μg/mL、8 μg/mL 和 16 μg/mL；SH 与红霉素（erythromycin）共用 SMI 值分别为 16 μg/mL、16 μg/mL 和 32 μg/mL；SH 与妥布霉素（tobramycin）共用 SMI 值分别为 8 μg/mL、0.5 μg/mL 和 8 μg/mL。以上结果活性均强于 SH 和抗菌药物本身，具有协同抗菌的作用。

Lu 等实验发现[10]，SNH（6-9）、苯唑西林（oxacillin）和（netilmicin）奈替米星对耐甲氧西林金黄色葡萄球菌（methicillin-resistant *Staphylococcus aureus*，MRSA）的 MIC 分别为 32～64 μg/mL、128～512 μg/mL 以及 4～64 μg/mL。当 SNH（6-9）与苯唑西林或奈替米星联用，且药物浓度为 1/8～1/4 的 MIC 时，苯唑西林和奈替米星对 MRSA 菌株抑制效果显著增强，其浓度降至 1/32～1/4 MIC，即亚最小抑制浓度（sub-MIC）水平。这种联用策略显著提升了苯唑西林或奈替米星对抗 MRSA 的体外活性。使用 1/2 MIC 的 SNH 与 1/128～1/64 MIC 的苯唑西林或 1/8～1/2 MIC 的奈替米星进行联用，结果显示 MRSA 的活菌数量减少了 99% 以上。Li 等的研究表明[11]，SNH 和小檗碱对 MRSA 的 MIC_{90} 值为 64 μg/mL 和 512 μg/mL。当 BBR 与 1/2 MIC 的 SNH 联合使用时，其 MIC 值相较于单独使用小檗碱降低至 1/64～1/4，这表明亚 MIC 水平的 SNH 与小檗碱联合使用在体外对生长中的 MRSA 和对万古霉素有中等敏感性的金黄色葡萄球菌（VISA）菌株具有协同作用。更为重要的是，SNH 与小檗碱的联合能够有效治疗由 VISA 和致病性 MRSA 持久细胞引起的难以治疗的感染。这种协同效应可能与 SNH 引起的细胞膜破坏有关。

Liu 等[12]的研究发现，金黄色葡萄球菌（*S. aureus*）经 SH（6-8）处理的菌株

中自溶素相关基因 *atl*、*sle1*、*cidA* 和 *lytN* 的转录水平显著降低，这一现象与自溶抑制因子 lrgAB 和 sarA 的上调以及正向调控因子 agrA 和 RNAIII 的下调相吻合。在 *S. aureus* 中，SH 显著抑制了 Triton X-100 引发的自溶现象，并证实了 SH 在减少这些细胞外黏肽水解酶活性方面的作用。此外，抗生物膜实验表明，尽管 SH 对生物膜培养中的 *S. aureus* 活性有限，但它能够以剂量依赖的方式减少 *S. aureus* 的细胞外 DNA（eDNA）含量，暗示 SH 可能通过下调 cidA 的表达来抑制自溶和 eDNA 的释放，进而在早期阶段阻碍生物膜的形成。

　　Wu 等[13]探究了 SNH（**6-9**）对白色念珠菌（*C. albicans*）的抗真菌效能及其作用机制。发现 SNH 对 *C. albicans* 的 MIC_{80} 值为 256 µg/mL。进一步研究表明，SNH 处理能够抑制白色念珠菌从酵母形态向菌丝形态的转变以及生物膜的形成。此外，SNH 对临床白色念珠菌株的生物膜形成具有抑制作用，且当与氟康唑、盐酸小檗碱、卡泊芬净和伊曲康唑等抗真菌药物联用时，能协同抑制白色念珠菌的生物膜形成。机制研究表明，SNH 处理显著下调了 Ras1-cAMP-Efg1 信号通路中与生物膜形成相关的基因表达（包括 *ALS1*、*ALA1*、*ALS3*、*EAP1*、*RAS1*、*EFG1*、*HWP1* 和 *TEC1*），同时上调了与酵母形态相关的基因表达（*YWP1* 和 *RHD1*），从而发挥抗生物膜效果。此外，SH 还具备通过促使 β-1,3-葡聚糖和几丁质的暴露，触发真菌细胞壁的重构，进而有效对抗白色念珠菌的能力[14]。

　　综合考虑，鱼腥草素及其衍生物在抗菌领域已崭露头角，表现出了令人瞩目的潜力，且在临床实践中的安全性给予了人们信心，它们或许能在一定程度上减轻对传统抗生素的依赖。随着对这些化合物作用机制的深入探索和分子结构的优化，鱼腥草素衍生物有望能在应对耐药性微生物的挑战中开辟新路径，并在农业和食品保鲜领域中发挥其独特的价值。

第三节　α,β-不饱和烯醛类化合物

（一）菊科植物中的 α,β-不饱和烯醛类化合物

　　在食用和资源植物艾菊（*Tanacetum balsamita*）和橄榄（*Olea europaea*）中，发现了一系列的长链 α,β-不饱和烯醛类化合物。艾菊以其新鲜的叶片作为调味品而闻名，尤其在肉禽类和英国传统的淡色啤酒中发挥着独特的调味作用，其干燥叶片不仅可以作为茶饮用，还能用于制作各种花香罐。橄榄属于橄榄科的橄榄属乔木，因其果实在青绿时期即可食用而得名，是亚热带地区著名的特色果树[15]。Kubo 等[16]从菊科芳香草本植物艾菊（*Tanacetum balsamita*）中发现了一系列长链 α,β-不饱和烯醛类抗菌剂，鉴定出的长链 α,β-不饱和烯醛主要包括了(2E)-庚烯醛

（**6-14**），(2*E*)-辛烯醛（**6-15**），(2*E*)-壬烯醛（**6-16**），(2*E*)-癸烯醛（**6-17**），(2*E*)-十一烯醛（**6-18**），(2*E*,4*E*)-癸二烯醛（**6-19**），(2*E*,4*Z*)-癸二烯醛（**6-20**）等（图 6-3）。活性筛选表明，在所使用的一系列病原微生物中，真菌被发现是最易感的，特别是须发癣菌（*Trichophyton mentagrophytes*）和产黄青霉菌（*Penicillium chrysogenum*），其 MIC 值范围为 1.56 ~ 400 μg/mL。其中，(2*E*)-十一烯醛（**6-18**）和(2*E*,4*Z*)-癸二烯醛（**6-20**）是最有效的，对毛癣菌的 MIC 值均为 1.56 μg/mL，对产黄青霉菌的 MIC 值分别为 6.25 μg/mL 和 12.5 μg/mL。测试的 *α,β*-不饱和醛也对产朊假丝酵母（*Candida utilis*）、酿酒酵母（*S. cerevisiae*）和卵圆皮屑芽孢菌（*Pityrosporum ovale*）显示出活性，MIC 值范围为 12.5 ~ 800 μg/mL。这些 MIC 值也被发现是最小杀菌浓度（MFC）。

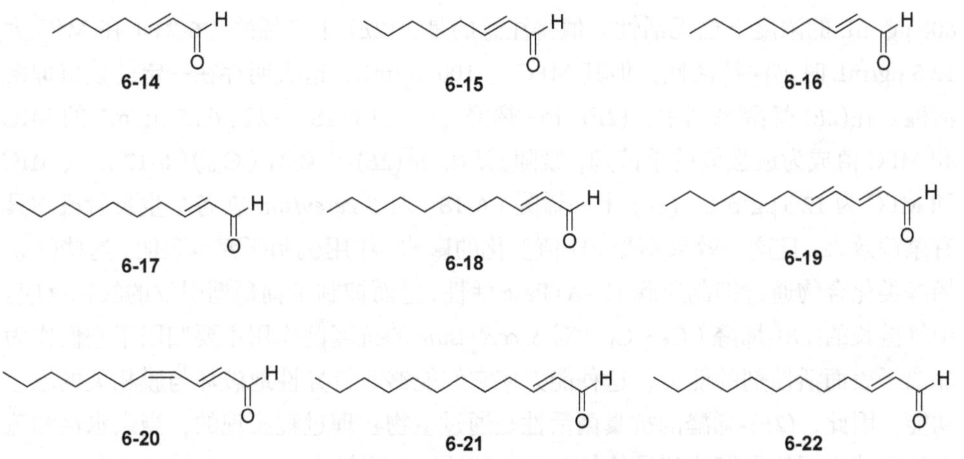

图 6-3　*α,β*-不饱和烯醛的化学结构

（二）橄榄中的 *α,β*-不饱和烯醛类化合物

Giuseppe 等[17]从橄榄（*Olea europaea*）果实及其油香发现了一系列类似的长链 *α,β*-不饱和醛，这些挥发性化合物显示出广泛的抗菌谱。评估了临床分离菌株对 (2*E*)-庚烯醛（**6-14**）、(2*E*)-壬烯醛（**6-16**），(2*E*)-癸烯醛（**6-17**）和(2*E*,4*E*)-癸二烯醛（**6-19**）的敏感性。结果显示，标准菌株的 MIC 介于 0.48 ~ 250 μg/mL，而临床分离菌株的 MIC 则介于 1.9 ~ 250 μg/mL，其中(2*E*,4*E*)-癸二烯醛（**6-19**）展现出最低的 MIC 值。此外，当这些醛类物质以等比例（1∶1∶1∶1）混合使用时，对微生物菌株表现出显著的协同效应，其 MIC 值低于单独使用时的计算值，标准菌株的 MIC 范围为 0.48 ~ 31.25 μg/mL，临床分离菌株的 MIC 范围为 0.48 ~ 3.9 μg/mL。进一步针对食物源性和标准微生物菌株的抑制活性筛选表明，MIC 值介于 1.9 ~

250 μg/mL，(2E,4E)-癸二烯醛（**6-19**）的 MIC 值最低。在所测试的革兰氏阳性细菌中，肺炎链球菌（*S. pneumoniae*）对这些醛类物质最为敏感；在革兰氏阴性细菌中，流感嗜血杆菌（*Haemnrhilus influenzae*）最为敏感。值得注意的是，所有测试的活性醛对革兰氏阳性和革兰氏阴性微生物均显示出相似的活性，这一结果相当独特，因为大多数植物次生代谢产物通常对革兰氏阳性细菌的活性要强于对革兰氏阴性细菌的活性。在此基础上，Kubo 等[18]进一步评估了一系列 $C_5 \sim C_{14}$ 的长链 α,β-不饱和烯醛以及饱和脂肪醛类化合物对酿酒酵母（*S. cerevisiae*）的抗真菌活性。总体而言，MIC 和 MFC 之间的差异不超过两倍，这暗示了它们不具备持久的抑菌作用。随着碳链长度的增长，抗菌活性也随之增强，但在达到最大活性的碳链长度后，活性便不再增加。其中，(2E)-十二烯醛（C_{12}）（**6-21**）对酿酒酵母表现出极高的抗菌效果，MIC 为 12.5 μg/mL，而(2E)-十三烯醛（C_{13}）（**6-22**）在高达 800 μg/mL 的浓度下已无活性。值得注意的是，(2E)-十二烯醛（**6-21**）在 MIC 为 12.5 μg/mL 时仍保持活性，但其 MFC 为 100 μg/mL，这表明存在一定的残留抑菌活性。在(2E)-烯醛系列中，(2E)-十一烯醛（C_{11}）（**6-18**）以其 6.25 μg/mL 的 MIC 和 MFC 值成为最强效的杀菌剂，紧随其后的是(2E)-十烯醛（C_{10}）（**6-17**），其 MIC 和 MFC 为 12.5 μg/mL。(2E)-十一烯醛（**6-18**）对 *S. cerevisiae* 在各个生长阶段均具有杀菌效果，且这一效果不受 pH 值变化的影响。作用机制研究也表明，这些(2E)-烯醛类化合物通过抑制质膜 H^+-ATPase 活性，进而抑制了葡萄糖引发的酸化反应。中等链长的(2E)-烯醛（$C_9 \sim C_{12}$）对 *S. cerevisiae* 的抗真菌作用主要归因于它们作为非离子表面活性剂的能力，这种能力使它们能够非特异性地破坏与膜相关的原生功能。因此，(2E)-烯醛的抗真菌活性是通过生物物理过程实现的，当亲水性和疏水性部分之间的平衡达到最佳状态时，其活性达到最大。

第四节　多炔醇类化合物

多炔醇（*polyacetylene*）是伞形科（Umbelliferae）和五加科（Araliaceae）等植物中广泛存在的防御性次生代谢产物，对多种致病真菌具有生物活性。

（一）伞形科洋芹中的多炔醇类化合物

早在 1978 年[19]，从可食用植物伞形科洋芹（*Aegopodium podagraria*）中发现了两个抗真菌活性 C_{17} 多炔醇 falcarindiol（**6-23**）和 falcarinol（**6-24**）（图 6-4），含量分别为新鲜组织中的 217 μg/g 和 36 μg/g，在 20 μg/mL 浓度下，**6-23** 其对豆锈菌（*Uromyces fabae*）和胶胞炭疽菌（*Colletotrichum lagenarium*）完全抑制其生长。这些结果表明 falcarindiol（**6-23**）是洋芹中的主要细菌抑制剂，同时也是食用蔬菜

胡萝卜（*Daucus carota*）中的一种化合物，它在这种植物嫩枝中的浓度超过 200 μg/g，远高于体外抑制真菌生长所需的浓度。

（二）菊科中的多炔醇类化合物

Wu 等[20]评估了菊科植物盐蒿（*Artemisia halodendron*）不同器官（叶片、茎和根）提取物的抗真菌效果。相关性分析显示，多炔醇是生物活性的主要贡献者。活性跟踪分离得到 6 个多炔醇类化合物 artehaloyn A（**6-25**）、artehaloyn B（**6-26**）、3*R*,8*S*-heptadeca-1,16-dien-4,6-diyne-3,8-diol（**6-27**）、dehydrofalcarinol（**6-28**）、1,3*R*,8*S*-trihydroxydec-9-en-4,6-yne（**6-29**）和 3*R*,8*E*-decene-4,6-diyne-1,3,10-triol（**6-30**）（图 6-4）并对其开展了五种植物病原真菌的抗真菌活性筛选，即黄瓜灰霉病菌（*Cladosporium cucumerinum*）、稻瘟病菌（*Magnaporthe oryzae*）、灰葡萄孢菌（*Botrytis cinerea*）、胶孢炭疽菌（*Colletotrichum gloeosporioides*）和番茄尖镰孢菌（*Fusarium oxysporum* f. sp. *narcissi*）。对于黄瓜灰霉病菌（*C. cucumerinum*），所有多炔烃都显示出显著的抗真菌活性（MIC 为 4～32 μg/mL），而多炔烃 **6-25** 显示出卓越的效果（MIC 为 4 μg/mL），强于阳性对照 carbendazim（MIC 为 8 μg/mL）。多炔烃 **6-25**～**6-28** 以及多炔烃 **6-30** 也对稻瘟病菌（*M. oryzae*）显示出卓越的抗真菌效果（MIC 为 8～32 μg/mL）。特别是，多炔烃 **6-25** 和 **6-28** 表现出最强的活性（MIC 为 8 μg/mL），接近阳性对照 carbendazim（MIC 为 8 μg/mL）。对于灰霉病菌（*B. cinerea*），多炔烃 **6-25**、**6-26**、**6-28** 以及 **6-30** 显示出显著的活性（MIC 为 16～32 μg/mL）。多炔烃 **6-25**、**6-26**、**6-27** 和 **6-30** 对葡萄炭疽病菌（*C. gloeosporioides*）也显示出卓越的抗真菌活性（MIC 为 16～32 μg/mL）。此外，多炔烃 **6-25** 和 **6-30** 对镰刀菌（*F. oxysporum*）也显示出卓越的活性（MIC 为 16～32 μg/mL）。整体来说，化合物 **6-25** 和 **6-30** 表现出卓越的抗真菌活性（MIC 为 4～32 μg/mL），表明 *trans*-构型的多炔烃可能具有更好的抗真菌潜力。这些多样的生物活性表明，多炔醇有潜力被开发为天然产物药物和杀菌剂，特别是作为源自植物的天然杀菌剂。

Rahman 等[21]从菊科紫花野菊（*Dendranthema zawadskii*）的根部分离出了两种新的 C-14 多炔烃 dendrazawayne A（**6-35**)和 dendrazawayne B（**6-36**)以及已知的 C-13 多炔烃 **6-33**、**6-34**、C-14 多炔烃 **6-31**、**6-37** 和 **6-32** 和多炔酰胺 **6-38** 和 **6-39**（图 6-4）。对于灰霉，所有化合物（**6-31**～**6-39**）对真菌须发癣菌（*T. mentagrophytes*）均显示出强烈的活性，IZ 值为 13.5～23 mm，MIC 值为 5～10 μg/mL，接近或超过阳性药两性霉素（amphotericin)（MIC 为 9 μg/mL）。从菊科蓟属植物蓟（*Cirsium japonicum*）根部（可食用）甲醇提取物中分离并鉴定出的抗真菌成分[22]，已对其抗真菌活性进行了评估，特别是针对多种植物病原真菌。从 *C. japonicum* 根部

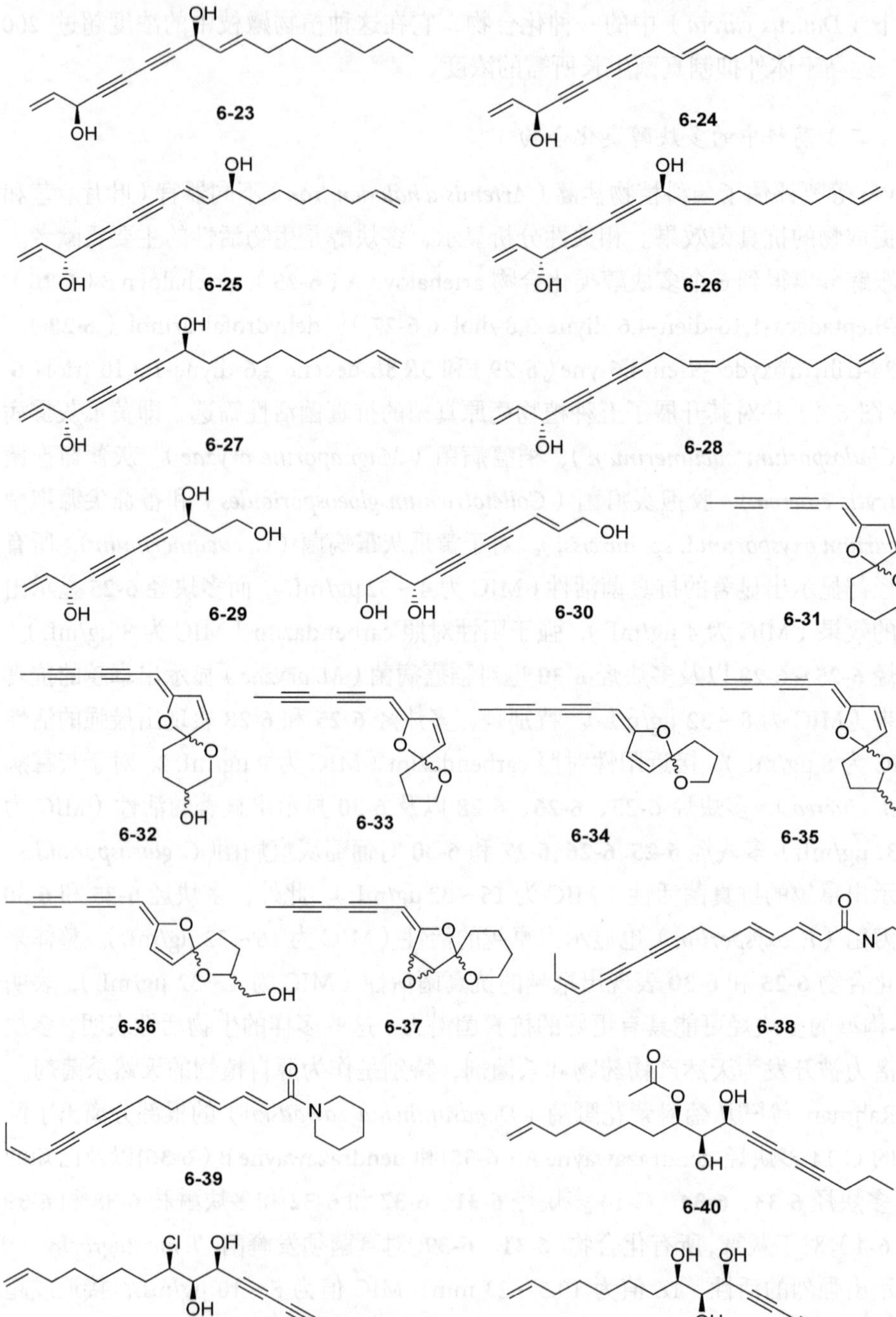

图 6-4　天然多炔醇的化学结构

成功分离出三种多炔烃化合物：ciryneol A（**6-40**）、ciryneol C（**6-41**）和 1-heptadecene-11,13-diyne-8,9,10-triol（**6-42**）（图6-4）。其中，ciryneol A（**6-40**）对稻瘟病菌（*M. oryzae*）、瓜类炭疽病菌（*Colletotrichum coccodes*）、尖孢炭疽病菌（*C. acutatum*）、终极腐霉（*Pythium ultimum*）和灰葡萄孢菌（*B. cinerea*）的 IC_{50} 值分别为 21 μg/mL、19 μg/mL、22 μg/mL、32 μg/mL 和 57 μg/mL；ciryneol C（**6-41**）分别为 30 μg/mL、12 μg/mL、14 μg/mL、13 μg/mL 和 29 μg/mL；而 1-heptadecene-11,13-diyne-8,9,10-triol（**6-42**）对稻瘟病菌（*M. oryzae*）、瓜类炭疽病菌（*C. coccodes*）、尖孢炭疽病菌（*C. acutatum*）和终极腐霉（*Pythium ultimum*）的 IC_{50} 值分别为 17 μg/mL、45 μg/mL、41 μg/mL 和 12 μg/mL。在实际应用中，这些化合物显示出广泛的抗真菌效果，对抗七种植物病害。特别是在 500 μg/mL 的浓度下，它们能有效抑制五种病原菌感染的进一步发展，控制效果超过 90%。它们对小麦叶锈病的防治效果尤为显著，即使在较低浓度（125 μg/mL）下，也能实现超过88%的病害控制。此外，ciryneol C 在抑制大麦白粉病方面也表现出良好的效果。这项研究首次揭示了 *C. japonicum* 根部多炔烃化合物对植物病原真菌的抗真菌活性，为开发更环保的作物保护替代品提供了可能性，以抵御各种植物病原真菌的侵害。这些化合物是潜在的天然杀菌剂和杀菌剂先导候选物，有待进一步的结构优化和性质改进。

（三）基于天然产物合成的多炔醇类化合物

Liu 等[23]建立了一种高效且高度对映选择性的方法，并用其实现了天然 C_{18} 多炔烃(*S,E*)-octadeca-1,9-dien-4,6-diyn-3-ol（**6-43**），(*3R,10R,E*)-octadeca-1,8-dien-4,6-diyne-3,10-diol（**6-45**）（图6-5）及其类似物的合成。进一步发现这些多炔烃对植物病原真菌表现出显著的抑制活性，如胶孢炭疽菌（*C. gloeosporioides*）、麦根腐平脐蠕孢菌（*Bipolaris sorokiniana*）、禾谷镰刀菌（*Fusarium graminearum*）和假禾谷镰刀菌（*Fusarium pseudograminearum*），其半最大有效浓度范围为 8 ~ 425 μg/mL，与杀菌剂噻菌灵（3 ~ 408 μg/mL）相似。其中，(*S,E*)-octadeca-1,9-dien-4,6-diyn-3-ol（**6-43**）、*rac*-(*E*)-octadeca-1,9-dien-4,6-diyn-3-ol（**6-44**）、(*S,Z*)-octadeca-1,9-dien-4,6-diyn-3-ol（**6-45**）、*rac*-(*Z*)-octadeca-1,9-dien-4,6-diyn-3-ol（**6-46**）、(*3R,10R,E*)-octadeca-1,8-dien-4,6-diyne-3,10-diol（**6-47**）（图6-5）对麦根腐平脐蠕孢菌（*Bipolaris sorokiniana*）显示出优异的抗真菌活性，其 EC_{50} 值分别为 9 μg/mL、8 μg/mL、26 μg/mL、24 μg/mL 和 74 μg/mL，强于杀菌剂噻菌灵（408 μg/mL）。本项研究不仅为合成聚乙炔醇类化合物提供了一种创新的合成方法，而且为开发具有高活性和高选择性的新型农业杀菌剂开辟了新的研究路径。可以预期这些化合物将在未来的农业生产实践中扮演关键角色，通过提升作物产量与品质的同时，减少化学农药

的依赖性。

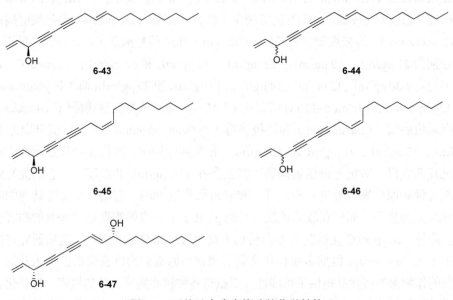

图 6-5   天然及合成多炔醇的化学结构

第五节   脂肪酸类化合物

葱（*Allium fistulosum*），石蒜科葱属多年生草本植物，是一种重要的香料植物，其叶子和鳞茎均可食用，同时，它也被广泛用作治疗多种疾病的草药，这种植物的鳞茎和根被用于治疗发热性疾病、头痛、腹痛、腹泻、蛇咬伤、眼疾等疾病，并且具有显著的抗真菌和抗细菌作用。Sang 等[24]对葱籽的化学成分进行了深入研究[8]，鉴定出 1 种不饱和脂肪酸单甘酯 glycerol mono-(*E*)-8,11,12-trihydroxy-9-octadecenoate（**6-48**）和 tianshic acid（**6-49**）（图 6-6）。实验结果表明，化合物 **6-48** 和 **6-49** 均能有效抑制辣椒枯萎病菌（*Phytophthora capsici*），其中，游离脂肪酸形式的化合物 **6-49** 展现出更为显著的抑制效果。Feng 等[25]从红藻冈村凹顶藻（*Laurencia okamurai*）中鉴定出脂肪酸类化合物(9*Z*,12*Z*,15*Z*,18*Z*,21*Z*)-乙基四十二碳-9,12,15,18,21 五烯酸乙酯（**6-50**）、(10*Z*,13*Z*)-乙基十九碳-10,13-二烯酸乙酯（**6-51**）、(9*Z*,12*Z*)-乙基十九碳-9,12-二烯酸乙酯（**6-52**）、(*Z*)-乙基十八碳-13-烯酸乙酯（**6-53**）和(*Z*)-乙基十六碳-11-烯酸乙酯（**6-54**）（图 6-6）。在体外生物测定中，五个脂肪酸类化合物对新生隐球菌（*Cryptococcus neoformans*）和光滑念珠菌（*Candida glabrata*）表现出一定的抑制活性，其 MIC 为 4 ~ 64 μg/mL。

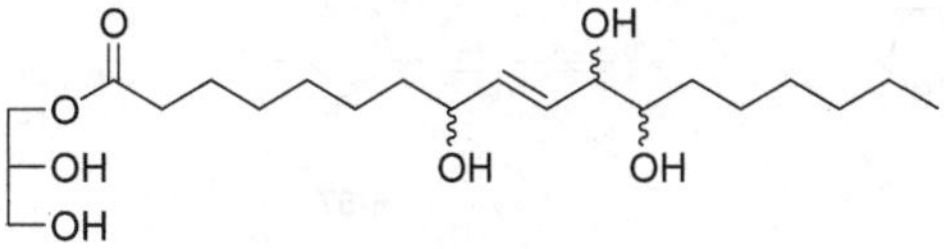

6-48 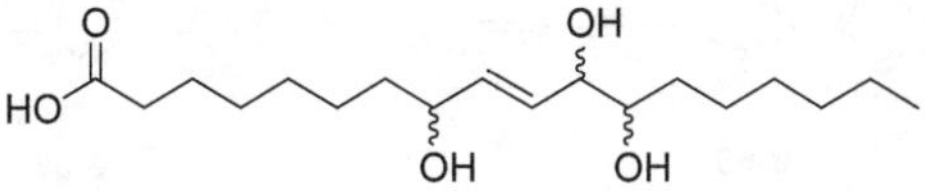　　　　　　　　　　　　　　　　**6-49**

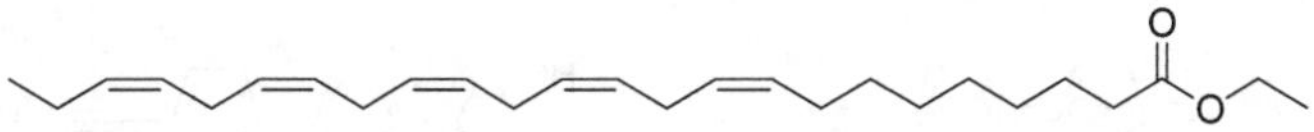

6-50

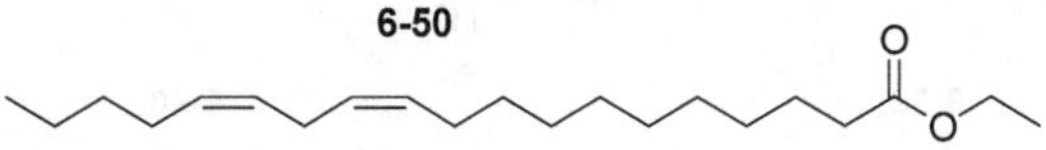

6-51

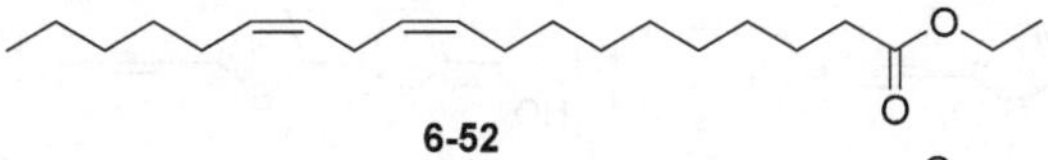

6-52

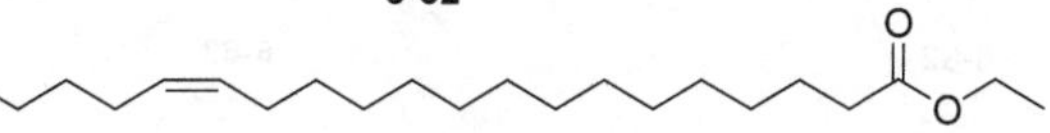

6-53

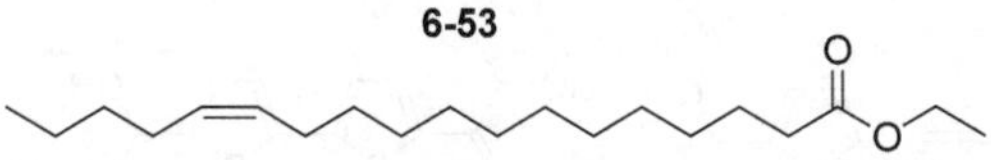

6-54

图 6-6　脂肪酸类化合物的化学结构

第六节　噻吩类化合物

硬叶蓝刺头（*Echinops ritro*）、蓝刺头（*E. latifolius*）和华东蓝刺头（*E. grijsii*）均属于菊科蓝刺头属的多年生草本植物。它们的根、花序、果实和种子均可入药，具有清热解毒、排脓止血、消痈下乳的疗效。这些植物药材中含有丰富的特殊多炔-噻吩类化合物，这些化合物展现出了抗肿瘤、杀虫和抗真菌的活性[26-29]。

（一）硬叶蓝刺头中噻吩类抗菌剂

Fokialakis 等[26]从来自希腊植物群的 30 种植物提取物中筛选出对三种 *Colletotrichum* 属真菌具有抑制活性的提取物，并发现菊科植物硬叶蓝刺头（*Echinops ritro*）根部的二氯甲烷提取物对三种 *Colletotrichum* 属真菌表现出最强的活性。通过生物活性跟踪分离，从这种提取物中分离出了一系列噻吩类化合物（图 6-7）。活性筛选表明，5′-(3-丁炔基)-2,2′-联噻吩（5′-(3-buten-1-ynyl)-2,2′-bithiophen，**6-55**）、α-三噻吩（α-terthienyl，**6-56**）和 2-[戊炔基-1,3-二炔基]-5-[4-羟基丁炔基]噻吩（2-[pent-1,3-diynyl]-5-[4-hydroxybut1-ynyl]thiophene，**6-57**）在 3 μmol/L 和 30 μmol/L 浓度下对所有三种毛盘孢属真菌（*Colletotrichum*）：芒果炭疽

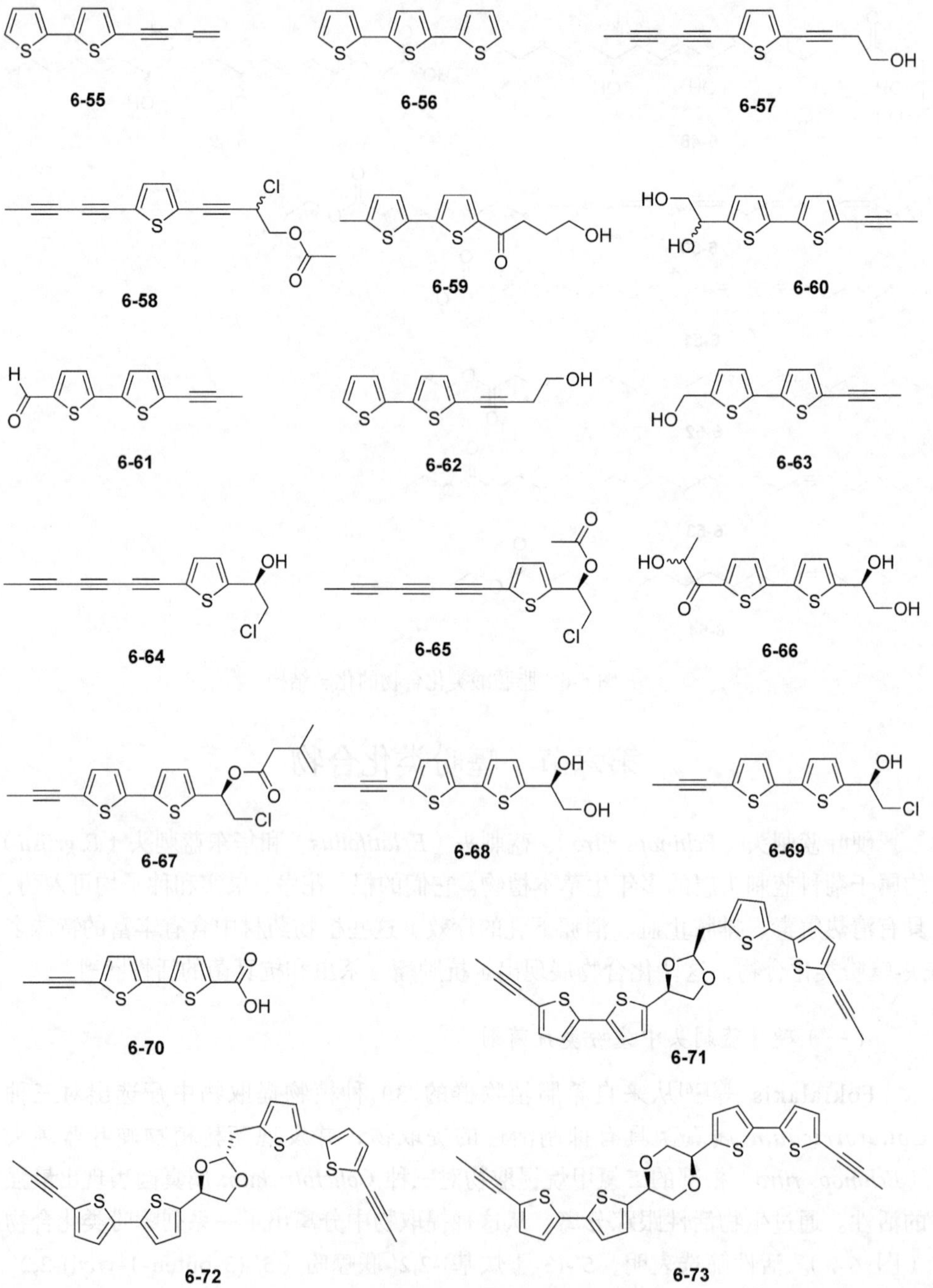

图 6-7　噻吩类化合物的化学结构

菌（*C. acutatum*）、草莓炭疽菌（*C. fragariae*）和胶孢炭疽菌（*C. gloeosporioides*），以及尖孢镰孢菌（*Fusarium oxysporum*）、葡萄蔓割病菌（*Phomopsis viticola*）和昏

暗拟茎点霉（*Phaeomoniella. obscurans*）表现出活性。其中，化合物 **6-55**、**6-56** 和 **6-57** 对 *Colletotrichum* 属和 *Fusarium* 属真菌表现出显著的活性。抑制率实验表明，α-三噻吩（**6-56**）显示出强大的活性，对 *C. gloeosporioides* 在 3 μmol/L 浓度下抑制生长 98%，对 *C. fragariae* 和 *C. acutatum* 也有类似的活性。α-三噻吩（**6-56**）在 3 μmol/L 浓度下也抑制了 *F. oxysporum* 98%的生长，在 0.3 μmol/L 浓度下抑制了 25%。在 30 μmol/L 浓度下，**6-55** 对 *C. gloeosporioides* 和 *F. oxysporum* 产生了 96% 的抑制，而 **6-57** 产生了 100%的抑制。而噻吩类化合物对 *B. cinerea*、*P. obscurans* 和 *P. viticola* 的活性较低。氯化噻吩化合物 **6-58** 在 30 μmol/L 浓度下活性最强，分别对 *C. gloeosporioides* 和 *F. oxysporium* 产生了 81%和 82%的抑制。进一步活性测试表明，活性最强的 α-三噻吩（**6-56**）似乎对 *Colletotrichum* 属具有选择性，对 *C. gloeosporioides*（IC_{50} < 1.6 μmol/L）表现出高水平的活性，对 *C. acutatum*（IC_{50} 为 3.0 μmol/L）和 *C. fragariae*（IC_{50} 为 4.9 μmol/L）表现出中等活性。α-三噻吩（**6-56**）在 48 小时和 72 小时对 *C. gloeosporioides* 的 1.6 μmol/L 活性与阳性对照药剂，卡普坦相当。**6-57** 似乎对两种 *Phomopsis* 属表现出选择性抗真菌活性，对 *P. obscurans*（IC_{50} 为 2.9 μmol/L）和 *P. viticola*（IC_{50} < 1.6 μmol/L）表现出中等活性。**6-57** 对 *F. oxysporum* 的活性值得关注，因为 *Fusarium* 属物种很少对我们的测定中的化学物在 30 μmol/L 以下敏感，观察到的活性水平（IC_{50} 为 9.5 μmol/L）是不寻常的。**6-55** 对 *C. gloeosporioides*（IC_{50} 为 4.2 μmol/L）和 *C. acutatum*（IC_{50} 为 7.6 μmol/L）。研究表明，α-三噻吩（**6-56**）对 *Colletotrichum* 属的选择性活性和化合物 **6-57** 对 *Phomopsis* 属的选择性活性值得进一步研究，两个化合物可能作为潜在的植物保护剂或改善活性的半合成衍生物的先导化合物。Li 等[27]从硬叶蓝刺头（*Echinops ritro*）全草中分离出一系列噻吩类化合物。在生物筛选实验中，化合物 **6-59 ~ 6-63** 对人肠杆菌（*E. coli*）表现出抗菌活性，MIC 值为 32 ~ 64 μg/mL。化合物 **6-59**、**6-60**、**6-62** 和 **6-63** 显示出与左氧氟沙星（8 μg/mL）对金黄色葡萄球菌（*S. aureus*）相似的抗菌活性，MIC 值均为 8 μg/mL。三种化合物 **6-59**、**6-60** 和 **6-62** 对白色念珠菌（*C. albicans*）表现出抗真菌活性，MIC 值为 32 ~ 64 μg/mL。

（二）华东蓝刺头中噻吩类抗菌剂

Liu 等[28]从华东蓝刺头（*E. grijsii*）中分离出一系列噻吩类化合物（图 6-7），化合物 **6-64 ~ 6-70**（**6-68** 为 **6-60** 的其中一个构型单体）对六种土传真菌，即茄镰孢菌（*Fusarium solani*）、尖孢镰刀菌棉花专化型（*F. oxysporum* f. sp. *vasinfectum*）、尖孢镰刀菌雪白专化型（*F. oxysporum* f. sp. *niveum*）、马铃薯晚疫病菌（*Phytophthora infestans*）、胶孢炭疽菌（*C. gloeosporioides*）和交替假单胞菌（*Alternaria alternata*）

显示出与商业杀菌剂卡苯达唑（carbendazim）相当或更好的抗真菌活性，MIC 值为 4 ~ 256 μg/mL，其中，**6-64** 对五种菌的 MIC 分别为 64 μg/mL、16 μg/mL、8 μg/mL、128 μg/mL、16 μg/mL 和 4 μg/mL；其中 **6-69** 对五种菌的 MIC 分别为 64 μg/mL、32 μg/mL、4 μg/mL、32 μg/mL、4 μg/mL 和 4 μg/mL，部分强于卡苯达唑（carbendazim）（MIC 分别为 0.5 μg/mL、2 μg/mL、8 μg/mL、256 μg/mL、8 μg/mL 和 16 μg/mL）。

（三）蓝刺头中噻吩类抗菌剂

Wu 等[29]在对蓝刺头（*Echinops latifolius*）的化学成分进行深入研究中成功分离得到了三个新型的二聚体联噻吩 echinbithiophenedimers A ~ C（**6-71**、**6-72** 和 **6-73**），它们是具有少见的 1,3-二噁烷环系和 1,4-二噁烷环的二聚体联噻吩。这三种化合物对五种植物病原真菌：交替假单胞菌（*A. alternate*）、稻瘟病菌（*Pyricularia oryzae*）、尖孢镰刀菌（*Fusarium oxysporum*）、胶孢炭疽菌（*C. gloeosporioides*）和马铃薯晚疫病菌（*P. infestans*）的抗真菌活性测试中表现出了显著的效果，MIC 值在 8 ~ 16 μg/mL 之间，特别是，化合物 **6-73** 对 *A. alternate* 的抗真菌活性（MIC 为 8 μg/mL）优于阳性对照药物卡苯达唑（MIC 为 16 μg/mL）。对于 *F. oxysporum* 和 *C. gloeosporioides*，化合物 **6-71**、**6-72** 和 **6-73** 也显示出良好的抗真菌活性（MIC 值为 16 ~ 64 μg/mL）。二聚体联噻吩 **6-71**、**6-72** 和 **6-73** 对抗 *P. infestans* 还显示出比卡苯达唑（MIC 为 256 μg/mL）更好的抗真菌活性（MIC 为 128 μg/mL）。值得注意的是，与之前报道的化合物 **6-68** 相比，化合物 **6-73** 对 *A. alternate*、*F. oxysporum* 和 *C. gloeosporioides* 的显示出更强的抗真菌活性（MIC 值分别为 8 μg/mL、8 μg/mL 和 32 μg/mL）。该研究提示通过 1,3-二噁烷或 1,4-二噁烷环连接的二聚体噻吩显著增强了它们的抗真菌活性。

参 考 文 献

[1] Lu Y C, Chang H S, Peng C F, et al. Secondary metabolites from the unripe pulp of *Persea americana* and their antimycobacterial activities[J]. Food Chemistry, 2012, 135(4): 2904-2909.

[2] 郭威, 游雪甫, 杨信怡, 等. 鱼腥草素钠及其类似物的抗细菌与抗真菌活性研究进展[J]. 沈阳药科大学学报, 2024, 41(6): 808-816.

[3] 袁吕江. 合成鱼腥草素同系物表面活性与抗菌和免疫调节活性关系的研究[D]. 重庆: 西南农业大学, 2004.

[4] 李芳, 黄卫锋, 段强军, 等. 鱼腥草素钠联合 EDTA-Na$_2$ 对生物被膜菌的影响[J]. 中草药, 2014, 45(24): 3585-3589.

[5] Wu D Q, Cheng H J, Duan Q J, et al. Sodium houttuyfonate inhibits biofilm formation and alginate biosynthesis-associated gene expression in a clinical strain of *Pseudomonas aeruginosa in vitro*[J]. Experimental Therapy Medicine, 2015, 10: 753-758.

[6]　Zhao Y Y, Mei L F, Si Y Q, et al. Sodium new houttuyfonate affects transcriptome and virulence factors of *Pseudomonas aeruginosa* controlled by quorum sensing[J]. Frontiers in Pharmacology, 2020, 11: 572375.

[7]　朱玲玲, 孙振新, 程惠娟, 等. 鱼腥草素钠对头孢他啶抗铜绿假单胞菌生物被膜的增强作用及抗菌协同作用[J]. 时珍国医国药, 2013, 24: 2353-2355.

[8]　汪海波, 张海翔, 程惠娟, 等. 鱼腥草素钠与红霉素抗铜绿假单胞菌生物被膜的协同作用[J]. 中国微生态学杂志, 2014, 26: 878-882.

[9]　刘彬, 陈逸杰, 程惠娟, 等. 鱼腥草素钠增强妥布霉素抗铜绿假单胞菌生物被膜作用及抗菌协同作用[J]. 辽宁中医药大学学报, 2013, 15: 47-50.

[10]　Lu X, Yang X Y, Li X, et al. *In vitro* activity of sodium new houttuyfonate alone and in combination with oxacillin or netilmicin against methicillin-resistant *Staphylococcus aureus*[J]. PlosOne, 2013, 8, e68053.

[11]　Li X, Wang P H, Hu X X, et al. The combined antibacterial effects of sodium new houttuyfonate and berberine chloride against growing and persistent methicillin-resistant and vancomycin-intermediate *Staphylococcus aureus*[J]. BMC Microbiology, 2020, 20: 317.

[12]　Liu G X, Xiang H, Tang X D, et al. Transcriptional and functional analysis shows sodium houttuyfonate-mediated inhibition of autolysis in *Staphylococcus aureus*[J]. Molecules, 2011, 16: 8848-8865.

[13]　Wu J D, Wu D Q, Zhao Y Y, et al. Sodium new houttuyfonate inhibits Candida albicans biofilm formation by inhibiting the Ras1-cAMP-Efg1 pathway revealed by RNA sequencing [J]. Frontiers in Microbiology, 2020, 11: 2075.

[14]　笪文悦. 白色念珠菌生物被膜基质成分分析及鱼腥草素钠对白色念珠菌细胞壁的作用研究[D]. 合肥: 安徽中医药大学, 2019.

[15]　Kubo A, Lunde C S, Kubo I. Antimicrobial activity of the olive oil flavor compounds[J]. Journal of Agricultural and Food Chemistry, 1995, 43(6): 1629-1633.

[16]　Kubo A, Kubo I. Antimicrobial agents from *Tanacetum balsamita*[J]. Journal of Natural Products, 2004, 58(10): 1565-1569.

[17]　Giuseppe B, Laganà M G, Domenico T, et al. *In vitro* antibacterial activity of some aliphatic aldehydes from *Olea europaea* L.[J]. FEMS Microbiology Letters, 2001, 198: 9-13.

[18]　Kubo I, Fujita K I, Kubo A, et al. Modes of antifungal action of (2*E*)-alkenals against *Saccharomyces cerevisiae*[J]. Journal of Agricultural and Food Chemistry, 2003, 51(14): 3951-3957.

[19]　Kemp M S. Falcarindiol: An antifungal polyacetylene from *Aegopodium podagraria*[J]. Phytochemistry, 1978, 17(5): 1002.

[20]　Wu H B, Guo P X, Ma L H, et al. Nematicidal, antifungal and insecticidal activities of *Artemisia halodendron* extracts: New polyacetylenes involved[J]. Industrial Crops and Products, 2021, 170: 113825.

[21]　Rahman M A, Cho S C, Song J, et al. Dendrazawaynes A and B, antifungal polyacetylenes from *Dendranthema zawadskii* (Asteraceae)[J]. Planta Medica, 2007, 73: 1089-1094.

[22]　Yoon M Y, Choi G J, Choi Y H, et al. Antifungal activity of polyacetylenes isolated from *Cirsium japonicum* roots against various phytopathogenic fungi[J]. Industrial Crops and Products, 2011, 34(1): 882-887.

[23]　Liu J, Lu S, Feng J, et al. Enantioselective synthesis and antifungal activity of C_{18} polyacetylenes[J]. Journal of Agricultural and Food Chemistry, 2020, 68: 2116-2123.

[24]　Sang S M, Lao A N, Wang Y S, et al. Antifungal constituents from the seeds of *Allium fistulosum* L.[J]. Journal of Agricultural and Food Chemistry, 2002, 50(22): 6318-6321.

[25]　Feng M T, Yu X Q, Yang P, et al. Two new antifungal polyunsaturated fatty acid ethyl esters from the red alga

Laurencia okamurai[J]. Chemistry of Natural Compounds, 2015, 51(3): 418-422.

[26]　Fokialakis N, Cantrell C L, Duke S O, et al. Antifungal activity of thiophenes from *Echinops ritro*[J]. Journal of Agricultural and Food Chemistry, 2006, 54(5): 1651-1655.

[27]　Li L B, Xiao G D, Xiang W, et al. Novel substituted thiophenes and sulf-polyacetylene ester from *Echinops ritro* L[J]. Molecules, 2019, 24(4): 805.

[28]　Liu T, Wu H, Jiang H, et al. Thiophenes from *Echinops grijsii* as a preliminary approach to control disease complex of root-knot nematodes and soil-borne fungi: Isolation, activities, and structure-nonphototoxic activity relationship analysis[J]. Journal of Agricultural and Food Chemistry, 2019, 67(22): 6160-6168.

[29]　Wu H B, Wu H B, Kuang M, et al. Novel bithiophene dimers from *Echinops latifolius* as potential antifungal and nematicidal agents[J]. Journal of Agricultural and Food Chemistry, 2020, 68: 11939-11945.

第七章　甾体皂苷类抗菌剂

甾体皂苷类化合物因其独特的生物活性而受到广泛关注，尤其是在抗菌和抗真菌领域的研究中取得了显著进展。这类化合物主要存在于多种植物中，如葱属（*Allium*）、鹿药属（*Smilacina*）、薯蓣属（*Dioscorea*）和茄属（*Solanum*）等。研究表明，甾体皂苷不仅对多种病原真菌如白色念珠菌（*Candida albicans*）和曲霉菌（*Aspergillus fumigatus*）表现出显著的抑制作用，还对一些细菌具有抗菌活性。这些发现为甾体皂苷类化合物在医药领域的应用奠定了基础。

随着对甾体皂苷抗菌机制的深入研究，研究人员发现其通过破坏微生物细胞膜结构，导致细胞死亡，从而发挥抗菌作用。此外，甾体皂苷在食品保鲜和农业领域的潜在应用也逐渐受到重视。它们不仅可以作为天然防腐剂，延长食品的保质期，还能有效抑制植物病原菌的生长，减少农药的使用，促进可持续农业的发展。

第一节　葱属甾体皂苷

葱属（*Allium*），隶属于百合科（Liliaceae），这类植物属于多年生的鳞茎植物，以其独特的葱蒜香气而闻名。全球约有 500 种葱属植物，主要分布在北半球。在葱属植物中，许多种类是可以食用的，并且有些已经被广泛栽培，例如大蒜（*A. sativum*）、大葱（*A. fistulosum*）、韭菜（*A. tuberosum*）、薤白（*A. chinense*）以及洋葱（*A. cepa*）等。葱属植物是一类具有较高药用和膳食价值的植物资源，含有多种生物活性物质，主要包括含硫化合物、甾体化合物、黄酮类化合物、多糖类化合物、含氮化合物等，其中的甾体皂苷类化合物普遍具有抗菌活性，代表化合物如 persicoside A（**7-1**）、persicoside B（**7-2**）、minutoside B（**7-9**）等（图 7-1 和 7-2）。

Sadeghi 等[1]从葱属植物韭葱亚种（*A. ampeloprasum* subsp. *persicum*）种子中分离得到了三种苷元［螺甾烷醇（spirostanol）、呋甾烷醇（furostanol）和胆甾烷醇（cholestanol）］为基础的甾体皂苷类化合物。并评估了这些甾体皂苷的抗真菌活性，这四种真菌包括土壤传播的病原体柑橘青霉（*Penicillium italicum*）、空气传播的病原体黑曲霉（*Aspergillus niger*）和葡萄灰霉（*Botrytis cinerea*）以及哈茨木霉菌（*Trichoderma harzianum*）。其中，persicosides A（**7-1**）和 B（**7-2**）、ceposide A1/A2（**7-3**）、tropeosides A1/A2（**7-4**）和 B1/B2（**7-5**）对 *P. italicum* 显示了一定的抑制活性，这些活性是剂量依赖的。这些皂苷对 *A. niger* 和 *T. harzianum* 也显示出了高

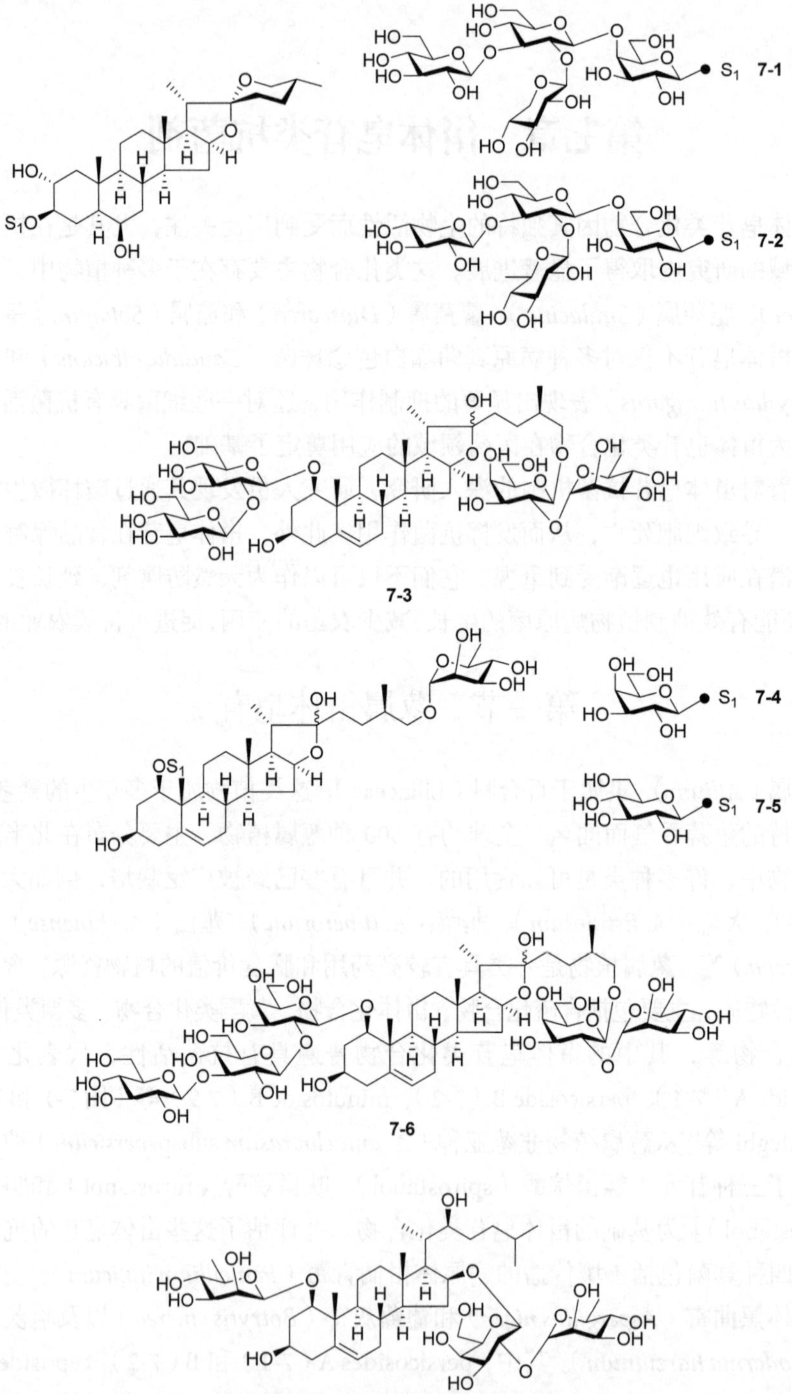

图 7-1 葱属甾体皂苷的化学结构

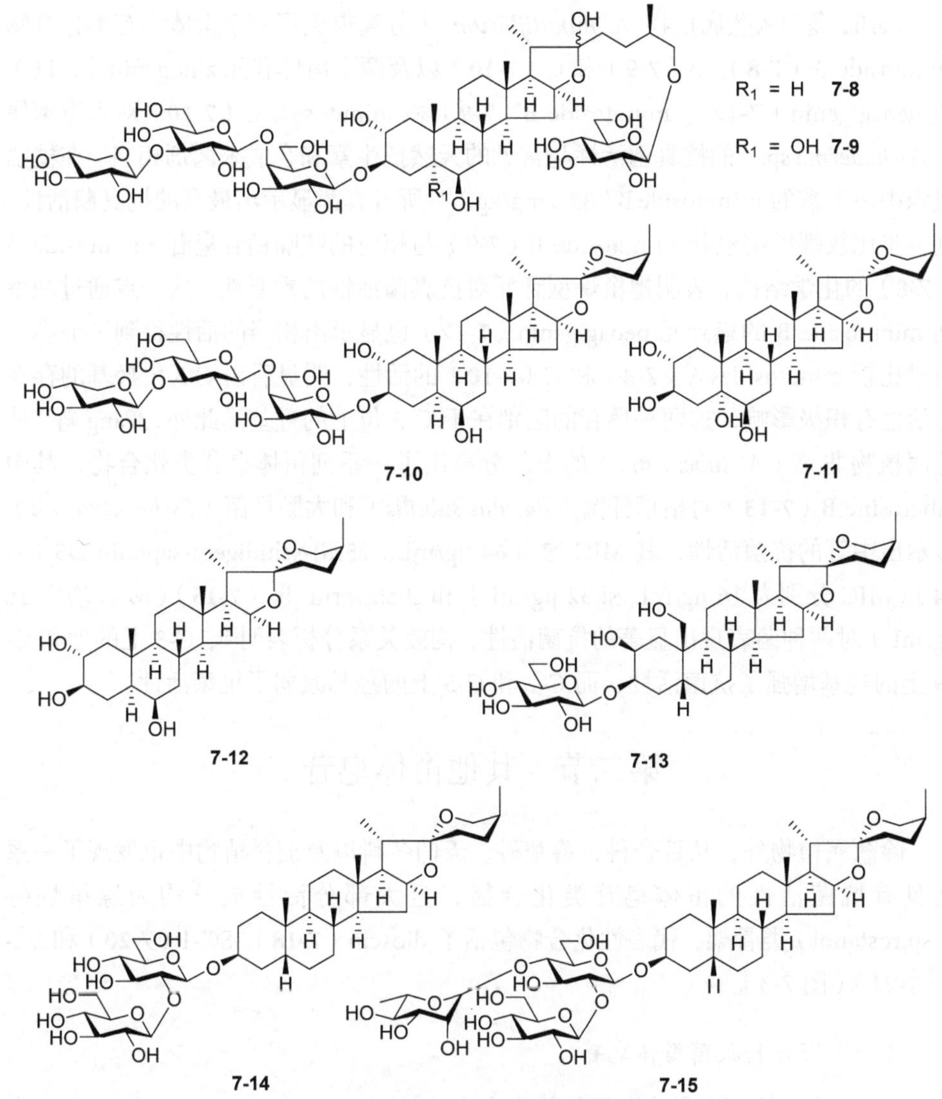

图 7-2　葱属甾体皂苷的化学结构

活性。而对于 *B. cinerea*，分离出的皂苷几乎都没有表现出显著活性，其生长仅被高浓度的 ceposide A1/A2（**7-3**）抑制。构效关系分析发现基于螺甾烷醇（spirostanol）骨架的皂苷 persicosides A（**7-1**）和 B（**7-2**）比其他基于呋甾烷醇（furostanol）[如 persicosides C1/C2（**7-6**）]和胆甾烷醇（cholestanol）[如 persicoside E（**7-7**）]骨架的测试皂苷对测试真菌表现出更高的活性，这表明 spirostanol 型苷元是增加皂苷化合物抗真菌活性的一个结构特征。另一个对活性重要贡献的特征是苷元 C-6 位置为羟基，这与 persicosides A（**7-1**）和 B（**7-2**）观察到的最高活性一致。

Barile 等[2]从葱属植物 *A. minutiflorum* 中分离得到了三个甾体皂苷类化合物 minutoside A（**7-8**）、B（**7-9**）和 C（**7-10**）以及两个甾体苷元 alliogenin（**7-11**）和 neoagigenin（**7-12**）。minutoside B（**7-9**）和 minutoside C（**7-10**）对木霉菌属（*Trichoderma sp.*）的抗真菌活性与常见的天然抗生素和合成杀菌剂相当。在植物组织中最丰富的 minutoside B（83.5 mg/kg）对所有真菌显示出最高的抗真菌活性。进一步比较螺甾烷皂苷 minutoside B（**7-9**）与相应的呋喃糖苷皂苷 minutoside A（**7-8**）的化学结构，表明螺甾烷型苷元对抗真菌活性的重要性。这一点通过观察到 minutoside B 的皂苷元 neoagigenin（**7-12**）也显示出相当的活性得到了证实。通过比较 minutosides A（**7-8**）和 C（**7-10**）的活性，明显看出 C-5 位羟基的存在对活性有积极影响，这两种皂苷的区别在于 C-5 位上的羟基。此外，Fang 等[3]从葱属植物韭菜（*A. tuberosum*）的根部分离出了一系列甾体皂苷类化合物，其中 tuberosine B（**7-13**）对枯草杆菌（*Bacillus subtilis*）和大肠杆菌（*Escherichia coli*）显示出中等的抗菌活性，其 MIC 均为 64 μg/mL；25(S)-schidigera-saponin D5（**7-14**）（MIC 分别为 16 μg/mL 和 32 μg/mL）和 shatavarin Ⅳ（**7-15**）（MIC 均为 16 μg/mL）对两种菌表现出显著的抗菌活性，构效关系分析表明[4]，C-3 上的糖和 C-19 上的羟基增强了抗菌活性，而 C-2 和 C-5 上的羟基减弱了抗菌活性。

第二节 其他甾体皂苷

除葱属植物外，从百合科、薯蓣科、天门冬科以及茄科植物中也发现了一系列具有抗菌活性的甾体皂苷类化合物，且大部分活性成分均为螺甾烷醇（spirostanol）类骨架，代表性化合物包括了 dioscin（**7-18**）、SC-1（**7-20**）和 SC-2（**7-21**）（图 7-3）。

（一）百合科抗菌甾体皂苷

Zhang 等[5]从百合科鹿药属植物高大鹿药（*Smilacina atropurpurea*）的根茎中发现一系列甾体皂苷类化合物。抗真菌活性测试表明，atropurosides B（**7-16**）和 F（**7-17**）对白色念珠菌（*C. albicans*）、光滑念珠菌（*C. glabrata*）、新型隐球菌（*Cryptococcus neoformans*）和曲霉菌（*A. fumigatus*）具有抑制作用，MFC 小于 20 μg/mL，而 dioscin（**7-18**）对白色念珠菌（*C. albicans*）和光滑念珠菌（*C. glabrata*）有显著的选择性活性，MIC 分别为 2.5 μg/mL 和 5.0 μg/mL。

（二）薯蓣科抗菌甾体皂苷

Sautour 等[6]从薯蓣科薯蓣属植物几内亚黄薯蓣（*Dioscorea cayenensis*）中也发

现了 dioscin（**7-18**），该化合物对三种念珠菌白色念珠菌（*C. albicans*）、光滑念珠菌（*C. glabrata*）以及热带念珠菌（*C. tropicalis*）表现出一定的抑制活性，其 MIC 分别为 12.5 μg/mL、12.5 μg/mL 和 25 μg/mL。Cho 等[7]从同属的穿龙薯蓣（*Dioscorea nipponica*）根皮中也发现了化合物 dioscin（**7-18**），并评估了其对多种真菌菌株的抗真菌效能及其在白色念珠菌（*C. albicans*）细胞中的抗真菌作用机制。研究表明，dioscin（**7-18**）对白色念珠菌（*C. albicans*）、近平滑念珠菌（*C. parapsilosis*）、贝吉尔毛孢子菌（*Trichosporon beigelii*）和糠秕马拉色菌（*Malassezia furfur*）显示了显著的抗真菌活性，其 MIC 范围为 11.3～22.5 μg/mL，略弱于两性霉素 B（MIC 值在 8.45～11.3 μg/mL 之间）。机制研究表明，dioscin（**7-18**）通过破坏真菌膜结构，发挥了显著的抗真菌活性,侵入真菌膜后导致真菌细胞死亡,以上研究表明 dioscin（**7-18**）具有显著的抗真菌活性，值得进一步研究其应用。

（三）天门冬科抗菌甾体皂苷

天门冬科蜘蛛抱蛋属一叶兰（*Aspidistra elatior*），又名蜘蛛抱蛋，该植物在日本被用作代替菜肴的盛放材料，也用于装饰食物，如寿司（生鱼片配米饭）和刺身（生鱼片）。Koketsu 等[8]推测一叶兰的传统用途与其成分对食物的防腐效果之间存在某种关系。基于此，从一叶兰中的抗真菌化合物开展了研究。研究发现其提取物对食源性真菌酿酒酵母（*Saccharomyces cerevisiae*）、异常汉森酵母（*Hansenula anomala*）、毛霉（*Mucor mucedo*）以及白色念珠菌（*C. albicans*）表现出显著的抗真菌效果，具有抗真菌活性，其生长抑制带（GIZ 分别为 16 mm、15 mm、9 mm 和 11 mm）。进一步将粉末化的甲醇提取物溶于水后，通过与己烷、乙酸乙酯、正丁醇进行顺序分配，最终发现仅正丁醇层具有活性，并从中跟踪分离到甾体皂苷类化合物蜘蛛抱蛋素（aspidistrin，**7-19**），该成分占植物干重的 0.17%。该化合物对食源性真菌酿酒酵母（*S. cerevisiae*）、异常汉森酵母（*H. anomala*）、毛霉（*M. mucedo*）以及白色念珠菌（*C. albicans*）表现出显著的抗真菌效果，其 MIC 分别为 2.5 μg/mL、10 μg/mL、10 μg/mL 和 50 μg/mL，该研究支持了一叶兰作为食物装饰材料以其在食品保鲜方面的潜在应用。

（四）茄科抗菌甾体皂苷

Alvarez 等[9]通过生物活性导向分离从茄科植物 *Solanum chrysotrichum* 叶中得到抗真菌甾体皂苷 SC-1（**7-20**），该化合物对真菌性皮炎病原菌须癣毛癣菌（*Trichophyton mentagrophytes*）表现出直接的杀菌活性（MIC 为 40 mg/mL），接近阳性药制霉菌素（MIC 为 10 mg/mL），但对细菌金黄色葡萄球菌（*Staphylococcus aureus*）、枯草杆菌（*B. subtilis*）、大肠杆菌（*Escherichia coli*）和铜绿假单胞菌

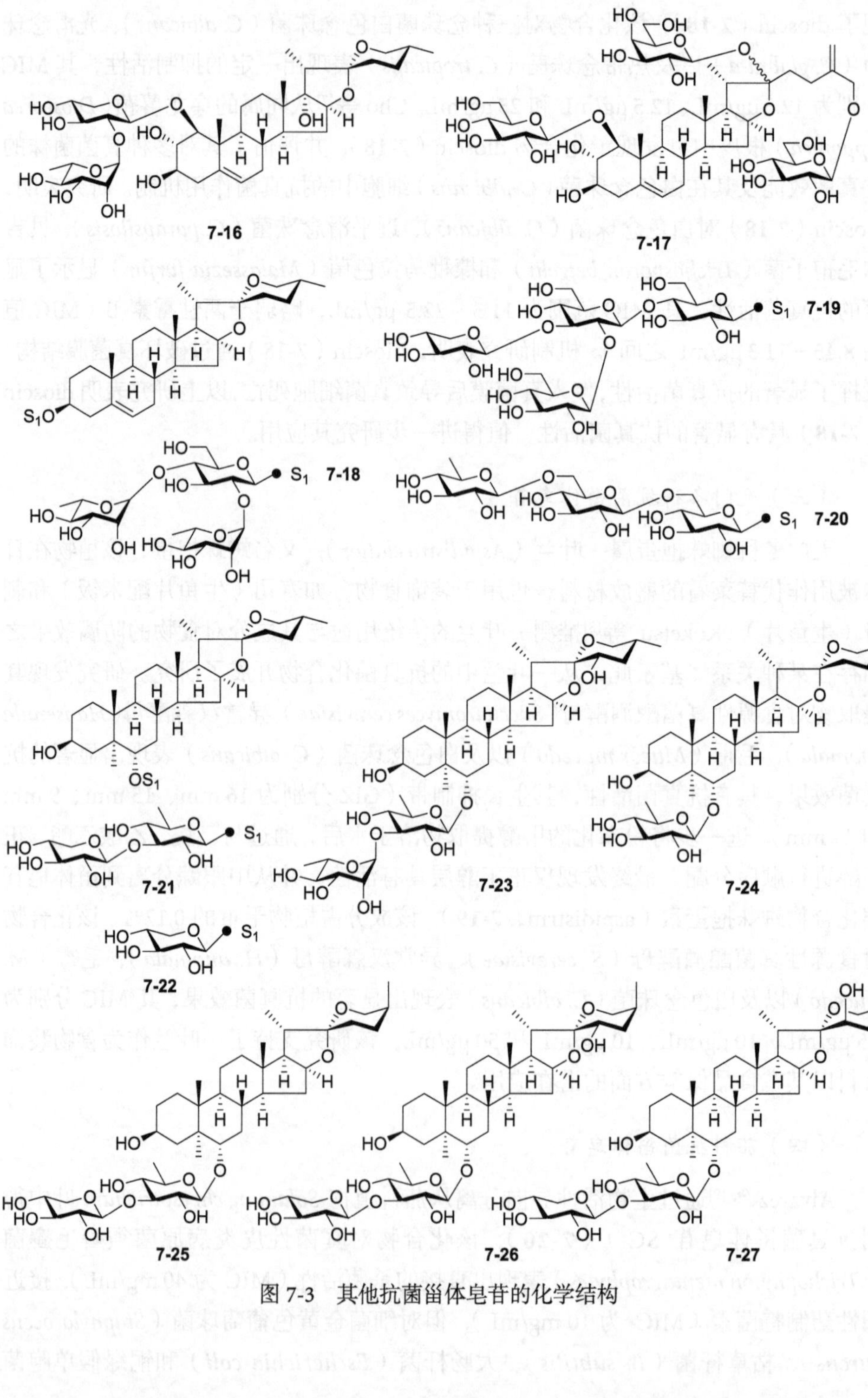

图 7-3　其他抗菌甾体皂苷的化学结构

（*Pseudomonas aeruginosa*）在高达 200 mg/mL 的浓度下无抑制活性。此外，进一步通过生物活性导向分离[10]，从该植物的叶片中分离出一系列甾体皂苷，并对其开展了须癣毛癣菌（*T. mentagrophytes*）、红色毛癣菌（*Trichophyton rubrum*）、黑曲霉（*A. niger*）和白色念珠菌（*C. albicans*）的抗真菌活性测试。化合物 SC-2（**7-21**）、**7-22** 和 **7-23** 抑制了所有测试微生物的生长，其 MIC 值范围在 12.5 ~ 200 μg/mL。其中，SC-2（**7-21**）对四种菌表现出显著的抑制活性，其 MIC 分别为 12.5 μg/mL、12.5 μg/mL、100 μg/mL 和 200 μg/mL。另外，Herrera-Arellano 等[11]研究了 SC-2（**7-21**）对 12 种临床相关念珠菌菌株：包括 5 株 *C. albicans*、2 株 *C. glabrata* 和近平滑念珠菌（*C. parapsilosis*）以及各 1 株克柔念珠菌（*C. krusei*）、*C. lusitaniae* 和 *C. tropicalis* 的生物活性，这些菌株中包括了一些对氟康唑和酮康唑耐药的临床分离株。七株菌对 SC-2（**7-21**）的 IC_{50} 值为 200 μg/mL，四株为 400 μg/mL，而一株 *C. glabrata* 菌株为 800 μg/mL。此外，作用机制方面，SC-2（**7-21**）引起的念珠菌超微结构变化，这些变化从孵化 6 小时开始显现，并在 48 小时达到最大效果。具体包括细胞质膜和细胞器的损伤；细胞壁形态和密度的变化，细胞质膜与细胞壁分离以及细胞壁的解体；细胞组分的完全降解和细胞死亡。Gonzalez 等[12]从另一种茄科植物 *Solanum hispidum* 叶片中发现了一系列抗菌甾体皂苷类化合物，并发现所有分离出的化合物对真菌性皮炎病原菌须癣毛癣菌（*T. mentagrophytes*）和红色毛癣菌（*T. rubrum*）表现出显著的抗真菌活性，但对 *A. niger* 和 *C. albicans* 没有活性。化合物 SC-2（**7-21**）以及 **7-24** ~ **7-27** 的 MIC 值范围在 12.5 ~ 200 μg/mL。其中，SC-2（**7-21**）和 **7-25** 活性最为显著，其对两种菌的 MIC 分别均为 12.5 μg/mL 和 25 μg/mL。构效关系分析 **7-24** 和 **7-25** 的活性数据表明，**7-24** 缺乏连接在吡喃半乳糖基 C-3 上的木糖吡喃糖单元，对 *T. rubrum* 的毒性略低，但对 *T. mentagrophytes* 的活性与 **7-25** 相同。**7-25**、**7-26** 和 **7-27** 的活性比较显示，它们具有相同的二糖链结构但不同的苷元，**7-27** 中额外的 23β-羟基对 *T. mentagrophytes* 和 *T. rubrum* 的活性没有影响，**7-26** 中 23α-羟基的存在显著降低了对这些微生物的活性。

参 考 文 献

[1] Sadeghi M, Zolfaghari B, Senatore M, et al. Spirostane, furostane and cholestane saponins from Persian leek with antifungal activity[J]. Food Chemistry, 2013, 141(2): 1512-1521.

[2] Barile E, Bonanomi G, Antignani V, et al. Saponins from *Allium minutiflorum* with antifungal activity[J]. Phytochemistry, 2007, 68: 596-603.

[3] Fang Y S, Cai L, Li Y, et al. Spirostanol steroids from the roots of *Allium tuberosum*[J]. Steroids, 2015, 100: 1-4.

[4] Wang H, Zheng Q, Dong A, et al. Chemical constituents, biological activities, and proposed biosynthetic

pathways of steroidal saponins from healthy nutritious vegetable-*Allium*[J]. Nutrients, 2023, 15: 2233.

[5]　Zhang Y, Li H Z, Zhang Y J, et al. Atropurosides A-G, new steroidal saponins from *Smilacina atropurpurea*[J]. Steroids, 2006, 71(8): 712-719.

[6]　Sautour M, Mitaine-Offer A C, Miyamoto T, et al. Antifungal steroid saponins from *Dioscorea cayenensis*[J]. Planta Medica, 2004, 70(1): 90-92.

[7]　Cho J, Choi H, Lee J, et al. The antifungal activity and membrane-disruptive action of dioscin extracted from *Dioscorea nipponica*[J]. Biochimica et Biophysica Acta, 2013, 1828(3): 1153-1158.

[8]　Koketsu M, Kim M, Yamamoto T. Antifungal activity against food-borne fungi of *Aspidistra elatior* Blume[J]. Journal of Agricultural and Food Chemistry, 1996, 44(1): 301-303.

[9]　Alvarez L, Pérez M C, González J L, et al. SC-1, an antimycotic spirostan saponin from *Solanum chrysotrichum*[J]. Planta Medica, 2001, 67(4): 372-374.

[10]　Zamilpa A, Tortoriello J, Navarro V, et al. Five new steroidal saponins from *Solanum chrysotrichum* leaves and their antimycotic activity[J]. Journal of Natural Products, 2002, 65(12): 1815-1819.

[11]　Herrera-Arellano A, Martínez-Rivera M A, Hernandez-Cruz M, et al. Mycological and electron microscopic study of *Solanum chrysotrichum* saponin SC-2 antifungal activity on *Candida* species of medical significance[J]. Planta Medica, 2007, 73(15): 1568-1573.

[12]　Gonzalez M, Zamilpa A, Marquina S, et al. Antimycotic spirostanol saponins from *Solanum hispidum* leaves and their structure-activity relationships[J]. Journal of Natural Products, 2004, 67(6): 938-941.

第八章　天然抗菌肽

在自然界中，微生物与宿主之间的生存斗争催生了一套复杂的防御机制。抗菌肽（antimicrobial peptides，AMPs）作为这一斗争中的精妙产物，构成了生物体先天免疫的基石。在植物界，这些小分子蛋白质不仅在抵御病原体侵袭中扮演着至关重要的角色，而且因其独特的生物活性和应用潜力，成为了新型抗菌药物开发的重要资源。本章旨在深入探讨植物源抗菌肽的多样性、功能特性及其在食品工业中的应用前景。

本章首先概述了抗菌肽的基本特征，包括它们的氨基酸组成、分子结构和生物学功能。植物源抗菌肽以其独特的分子特性，如丰富的半胱氨酸残基和分子内二硫键，与动物和微生物源性抗菌肽区分开来。这些特征不仅赋予了植物抗菌肽多样的抗菌谱，而且降低了耐药性风险，对哺乳动物细胞的毒性也相对较低，使其在医疗和食品保鲜领域展现出巨大的应用潜力。

进一步地，本章详细讨论了植物抗菌肽在食品工业中的应用，特别是在抑制食源性致病菌、延长食品保质期和提升食品稳定性方面的重要作用。从乳酸链球菌肽（nisin）到 ε-多聚赖氨酸（ε-PL），再到 Pediocin PA-1 等，这些植物源抗菌肽已经在食品工业中得到了广泛的应用和研究。本章通过分析这些抗菌肽的作用机制、抗菌效果以及与其他物质的协同作用，揭示了它们在食品保鲜中的有效性和安全性。此外，本章还涵盖了一系列最新的研究成果，包括从各种植物中分离和鉴定出的新型抗菌肽，如 Snakin-Z、Cc-LPT1、Cc-GRP 等，以及它们对特定病原体的抗菌活性。这些研究不仅丰富了植物抗菌肽的资源库，也为开发新型抗菌剂和食品防腐剂提供了科学依据。在食品保鲜技术方面，本章特别关注了植物抗菌肽与多糖膜结合形成的复合活性薄膜在食品保鲜中的应用。通过实验数据，本章展示了这些复合膜在延长牛肉糜等食品保质期方面的显著效果，为食品保鲜技术的发展提供了新的思路。

最后，本章还探讨了植物抗菌肽的安全性和环境适应性，以及它们在不同食品基质中的潜在应用。通过综合分析植物抗菌肽的结构-功能关系、抗菌机制和应用效果，本章旨在为读者提供一个全面的视角，以理解植物抗菌肽在现代食品工业和医疗保健中的重要性和潜力。

随着对植物抗菌肽研究的不断深入，我们有理由相信，这些天然生物活性分子将在食品安全、公共卫生和医药领域发挥越来越重要的作用。本章旨在为科研工作者、食品工业专家和医疗保健专业人员提供一个宝贵的参考资料，以促进植物抗菌肽的研究和应用，造福人类健康和食品安全。

抗菌肽（antimicrobial peptides，AMPs），一类由不超过 50 个氨基酸残基构成的小分子蛋白质，在植物天然免疫系统中扮演着抵御病原体侵袭的第一道防线[1]。它们是生物先天免疫防御体系的核心组成部分，并已成为新型抗菌药物开发的关键资源。这些肽类因其广泛的抗菌谱、低耐药性风险以及对哺乳动物较低的毒性而备受青睐。在抗菌肽的研究领域，植物源性抗菌肽展现出与动物和微生物源性抗菌肽相似的分子特性，包括分子形态、正电荷性和两亲性。然而，植物源抗菌肽在进化过程中形成了独有的特征，它们的相对分子质量通常介于 2000 ~ 6000 之间，且半胱氨酸残基含量丰富，含有 2 ~ 6 个分子内二硫键[2]。根据序列同源性、半胱氨酸排列和结构特征，植物源抗菌肽通常被分类为以下几类：硫素蛋白（thionins）、植物防御素（defensins）、hevein 肽、knottin G 型肽、α-ghairpinin、脂质转运蛋白（lipid transfer proteins）、snakins 以及环肽（cyclotides）[3]。这些分类反映了植物源抗菌肽在结构和功能上的多样性。

在食品工业领域，植物抗菌肽的应用有助于抑制食源性致病菌，进而延长食品的保质期和提升其稳定性[4]。乳酸链球菌肽（nisin）作为最早用于食品保鲜的抗菌肽之一，自 20 世纪 60 年代末起在美国被批准为食品工业的合法添加剂[5]；而 ε-多聚赖氨酸（ε-PL）也在日本被批准用作食品防腐剂，并在日本的传统料理中得到了广泛应用[6]；Pediocin PA-1（ALTA™ 2341）在市场上广泛流通，是一种具有抗菌特性的肽类物质，它被广泛应用于食品工业，作为食品添加剂，用以抑制导致肉类产品变质的主要病原体单核细胞增生李斯特菌（Listeria monocytogenes）。

（一）抗菌肽在食品方面的应用概况

乳酸链球菌肽（nisin）是乳酸链球菌（Lactococcus lactis subsp. lactis）分泌的多肽抗菌素，由 34 个氨基酸组成（ITSISLCTPGCKTGALMGCNMKTATCHCSIHVSK），分子量为 3354.0705 Da。针对这一抗菌肽的研究和应用较多，病理学研究和毒理学试验均已证实乳酸链球菌素（nisin）是一种完全无害的天然物质。这种物质能够在消化道中被蛋白酶分解成氨基酸，不会在体内残留，也不会影响人体内的益生菌，更不会引起抗药性，且不会与其他抗生素产生交叉抗性[7]。全球多个国家，包括英国、法国、澳大利亚等，已在包装食品中广泛使用乳酸链球菌素（nisin）。这种做法有助于降低杀菌温度、缩短杀菌时间、减少热加工过程中的温度，从而减少营养成分的损失，提升食品品质，节约能源，并有效延长食品的保质期。此外，乳酸链球菌素还能替代或部分替代化学防腐剂和发色剂（例如亚硝酸盐），满足生产健康食品和绿色食品的需求。乳酸链球菌素的应用范围极为广泛，涵盖了中西各式、不同档次的食品。它适用于多种食品，包括肉类保鲜防腐：烤肉、火腿、三明治、香肠、法兰克福肠、高温火腿肠、鸡肉制品以及酱卤制品等，乳制品、罐头、海产品、果汁饮料等。这种天然防腐剂能有效抑制导致食品腐败的革兰氏阳性细菌，例如李斯特菌（*Listeria monocytogenes*）、金黄色葡萄球菌（*Staphylococcus aureus*）、肉毒梭菌（*Clostridium botulinum*）以及其他多种腐败微生物，其防腐效果显著，能够将食品的保质期延长 2~3 倍。在低温肉制品中，只需添加 5~15 g 乳酸链球菌素每 100 kg 产品，并配合少量其他防腐剂，就能使产品在常温下的保质期达到 3 个月以上。这样的应用不仅提升了食品安全性，也为食品工业带来了便利和效率[7]。He 等[8]评估了乳酸链球菌素（nisin）、茶多酚（TPs）和壳聚糖对革兰氏阳性菌（GPB）及革兰氏阴性菌（GNB）的抗菌效果，并探讨了这些物质的组合使用效果。研究发现，乳酸链球菌素对 GPB 的 MIC 范围为 2.44~1250 µg/mL，而对 GNB 的 MIC 高达 5000 µg/mL。茶多酚和壳聚糖对 GNB 的 MIC 分别为 313~625 µg/mL 和 469 µg/mL，对 GPB 的 MIC 则分别为 156~5000 µg/mL 和 234~938 µg/mL。结果表明，茶多酚和壳聚糖对 GPB 和 GNB 均具有抑制作用，而乳酸链球菌素主要抑制 GPB 的生长。通过正交实验优化这些物质的 MIC，并结合对冷藏羊肉的保鲜效果及感官特性的评估，确定了最佳的配比组合为：乳酸链球菌素 0.625 mg/mL、茶多酚 0.313 mg/mL 和壳聚糖 3.752 mg/mL。应用这一最佳配比处理后，冷藏羊肉在 4℃ 下的保质期从 6 天延长至 18 天，显著提升了肉品的保存期限。这些发现揭示了乳酸链球菌素、茶多酚和壳聚糖的联合应用作为一种有效的防腐策略，能够抑制肉类中腐败微生物和病原体的生长，进而增强冷藏羊肉的安全保障和延长其货架寿命。

　　ε-多聚赖氨酸（ε-PL，ε-poly-L-lysine），是一种 25~30 个赖氨酸残基的同型单体聚合物（代表性序列号为 KKKKKKKKKKKKKKKKKKKKKKKKKKK），1977 年由日本科学家 Shima S 和 Sakai H 在白色链霉菌（*Streptomyces albulus*）发酵液中首次发现。这种多肽类生物防腐剂以其卓越的抑菌特性而闻名，自 20 世纪 80 年代起便在日本食品防腐领域发挥着重要作用，2003 年 10 月，美国食品药品监督管理局（FDA）正式批准 ε-多聚赖氨酸作为食品保鲜剂使用[9]。它在人体内能够被自然分解为人体必需的氨基酸赖氨酸，也是国际上认可的食品保鲜防腐剂。因此，ε-多聚赖氨酸不仅是一种营养型抑菌剂，其安全性也超越了传统化学防腐剂，急性口服毒性极低，为 5 g/kg 体重。Fukutome 等进行的长期慢性毒性和致癌性综合试验显示，日常饮食中 ε-多聚赖氨酸含量达到 6500 µg/g 时，仍然处于极高安全水平；即使在 20000 µg/g 的高添加量下，也未发现明显的组织病理变化或潜在致癌风险[9]。

此外，ε-多聚赖氨酸在生殖、神经学、免疫学方面，以及对胚胎和胎儿发育、后代生长乃至两代人的胚胎和胎儿发育均显示出无毒性。此外，ε-多聚赖氨酸的抑菌谱极为广泛，能有效抑制和杀灭多种微生物，包括酵母属中的尖锐假丝酵母菌（*Candida albicans*）、红法夫酵母（*Phaffia rhodozyma*）、产膜毕氏酵母（*Pichia membranifaciens*）、玫瑰掷孢酵母（*Sporobolomyces roseus*），革兰氏阳性菌中的枯草芽孢杆菌（*Bacillus subtilis*）、嗜热脂肪芽孢杆菌（*B. stearothermophilus*）、凝结芽孢杆菌（*B. coagulans*），以及革兰氏阴性菌中的产气荚膜杆菌（*Clostridium perfringen*）、大肠杆菌（*Escherichia coli*）等。此外，ε-多聚赖氨酸对革兰氏阳性菌如保加利亚乳杆菌（*Lactobacillus bulgaricus*）、嗜热链球菌（*Streptococcus thermophilus*）等均有明显的抑制效果[9]。特别地，当 ε-多聚赖氨酸与醋酸复合使用时，对枯草芽孢杆菌（*B. subtilis*）的抑制作用尤为显著。这些特性使得 ε-多聚赖氨酸成为食品保鲜领域中一种极具潜力的天然防腐剂。ε-多聚赖氨酸的应用领域不断拓展，其多功能性在食品保鲜方面表现得尤为突出：牛奶保鲜方面，通过与甘氨酸的协同作用，ε-多聚赖氨酸能显著延长牛奶的保质期，同时锁住其新鲜口感和丰富营养，让消费者享受到更持久的新鲜体验；即食食品的保存方面，在方便米饭和快餐食品等即食产品中，ε-多聚赖氨酸的应用大幅提升了食品的保存期限，确保了食品在更长的货架期内的美味与安全；天然防腐剂的开发方面，以聚赖氨酸和大蒜为主要成分的新型食品防腐剂，无论是直接加入食品中还是喷洒于食品表面，都能展现出卓越的抗菌和防腐效果，有效杀灭或抑制食品内外的病原微生物，为食品安全增添了一层天然屏障；食品包装材料的革新方面，ε-多聚赖氨酸的抗菌特性使其成为食品包装材料的理想选择，能够有效抑制食品中微生物的生长。通过将 ε-多聚赖氨酸混合乳液涂覆于食品包装纸表面，并测量抑菌圈直径及监测细菌生长曲线，实验结果明确显示 ε-多聚赖氨酸对大肠杆菌和金黄色葡萄球菌具有显著的抗菌效果。这一研究成果为 ε-多聚赖氨酸在食品包装行业的应用提供了坚实的科学支持[9]。

　　Pediocin PA-1（ALTA™ 2341）是一种乳酸菌产生的天然抗菌物质[10]，拥有广泛的抗菌谱，序列号为 KYYGNGVTCGKHSCSVDWGKATTCIINNGAMAWATGG-HQGNHKC。Pediocin PA-1 是一种广谱的乳酸菌细菌素，对李斯特菌（*Listeria monocytogenes*）表现出特别强的活性，这是一种在食品工业中特别关注的食源性病原体。这种抗菌肽是最广泛研究的 Ⅱa 类（或 pediocin 家族）细菌素，已经被充分地表征，可以用作食品生物防腐剂。Pediocin PA-1 显示出对广泛的革兰氏阳性细菌的抗菌活性，其中许多细菌是导致食品腐败或食源性疾病的原因。Pediocin PA-1 对李斯特菌（*L. monocytogenes*）的活性尤其重要，这是一种在西欧和北美食源性细菌中死亡率最高的微生物。因此，许多关于这种肽生物活性的研究都集中

在其对 *L. monocytogenes* 细胞的影响上。研究发现，能够产生 pediocin 的乳酸片球菌（*Pediococcus acidilactici*）菌株作为肉制品的发酵剂。在夏季香肠的生产过程中，这种菌株能够使添加的 *L. monocytogenes*（初始浓度为 106 CFU/g）的数量减少 2 个对数周期；在法兰克福香肠中同时接种乳酸片球菌（*P. acidilactici*）和 *L. monocytogenes*，然后进行真空包装并储存在 4℃的环境中，至少 60 天内可以有效抑制病原体的生长[10]。

（二）食用植物中发现的活性抗菌肽

McClean 等[11]评估了 4 种食物源性肽对致病微生物的抗菌效果，并探讨其结构与功能的关系。合成、表征并评估了 4 种肽食物源性肽（大麦肽 EVSLNSGYY、大豆肽 PGTAVFK、α-酪蛋白肽 TTMPLW、α-玉米蛋白肽 VHLPP）及其 PGTAVFK 的六种丙氨酸替代肽（AGTAVFK、PATAVFK、PGAAVFK、PGTAAFK、PGTAVAK 和 PGTAVFA），并对它们进行了抗菌活性测试。测试结果显示，α-酪蛋白肽 TTMPLW 和 PGTAVFK 能有效抑制大肠杆菌（*Escherichia coli*）、金黄色葡萄球菌（*Staphylococcus aureus*）、藤黄微球菌（*Micrococcus luteus*）和白色念珠菌（*Candida albicans*）的生长。其中，六肽 α-酪蛋白肽 TTMPLW 抑制了所有四种微生物的生长，MIC 分别为 193 μmol/L、193 μmol/L、64 μmol/L 和 144 μmol/L，尤其对大肠杆菌（*E. coli*）和藤黄微球菌（*M. luteus*）的效力与抗生素氨苄西林相当（分别为 177 μmol/L 和 23 μmol/L）。来自 α-玉米醇溶蛋白的五肽 VHLPP 在测试的最大浓度（479 μmol/L）下没有抑制任何微生物的生长。来自大麦的九肽 EVSLNSGYY 在测试的最高浓度（291 μmol/L）下没有抑制白色念珠菌的生长，但能有效抑制其他三种细菌的生长（均为 97 μmol/L），对大肠杆菌的效力至少与氨苄西林相当（177 μmol/L）。来自大豆的七肽 PGTAVFK 抑制了所有四种微生物的生长，并且具有被研究的食物源性肽中最高的抗菌活性（分别为 31 μmol/L、31 μmol/L、31 μmol/L 和 201 μmol/L）。此外，PGTAVFK 在摩尔基础上对大肠杆菌和金黄色葡萄球菌的效力与氨苄西林相当（分别为 177 μmol/L 和 60 μmol/L）。PGTAVFK 的两个丙氨酸类似物（PGAAVFK 和 PGTAVAK）也抑制了所有四种微生物的生长。值得注意的是，PGAAVFK（分别为 12 μmol/L、12 μmol/L、36 μmol/L 和 36 μmol/L）在比母体 PGTAVFK 更低的浓度下对所有微生物都有效。此外，PGAAVFK 显示出比氨苄西林对大肠杆菌高一个数量级的抗菌活性，对金黄色葡萄球菌和藤黄微球菌的效力与氨苄西林相当，对白色念珠菌的效力与 70%乙醇相当。丙氨酸类似物 AGTAVFK 和 PATAVFK 对大肠杆菌、金黄色葡萄球菌和白色念珠菌的效力不如母体 PGTAVFK，并且在测试的最高浓度（分别为 963 μmol/L 和 910 μmol/L）下没有抑制枯草杆菌的生长。丙氨酸类似物 PGTAAFK 对金黄色葡萄球菌无效，但对枯草杆菌和白色念珠菌的效力至少与 PGTAVFK 相当。然而，丙氨酸类似物 PGTAVFA 在测试的最高浓度（1009 μmol/L）下没有显示出任何抗菌活性。研究结果表明，某些具有降压作用的肽也具备抗菌特性，这暗示食物源性肽可能通过多种机制对健康产生积极影响。这项研究不仅为开发具有双重健康效益（降压和抗菌）的食品原料提供了科学依据，也为功能性食品的创新开发提供了新思路。

Snakin-Z 是一种从酸枣（*Zizyphus jujuba*）果实中鉴定出的新抗菌肽（AMP）。这种肽由 31 个氨基酸组成，其序列被确定为 CARLNCVPKGTSGNTETCPCYASL-HSCRKYG，分子量为 3318.82 Da[12]。Snakin-Z 在肽数据库中与任何已知的抗菌肽都不完全相同。Daneshmand 等评估了 Snakin-Z 对拟茎点霉（*Phomopsis azadirachtae*）的影响，MIC 值为 7.65 μg/mL，对金黄色葡萄球菌（*S. aureus*）的 MIC 值为 28.8 μg/mL。有趣的是，人类红细胞对 Snakin-Z 也表现出良好的耐受性。基于这项研究的结果，由于其抗菌特性，Snakin-Z 未来可能成为治疗应用的合适候选物质或用作绿色食品保鲜剂。Zottich 等[13]从罗布斯塔咖啡（*Coffea canephora*）的种子中分离得到一个分子量为 9 kDa 的肽，与从不同植物中分离出的 LTPs 具有同源性，命名为 Cc-LPT1。Cc-LPT1 对白色念珠菌（*C. albicans*）表现出抗真菌活性，并刺激念珠菌热带型（*Candida* tropicalis）发生形态学变化，形成伪菌丝，降低酵母的存活率达 35%。此外，还从中分离得到一个分子量为 7 kDa 的咖啡肽，GRPs 具有同源性，命名为 Cc-GRP[14]。Cc-GRP 对于热带念珠菌（*C. tropicalis*）的 MIC 为 180 μg/mL，而对于炭疽菌（*Colletotrichum lindemuthianum*）、白色念珠菌（*C. albicans*）和镰刀菌（*Fusarium oxysporum*）的 MIC 值为 90 μg/mL。该肽不仅抑制了 *C. Albicans* 和 *C. tropicalis* 的生长并防止了菌落形成，还导致真菌细胞膜的渗透和伪菌丝的形成。Ngai 等[15]从食用菌柱状田头菇（*Agrocybe cylindraceae*）的子实体中分离得到一种抗真菌肽 Agrocybin（ANDPQCLYGNVAAKF），其分子量为 9 kDa。该肽对植物病原真菌花生球腔菌（*Mycosphaerella arachidicola*）的 IC$_{50}$ 值为 125 μmol/L，该肽在高达 80℃ 的各种温度下都能检测到其抗真菌活性，但在 100℃ 时活性消失。Chu 等[16]从牡蛎蘑菇中分离得到一种抗真菌肽 Pleurostrin（VRPYLVAF），其分子量为 7 kDa。Pleurostrin 阻碍了真菌花生球腔菌（*M. arachidicola*）、苹果轮纹病菌（*Physalospora piricola*）和尖孢镰孢菌（*F. oxysporum*）的菌丝生长。

Jabeen 和 Khanum[17]从苦瓜（*Momordica charantia*）的种子中分离得到一种分子质量为 10 kDa 的抗菌活性的肽。该肽在 40 μg/mL 的浓度下显著降低了金黄色葡萄球菌（*S. aureus*）的活细胞计数，从 8.0 下降到 3.77 lg CFU，研究表明，从苦瓜（*M. charantia*）种子中提取的抗菌肽有潜力作为一种天然的生物防腐剂，用于碎肉产品的保存。尽管如此，为了全面评估其应用潜力，未来的研究还需深入探讨该肽对更广泛微生物群体的作用效果，以及对其特性和安全性进行全面的毒理学评估。

Lam 和 Ng[18]从百香果（*Passiflora alata*）的种子中分离得到一种二聚抗真菌蛋白 Passiflin，其分子质量为 67 kDa。这种蛋白分离物不仅对 *R. solani* 表现出种属特异性的抗真菌活性，IC_{50} 为 16 µmol/L，而且还抑制了 MCF-7 肿瘤细胞的增殖，IC_{50} 为 15 µmol/L。此外，Ribeiro 等[19]研究了该植物的种子，并分离得到一种异源二聚抗真菌蛋白 PaAFP1（PGAGSQEERMQGQMEGQDFSHEERFLSMVRE），分子量为 11569.76 Da，该肽对植物病原真菌（*Colletotrichum gloeosporioides*）表现出一定的抑制效果。

Wong 等[20]从可食用植物豆科菜豆属菜豆（*Phaseolus vulgaris*）中得到了一种分子量为 5447 Da 的 *Phaseolus vulgaris* 抗菌肽（Pv 肽），其 N 端序列与植物防御素高度同源，氨基酸序列为 KTCENLADTFRGPCFATSNC。该肽在 0 ~ 80℃的温度范围内暴露 30 分钟后保持稳定，并在 pH 值 4 ~ 10 的范围内保持完全活性。分离出的抗真菌蛋白的热稳定性和 pH 稳定性与之前报道的防御素相似，进一步证实 Pv 肽是一种植物防御素。活性筛选表明，Pv 肽能显著抑制多种真菌的生长，包括真菌花生球腔菌（*M. arachidicola*）、酿酒酵母（*Saccharomyces cerevisiae*）和白色念珠菌（*C. albicans*），其 IC_{50} 值分别为 3.9 µmol/L、4.0 µmol/L 和 8.4 µmol/L。在本研究中，Pv 抗菌肽对酵母的抑制作用可能是通过破坏真菌细胞膜实现的，这一点通过核染色剂 SYTOX Green 的染色揭示出来。另一方面，在诱导细胞因子基因表达的实验中，只有细胞因子 TNF-α 在小鼠脾细胞中被 Pv 抗菌肽诱导，这表明该肽是一种弱细胞因子基因诱导剂。值得注意的是，Pv 抗菌肽作为一种防御素能够特别诱导肿瘤坏死因子-α 的基因表达，而不影响白细胞介素-1β、白细胞介素-2 和干扰素-γ，且该肽没有在小鼠脾细胞中诱导溶血作用，表明它对真菌而非哺乳动物细胞膜产生不利影响。这进一步证实了 Pv 抗菌肽是一种具有潜在开发价值的抗真菌肽。

柳梅[21]研究了从核桃（*Juglans regia*）中分离纯化得到的抗菌肽（H-II-6 组分），并探讨了其对枯草芽孢杆菌（*B. subtilis*）、大肠杆菌（*E. coli*）和金黄色葡萄球菌（*S. aureus*）的影响。研究结果表明，随着 pH 值的增加，抗菌肽（H-II-6 组分）的抑菌稳定性有所下降，但在紫外线照射和不同温度条件下，其抑菌效果保持稳定。这表明抗菌肽（H-II-6 组分）具有较好的环境适应性。进一步的实验发现，抗菌肽（H-II-6 组分）对不同细菌的 MIC 表现出特异性：对枯草芽孢杆菌的 MIC 为

0.66 mg/mL，对大肠杆菌为 1.33 mg/mL，而对金黄色葡萄球菌则为 0.33 mg/mL。这些数据揭示了 H-II-6 组分抗菌肽对金黄色葡萄球菌具有最强的抑制效果。通过原子力显微镜（AFM）的观察，观察到抗菌肽（H-II-6 组分）对细菌细胞结构的影响：枯草芽孢杆菌细胞在处理后出现严重变形和断裂，伴随着内溶物的溢出；金黄色葡萄球菌细胞表面变得粗糙和萎缩；大肠杆菌细胞则表现为褶皱、凹陷和断裂，这些形态变化导致细菌无法正常生长，从而证实了抗菌肽具有显著的抑菌活性。综上所述，抗菌肽（H-II-6 组分）不仅对特定细菌具有高效的抑菌作用，而且对环境变化具有较好的适应性，这为开发新型抗菌剂提供了重要的科学依据。此外，Hu 等[22]从来自发酵核桃粕（*Juglans regia*）中鉴定一种抗微生物肽和酚类化合物组合，用于对抗引起刺梨（*Rosa roxboughii*）腐烂病原菌青霉属真菌（*Penicillium victoriae*），并研究了它们的协同机制。在鉴定出的 4 种抗微生物肽（包括 FGGDSTHP、ALGGGY、YVVPW 和 PLLRW）和 15 种酚类化合物中，其中，YVVPW 和水杨酸（SA）显示出最高的抗真菌活性：5.0 mg/mL 浓度下的水杨酸（SA）对青霉属真菌（*P. victoriae*）和金黄色葡萄球菌（*S. aureus*）的 IZ 分别为 10 mm 和 13 mm；16.0 mg/mL 浓度下的抗菌肽（YVVPW）对青霉属真菌（*P. victoriae*）和 20.0 mg/mL 浓度下抗菌肽（YVVPW）对金黄色葡萄球菌（*S. aureus*）的 IZ 分别约为 10 mm 和 11 mm。分子对接验证了 YVVPW 通过氢键、疏水作用和 7C-7C 共轭作用与调节亚基结合。值得一提的是，发酵核桃粕肽（80 μg/mL）对 *P. victoriae* 的 MIC 高于发酵核桃粕（40 μg/mL），这表明发酵核桃粕的抗菌活性与不同功能成分之间的相互作用有关。将 YVVPW（1.0 ~ 16.0 mg/mL）和 SA（0.27 ~ 4.40 mg/mL）组合，15 种组合中有 9 组显示出协同抗真菌活性。当组合 MIC 为 YVVPW 2.0 mg/mL 和 SA 0.55 mg/mL 时，分数抑制浓度（fractional inhibitory concentration，FIC）值为 0.25，抑制区域达到最高水平。当组合 MIC 为 YVVPW 1.0 mg/mL 和 SA 0.27 mg/mL 时，FIC 值最低，IZ 达到 7.35 mm。研究表明，YVVPW 和 SA 表现出协同效应，平均最小抑制浓度降低了 85.44%。荧光光谱学显示了通过相互作用抑制了 Trp 和 Tyr 的内在荧光。傅里叶变换红外光谱（FTIR）和分子对接结果进一步揭示了在 YVVPW + SA 中通过—OH、C—O、N—H 和 C—H 键形成了 3 个氢键，同时苯环和五元环之间发生了 π-π 堆积，这可能是它们协同作用的基础。综合这些发现，YVVPW 和 SA 的组合不仅在实验室条件下显示出强大的抗真菌潜力，而且为开发新型天然抗微生物剂提供了科学依据，有望应用于水果保鲜等领域。尽管如此，其确切的抗真菌机制仍需进一步研究，以充分挖掘这一组合的潜力。

Moscoso-Mujica 等[23]运用 Alcalase 和胃蛋白酶-胰酶顺序系统水解来自秘鲁高原的安第斯谷物藜科奎奴亚藜（*Chenopodium pallidicaule*，包括 KR 和 KS 品种）

中的蛋白质（含量约为 15% ~ 19%），以期从水解物中并得到不同水解度（DH）和对大肠杆菌（*E. coli*）、金黄色葡萄球菌（*S. aureus*）和白色念珠菌（*C. albicans*）具有较好生长抑制百分比（IP）的生物活性抗菌肽（AMPs）。结果显示，216 个水解物（1%，质量体积分数），只有 28 个与对照组相比有显著差异。通过色谱法纯化了 4 种 AMPs，纯化 AMPs 显示出比未纯化的 AMPs 更高的抑制百分比（IP）。其中，肽 Glob 7S KR 9 小时（1∶10）对大肠杆菌（*E. coli*）、金黄色葡萄球菌（*S. aureus*）和白色念珠菌（*C. albicans*）的抑制率（IP）分别为 54%、52% 和 19%；肽 Glob 11S KS 2 小时（1∶50）对三种菌的 IP 分别为 75%、47% 和 33%；肽 Glut KS 2 小时（1∶10）对三种菌的 IP 分别为 79%、56% 和 41%，与对照组相比分别增加了 12%，11% 和 6%；肽 Glut KS 4 小时（1∶10）对三种菌的 IP 分别为 95%、70% 和 52%，与对照组相比分别增加了 3%，10% 和 6%。这些结果通过琼脂扩散法的微生物抑制测试得到了证实，其中观察到大肠杆菌、金黄色葡萄球菌和白色念珠菌对 4 种 AMPs 的抑菌圈与 H_2O 对照组相比有显著差异，抑菌圈与使用庆大霉素和制霉菌素对照组得到的相似。肽 Glut KS 4 h（1∶10）特别突出，对大肠杆菌、金黄色葡萄球菌和白色念珠菌的抑制环分别为 1.2 mm（67% 抑制）、1.0 mm（71%）和 1.3 mm（77%）。这些新成分可能在抗菌肽、营养保健品、生物防腐剂和食品设计中得到应用。

Schmidt 等[24]从豆科豇豆（*Vigna sinensis*）种子中提取并鉴定主要肽为豇豆硫素 Ⅱ（Cp-thionin Ⅱ，KTCMTKKEGWGRCLIDTTCAHSCRKYGYMGGKCQGITRRCYCLLNC）。在体外实验中，该肽对禾谷镰刀菌（*Fusarium graminearum*）显示出抗真菌活性（MIC 为 50 μg/mL），而对黑曲霉和青霉菌的 MIC 值则超过 500 μg/mL。该提取物能够耐受高温处理（100℃，15 分钟），但在阳离子（钠离子、钾离子、钙离子和镁离子）存在时会失去抗真菌活性。在 25 μg/mL 的浓度下，可以观察到真菌菌丝的膜通透性增加，而氧化应激的诱导对抗真菌效果的贡献较小。在所有测试的浓度（高达 200 μg/mL）下，提取物均未引起溶血。最终，当以 100 μg/mL 的浓度应用时，成功地保护了储存的小麦粒免受真菌的侵害。综上所述，防御素 Cp-thionin Ⅱ 作为食品生物防腐剂显示出了巨大的应用前景。

唐田园[25]以苦荞粉为原料，通过米曲霉固态发酵工艺制备出苦荞源抗菌肽（BAP）。实验结果表明，所得苦荞抗菌肽对金黄色葡萄球菌和大肠杆菌展现出显著的抑制效果。进一步地，将发酵液经过透析、超滤和冻干处理后，与不同成膜基质混合，采用溶剂蒸发法制备出一系列复合活性薄膜。本研究重点探讨了这些活性复合膜在 4℃ 条件下对牛肉糜保鲜效果的影响，具体通过监测 18 天内牛肉糜的脂质过氧化值（TBARS）、挥发性盐基氮含量（TVB-N）、色泽、pH 值以及挥发性风味物质的变化，评估不同配方复合膜对延长牛肉糜保质期的作用。实验数据证实，含有抗菌肽的多糖膜处理组在保持牛肉糜新鲜度方面，效果普遍优于市面上销售的保鲜膜。在 4℃的冷藏环境中，使用市售保鲜膜以及淀粉膜和普鲁兰多糖膜的对照组牛肉糜可保鲜 6 天，而未添加抗菌肽的壳聚糖膜处理组可将保鲜期延长至 9 天。特别地，添加了 15%苦荞抗菌肽的壳聚糖膜处理组将牛肉糜的保鲜期从 9 天显著延长至 15 天，而添加了相同比例抗菌肽的淀粉膜和普鲁兰多糖膜处理组则将保质期均延长至 12 天。这些结果表明，苦荞源抗菌肽的引入能有效提升传统多糖膜的保鲜性能，为食品保鲜技术的发展提供了新的思路。

（三）药用植物中发现的活性抗菌肽

Wang 等[26]从辣木（*Moringa oleifera*）种子蛋白水解产物中表征一种新型抗菌肽 MOp3。MOp3 肽（MCNDCGA）显示出对金黄色葡萄球菌（*S. aureus*）的 MIC 为 2 mg/mL。MOp3 被鉴定为一种富含 β-折叠结构的疏水性阴离子 AMP，在 2.0 倍 MIC 时几乎不引起溶血。MOp3 对 5%的盐溶液和 pH 6.0 ~ 8.0 范围内的溶液具有良好的耐受性，但对高温（>100℃）和酸性蛋白酶敏感。显微镜观察进一步揭示了 MOp3 对金黄色葡萄球菌细胞膜造成了不可逆的损伤，并通过氢键和疏水相互作用与二氢叶酸还原酶和 DNA 旋转酶相互作用。在此基础上，该研究团队[27]进一步探究 MOp3 对金黄色葡萄球菌的抗菌特性，包括膜损伤、细胞内关键酶活性、细胞凋亡诱导以及代谢物变化，并评估其在巴氏杀菌牛奶中的抗菌能力。结果显示，MOp3 通过增加膜通透性和降低细胞内 AKP、LDH 和 ATPase 活性，对金黄色葡萄球菌细胞造成了不可逆的膜损伤。此外，经 MOp3 处理的金黄色葡萄球菌细胞中 ROS 积累、DNA 断裂和核破裂诱导了细胞凋亡。代谢组学分析揭示了 46种不同的代谢物涉及肽聚糖合成、氨基酸代谢、甘油磷脂代谢、核苷酸代谢和能量代谢，这些代谢物可以影响细胞壁生物合成、细胞膜结构和遗传物质表达。此外，MOp3 在 25℃和 4℃下储存 7 天的感染巴氏杀菌牛奶中抑制了金黄色葡萄球菌的生长。总体而言，这些发现为 MOp3 对金黄色葡萄球菌的抗菌特性及其在食品保存中的应用提供了更深入的见解。

（四）植物来源的合成抗菌肽

Lima 等[28]评估了八种合成抗菌肽（来源于植物）对食源性真菌指状青霉（*Penicillium digitatum*）的体外活性，并评估了它们的作用机制。这八种肽的序列分别为：PepGAT（GATIRAVNSR）、PepKAA（KAANRIKYFQ）、Mo-CBP3-PepI（CPAIQRCC）、Mo-CBP3-PepII（NIQPPCRCC）、Mo-CBP3-PepIII（AIQRCC）、RcAlb-PepI（AKLIPTIA）、RcAlb-PepII（AKLIPTIAL）和 RcAlb-PepIII（SLRGCC）。结果表明，所有八种测试的肽显示出非常相似的能力来抑制指状青霉（*P.*

digitatum）的孢子发芽，且抑制率存在一些差异（从 57%~65%）。此外，所有肽都使孢子的活性降低了 50%以上。值得注意的是，Mo-CBP3-PepI 和 RcAlb-PepI 这两种肽表现出最佳的结果，分别降低了孢子活性的 76.33%和 76.81%。此外，原子力显微镜和荧光显微镜揭示了所有肽都针对真菌膜，导致孔隙形成、内部内容物流失和死亡；一些肽还采用了诱导高水平活性氧（ROS）的机制。有趣的是，只有三种肽（PepGAT、PepKAA 和 Mo-CBP3-PepI）有效地控制在橙子上指状青霉（*P. digitatum*）的定植，其浓度（50 μg/mL）为商业食品防腐剂（丙酸钠）的 1/20。总的来说，PepGAT、PepKAA 和 Mo-CBP3-PepI 显示出作为新型食品防腐剂的高生物技术潜力，以控制指状青霉（*P. digitatum*）对食品的感染。

Shwaiki 等[29]探讨一种名为 D-lp1（γ-hordeothionin）的合成防御素肽的抗酵母活性。这种富含硫的防御素存在于大麦胚乳中，属于植物 AMPs 硫素蛋白家族，分子量为 5.25 kDa，序列号为 RICRRRSAGFKGPCVSNKNCAQVCMQEGWGGG-NCDGPLRRC KCMRRC，序列长度为 47 个氨基酸。活性筛选表明，酵母菌属的拜耳接合酵母（*Zygosaccharomyces bailii*）和汉斯德巴氏酵母菌（*Debaryomyces hansenii*）是对 D-lp1 最敏感的酵母菌，其最小杀菌浓度（MFC）范围为 50~100 μg/mL；酿酒酵母（*S. cerevisiae*）和鲁氏接合酵母（*Zygosaccharomyces rouxii*）仅在最高浓度 400 μg/mL 下被抑制（MFC 和 MIC 范围为 200~400 μg/mL）；在所有抑制浓度下，肽对 *Z. bailii* 和 *S. cerevisiae* 均显示出杀菌活性，而对 *D. hansenii* 仅在 200 μg/mL 和 400 μg/mL 时显示出杀菌活性；未检测到对克鲁维酵母属（*Kluyveromyces lactis*）的抑制作用。在此基础上，评估了 D-lp1 作为潜在防腐剂的安全性，评估了肽的安全性。在 D-lp1 存在下，测量的破裂红细胞的百分比最小，最高浓度 400 μg/mL 时观察到的溶血率不到 10%。这一低溶血率表明了肽的安全性和其作为潜在防腐剂的适用性。细胞毒性测定揭示了对 Caco-2 细胞的无毒性，进一步支持了肽的安全性。最后，D-lp1 被应用于不同的饮料中。肽在苹果汁中保持了其完整的抗酵母活性，而在芬达橙和葡萄酒中，较高浓度仍然引起了抑制。这些饮料的一致性使得肽更容易发挥其对酵母的抑制作用，为其在食品保存中的应用提供了进一步的支持。基于相同的研究方法，Shwaiki 等[30]还研究了源自马铃薯块茎抗菌肽 Snakin-1，该肽负责防御马铃薯植物抵御外部环境病原体，序列号为 GSSFCDSKCKLRCSKAGLADRCLKYCGICCEECKC VPSGTYGNKHECPCYRDKK-NSKGKSKCP，是一种含有 63 个氨基酸残基的肽。研究者基于其天然肽的氨基酸序列合成了 Snakin-1。该肽被表征了其对多种食品腐败酵母的抑制效果：Snakin-1 抑制了两种测试的酵母，即 *Z. bailii* 和 *D. hansenii*，其 MIC 分别为 50~100 μg/mL 和 200~400 μg/mL。进一步观察了肽对酵母细胞膜完整性和通透性的影响，发现在与肽共培养 4 小时后，Z. bailii 总核苷酸发生了泄漏；在 400 μg/mL 的浓度下，肽对 Z. bailii 的膜显示出高度的通透性活性。在不同浓度的 Snakin-1 肽下，测定了其对红细胞的溶血活性，结果表明，在最高的 400 μg/mL 浓度下，观察到的溶血百分比约为 80%，而在 200 μg/mL 和 100 μg/mL 时，溶血显著降低，低于 10%。此外，为了探索该肽在不同饮料中对 Z. bailii 的抑制活性，以及其在这些产品保存中的潜在应用性，进行了检验。测试了芬达橙味饮料、蔓越莓汁和苹果汁。在芬达橙味饮料和蔓越莓汁中，观察到在 100 μg/mL、200 μg/mL 和 400 μg/mL 的浓度下对 Z. bailii 的完全抑制，而在苹果汁中，只有在 200 μg/mL 和 400 μg/mL 的浓度下检测到抑制。

此外，Shwaiki 等[31]还考察了合成萝卜抗菌肽 Rs-AFP1（QKLCERPSGTWSGV-CGNNNACKNQCINLEKARHGSCNYVFPAHK CICYFPC）和 Rs-AFP2（QKLCQRP-SGTWSGVCGNNNACKNQCIRLEKARHGSCNYVFPAH KCICYFPC）的抗酵母活性，以及它们对不同酵母菌种的抑制效果。抗酵母实验的结果表明，Rs-AFP1 的效力不如 Rs-AFP2。Z. bailii 对两种肽均最为敏感，其 MIC 值在 25～50 μg/mL 之间。Z. rouxii 和 D. hansenii 仅在 Rs-AFP2 的浓度在 50～100 μg/mL 之间时被抑制，而 S. cerevisiae 和 K. lactis 即使在最高浓度 400 μg/mL 下也不受任何一种肽的影响。进一步研究了两种作用机制（膜通透性和活性氧 ROS 过量产生），并发现 Rs-AFP2 两种机制都存在，而 Rs-AFP1 只检测到 ROS 过量产生。两种肽都经过了对新鲜羊血红细胞的溶血活性测试。在 200 μg/mL 和 400 μg/mL 的浓度下，肽被发现具有显著的溶血性，溶血率超过 50%；100 μg/mL 及更低浓度的肽导致的溶血率非常低，观察到的溶血率低于 10%。最后，讨论了 Rs-AFP1 和 Rs-AFP2 在不同食品基质中进行了抗酵母活性。对于饮料，这两种肽在蔓越莓汁和芬达橙味饮料中都能有效地完全抑制 Z. bailii。在苹果汁中，200 μg/mL 和 400 μg/mL 的肽能引起抑制，而在 50 μg/mL 和 100 μg/mL 时观察到酵母的完全生长。在橙汁中，这些肽是无效的，因为它们无法阻止任何测试浓度下 Z. bailii 的生长。在沙拉酱中应用这些肽，在沙拉酱/酵母混合物立即接种肽后，酵母细胞数量有所减少。将肽与酵母一起在沙拉酱中培养 48 小时，结果在整个时间段内酵母完全被抑制。在蔓越莓汁中培养 48 小时后也得到了类似的结果；在含有这些肽的样本中（50 μg/mL、100 μg/mL、200 μg/mL 或 400 μg/mL）没有观察到酵母生长。以上的研究进一步支持了这些肽在食品保存中的潜在应用。

（五）动物来源的活性抗菌肽

除了植物来源的抗菌肽，动物来源的抗菌肽也有类似的性质和功能。

Salampessy 等[32]描述了从大鳞副泥鳅（*Meuchenia* sp.）不溶性肌肉蛋白的菠萝蛋白酶水解产物中分离得到两个抗菌肽分离物（分离物 9 和 12）。抗菌活性测定显示，分离物 12 对蜡状芽孢杆菌（*B. cereus*）和金黄色葡萄球菌（*S. aureus*）的 MIC 值均为 4.3 mg/mL，而分离物 9 仅对蜡状芽孢杆菌（*B. cereus*）显示出一些活性，在 5.35 mg/mL 的肽浓度下未达到 MIC。进一步在分析型 C-18 柱上的分离表明，这些分离物包含许多其他肽，需要进一步纯化以鉴定具有活性的肽，这些肽的存在可能是这些分离物（分离物 9 和 12）在体外抗菌实验中显示出较弱活性的原因。

陶腾州[33]从鲜刺参（*Apostichopus japonicas*）肠道中成功分离出三种不同组分，分别命名为 P1、P2 和 P3。P2 组分在抗菌活性测试中表现出了显著的效果，特别是在对大肠埃希氏菌（*E. coli*）、金黄色葡萄球菌（*S. aureus*）、枯草芽孢杆菌（*Bacillus subtilis*）、副溶血弧菌（*Vibrio parahaemolyticus*）和鳗弧菌（*Vibrio anguillarum*）的抑菌圈直径测试中，其直径分别为 16.5 mm、15.7 mm、14.6 mm、13.9 mm 和 15.1 mm。此外，P2 对这些细菌的 MIC 也显示出一定的差异，分别为 1000 μg/mL、1000 μg/mL、2000 μg/mL、3000 μg/mL 和 2000 μg/mL。此外，本研究还探讨了加热时间、加热温度和冻融循环次数对 P2 抗菌活性的影响。研究结果表明，加热时间和温度对 P2 的影响并不显著，而冻融循环次数对 P2 的影响则较为显著。通过 Tricine-SDS-PAGE 电泳分析，发现 P2 在分离胶中呈现为单一的条带，其分子量约为 4.5 kD。最终，通过高效液相色谱分析 P2 的组成，显示 P2 由五种不同的物质组成。

参 考 文 献

[1] Deo S, Turton K L, Kainth T, et al. Strategies for improving antimicrobial peptide production[J]. Biotechnology Advances, 2022, 59: 107968.

[2] Sosalagere C, Kehinde B A, Sharma P. Isolation and functionalities of bioactive peptides from fruits and vegetables: A reviews[J].Food Chemistry, 2022, 366: 130494.

[3] Huan Y C, Kong Q, Mou H J, et al. Antimicrobial peptides: classification, design, application and research progress in multiple fields[J]. Frontiers in Microbiology, 2020, 11: 582779.

[4] Rivero-Pino F, Leon M J, Millan-Linares M C, et al. Antimicrobial plant-derived peptides obtained by enzymatic hydrolysis and fermentation as components to improve current food systems[J]. Trends in Food Science and Technology, 2023, 135: 32-42.

[5] Wang N, Yu X, Kong Q J, et al. Nisin-loaded polydopamine/hydroxyapatite composites: Biomimetic synthesis, and in vitro bioactivity and antibacterial activity evaluations[J]. Colloids and Surfaces A: Physicochemical and Engineering Aspects, 2020, 602: 125101.

[6] Hiraki J, Ichikawa T, Ninomiya S I, et al. Use of ADME studies to confirm the safety of ε-polylysine as a preservative in food[J]. Regulatory Toxicology and Pharmacology, 2003, 37(2): 328G340.

[7] Arauz L J D, Jozala A F, Mazzola P G, et al. Nisin biotechnological production and application: a review[J]. Trends in Food Science and Technology, 2009, 20(3-4): 146-154.

[8] He L, Zou L K, Yang Q R, et al. Antimicrobial activities of nisin, tea polyphenols, and chitosan and their combinations in chilled mutton[J]. Journal of Food Science, 2016, 81(6): 1466-1471.

[9] Yoshida T, Nagasawa T. ε-Poly-l-lysine: Microbial production, biodegradation and application potential[J]. Applied Microbiology and Biotechnology, 2003, 62(1): 21-26.

[10] Rodríguez J M, Martínez M I, Kok, J. Pediocin PA-1, a wide-spectrum bacteriocin from lactic acid bacteria[J]. Food Science and Technology, 2002, 42(2): 91-121.

[11] McClean S, Beggs L B, Welch R W. Antimicrobial activity of antihypertensive food-derived peptides and selected alanine analogues[J]. Food Chemistry, 2014, 146, 443-447.

[12] Daneshmand F, Zare-Zardini H, Ebrahimi L. Investigation of the antimicrobial activities of Snakin-Z, a new cationic peptide derived from *Zizyphus jujuba* fruits[J]. Natural Product Research, 2013, 27(24): 2292-2296.

[13] Zottich U, Da Cunha M, Carvalho A O, et al. Purification, biochemical characterization and antifungal activity of a new lipid transfer protein (LTP) from *Coffea canephora* seeds with α-amylase inhibitor properties[J]. Biochimica et Biophysica Acta, 2011, 1810(4): 375-383.

[14] Zottich U, Da Cunha M, Carvalho A O, et al. An antifungal peptide from *Coffea canephora* seeds with sequence homology to glycine-rich proteins exerts membrane permeabilization and nuclear localization in fungi[J]. Biochimica et Biophysica Acta, 2013, 1830(6): 3509-3516.

[15] Ngai P H, Zhao Z, Ng T B. Agrocybin, an antifungal peptide from the edible mushroom *Agrocybe cylindracea*[J]. Peptides, 2005, 26(2): 191-196.

[16] Chu K T, Xia L, Ng T B. Pleurostrin, an antifungal peptide from the oyster mushroom[J]. Peptides, 2005, 26(11): 2098-2103.

[17] Jabeen U, Khanum A. Isolation and characterization of potential food preservative peptide from *Momordica charantia* L.[J]. Arabian Journal of Chemistry, 2017, 10: 3982-3989.

[18] Lam S K, Ng T B. Passiflin, a novel dimeric antifungal protein from seeds of the passion fruit[J]. Phytomedicine, 2009, 16(2-3): 172-180.

[19] Ribeiro S M, Almeida R G, Pereira C A, et al. Identification of a *Passiflora alata* Curtis dimeric peptide showing identity with 2S albumins[J]. Peptides, 2011, 32(5): 868-874.

[20] Wong J H, Ip D C W, Ng B, et al. A defensin-like peptide from *Phaseolus vulgaris* cv. 'King Pole Bean'[J]. Food Chemistry, 2012, 135(2): 408-414.

[21] 柳梅. 核桃抗菌肽的制备及抑菌活性研究[D]. 北京: 北京林业大学, 2018.

[22] Hu Y, Ling Y X, Qin Z Y, et al. Isolation, identification, and synergistic mechanism of a novel antimicrobial peptide and phenolic compound from fermented walnut meal and their application in *Rosa roxbughii* Tratt spoilage fungus[J]. Food Chemistry, 2024, 433: 137333.

[23] Moscoso-Mujica G, Zavaleta A I, Mujica A, et al. Antimicrobial peptides purified from hydrolysates of kanihua (*Chenopodium pallidicaule* Aellen) seed protein fractions[J]. Food Chemistry, 2021, 360: 129951.

[24] Schmidt M, Arendt E K, Thery T L C. Isolation and characterisation of the antifungal activity of the cowpea defensin Cp-thionin II[J]. Food Microbiology, 2019, 82: 504-514.

[25] 唐田园. 苦荞抗菌肽/多糖复合膜的制备及其在牛肉糜保鲜中的应用[D]. 昆明: 昆明理工大学, 2019.

[26] Wang X F, He L, Huang Z Y, et al. Isolation, identification and characterization of a novel antimicrobial peptide from *Moringa oleifera* seeds based on affinity adsorption [J]. Food Chemistry, 2023, 398: 133923.

[27] Sun A D, Huang Z Y, He L, et al. Metabolomic analyses reveal the antibacterial properties of a novel antimicrobial peptide MOp3 from *Moringa oleifera* seeds against Staphylococcus aureus and its application in

the infecting pasteurized milk [J]. Food Control, 2023, 150: 109779.

[28]　Lima P G, Freitas C D T, Oliveira J T A, et al. Synthetic antimicrobial peptides control *Penicillium digitatum* infection in orange fruits[J]. Food Research International, 2021, 147: 110582.

[29]　Shwaiki L N, Sahin A W, Arendt E K. Study on the inhibitory activity of a synthetic defensin derived from barley endosperm against common food spoilage yeast[J]. Molecules, 2020, 26(1): 165.

[30]　Shwaiki L N, Arendt E K, Lynch K M. Study on the characterisation and application of synthetic peptide snakin-1 derived from potato tubers' action against food spoilage yeast[J]. Food Control, 2020, 118: 107362.

[31]　Shwaiki L N, Arendt E K, Lynch K M. Anti-yeast activity and characterisation of synthetic radish peptides Rs-AFP1 and Rs-AFP2 against food spoilage yeast [J]. Food Control, 2020, 113: 107178.

[32]　Salampessy J, Phillips M, Seneweera S, et al. Release of antimicrobial peptides through bromelain hydrolysis of leatherjacket (*Meuchenia* sp.) insoluble proteins[J]. Food Chemistry, 2010, 120: 556-560.

[33]　陶腾州. 刺参肠道源抗菌肽的分离纯化及抗菌活性研究[D]. 烟台: 烟台大学, 2019.

第九章　其他天然抗菌剂

本章旨在深入探讨除前八章以外的一些天然抗菌剂，这些抗菌剂以其独特的作用机制和环境友好性，为食品安全领域带来了新的解决方案。

本章首先介绍了 γ-氨基丁酸（GABA）这一在脊椎动物、植物和微生物中普遍存在的氨基酸。GABA 不仅作为一种关键的中枢神经系统抑制性神经递质，而且在食品工业中以其水溶性和热稳定性而受到重视。研究表明，GABA 的适量摄入能够改善睡眠质量和降低血压，其在食品中的应用已得到多个国家和地区食品安全机构的批准。特别值得关注的是，GABA 在诱导果实产生抗性方面的作用，为控制采后腐烂提供了新的策略。接着，本章详细讨论了大蒜素和蒜氨酸这两种从大蒜中提取的有机硫化合物。大蒜素以其强大的抗菌活性和低毒性特点，被视为一种"环保型"抗菌添加剂。大蒜素和蒜氨酸的抗菌特性，尤其是在抑制多种病原细菌和真菌方面的效果，使得它们在食品保鲜和动物养殖中展现出广泛的应用前景。此外，本章还探讨了异硫氰酸酯类化合物（ITCs）的抗菌活性。这类化合物在十字花科植物中广泛存在，对多种细菌和真菌具有显著的抑制效果。ITCs 的抗菌作用机制和在食品保鲜中的应用，为开发新型食品防腐剂提供了科学依据。最后，本章关注了小分子有机酸的抗菌作用。这些有机酸在植物防御机制中扮演着重要角色，并通过激活食品的自然防御系统，有效减少果实腐败。有机酸的抗菌特性和在食品保鲜中的应用，为易腐果蔬的采后管理提供了新的策略。

综上所述，本章通过对 GABA、大蒜素、异硫氰酸酯类化合物以及小分子有机酸等抗菌剂的研究，展示了它们在食品安全和食品保鲜领域的潜力和应用前景。随着消费者对健康和环保意识的增强，这些天然、安全的抗菌剂预计将在未来的食品工业中发挥更加重要的作用。

第一节　γ-氨基丁酸（GABA）

γ-氨基丁酸（γ-aminobutyric acid，GABA，**9-1**）（图 9-1）是一种普遍存在于脊椎动物、植物和微生物中的非常见氨基酸。GABA 作为一种关键的中枢神经系统抑制性神经递质，以其出色的水溶性和热稳定性而闻名。现已确认，GABA 作为一种小分子量的非蛋白质氨基酸，具有食用安全性，并可应用于饮料等食品的生产过程中。研究进一步揭示，适量摄入 GABA 能够对改善睡眠质量和降低血压等生理功能产生积极影响。欧洲食品安全局（EFSA）已对食品中添加 γ-氨基丁酸（GABA）予以批准，并设定了每日膳食摄入量的上限为 550 mg。美国食品药品监督管理局（FDA）基于毒理学实验数据，认为在食品中添加 GABA 是安全的，批准其用于饮料、咖啡、茶和口香糖等多种食品中。中国卫生部（MOH）在 2009年第 12 号公告中规定，GABA 的日摄入量不应超过 500 mg，允许其在饮料、可可制品、巧克力及其饮料、糖果、焙烤食品和膨化食品中使用[1]。

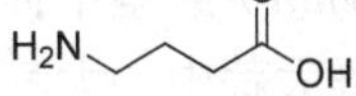

9-1

图 9-1　γ-氨基丁酸的化学结构

　　GABA 对梨果的保鲜方面的应用研究。Yu 等[2]研究发现，虽然 GABA 对扩展青霉没有直接的抑制效果，但用 100 ~ 1000 μg/mL 的 GABA 处理，能显著增强梨果对由扩展青霉（Penicillium expansum）引起的蓝霉病的抗性。与用 GABA 处理或仅用病原体接种相比，梨果中 5 种与防御相关的酶，包括几丁质酶（chitinase）、β-1,3-葡聚糖酶（β-1,3-glucanase）、苯丙氨酸解氨酶（phenylalnine ammonialyase）、过氧化物酶（peroxidase）和多酚氧化酶（polyphenol oxidase）的活性以及这些相应基因的表达显著增强和（或）迅速提高，这说明当遇到病原体挑战时，GABA 可诱导果实通过预激活和表达防御相关酶和基因来产生抗性。此外，用 GABA 处理梨果对果实的可食性品质几乎没有不良影响。

　　GABA 在植物病原菌方面的应用研究。Yang 等[3]探索了 GABA 在防治由交链孢菌（Alternaria alternata）引起的番茄赤霉病中的作用及其潜在的抗性机制。结果显示，外源 GABA 能显著刺激对交链孢病的抗性，而它对交链孢菌没有直接的抗真菌活性。在 GABA 处理下，抗氧化酶的活性，包括过氧化物酶（peroxidase）、超氧化物歧化酶（superoxide dismutase）和过氧化氢酶（catalase），以及这些相应基因的表达，都显著增加。此外，GABA 通过激活抗氧化酶，限制由活性氧物质引起的细胞死亡水平，至少部分地诱导了对坏死性病原体 A. alternata 的抗性。同时，GABA 代谢途径中的关键酶基因，即 GABA 转氨酶（GABA transaminase）和琥珀酸半醛脱氢酶（succinic-semialdehyde dehydrogenase），在 GABA 处理中被发现显著上调，这表明 GABA 代谢途径的激活可能在 GABA 诱导的植物免疫机制中发挥重要作用。此外，Li 等[4]发现两个基因（PpWRKY22 和 PpWRKY70）的表达与桃子果实对桃褐腐病原菌（Monilinia fructicola）的抗性密切相关，通过直接结合到它们的启动子上，激活了三个与 GABA 代谢途径相关的基因（PpSSADH、

PpGABA-T 和 PpGAD4）的转录，从而提高了桃子果实对 *M. fructicola* 的抗性。综上所述，这些系统研究支持了用 GABA 处理果实（如桃、梨、番茄等）以诱导防御抵抗系统，这可能是控制商业规模采后腐烂的一种有意义和有前景的方法。

第二节　大蒜素和蒜氨酸

大蒜素（allicin, **9-2**）（图 9-2），化学名称为二烯丙基硫代亚磺酸酯，是一种从葱科葱属植物大蒜（*Allium sativum*）鳞茎中提取的有机硫化合物，它同样存在于洋葱和其他葱科植物中。在新鲜大蒜中，大蒜素本身并不存在，而是以其前体蒜氨酸（alliin, **9-3**）（图 9-2）存在[5]。蒜氨酸在大蒜中以一种不稳定且无臭的形式存在。研究表明，当新鲜大蒜受到物理冲击（如切片或破碎）时，蒜氨酸在蒜氨酸酶（alliinase）的催化作用下转化为大蒜素，而大蒜素进一步分解产生具有强烈臭味的硫化物[6]。大蒜素展现出强大的抗菌活性，能够在极低浓度下抑制多种革兰氏阳性球菌和革兰氏阴性杆菌。由于其成本低廉、来源广泛、生产工艺简单，且在动物体内无残留，因此被视为一种“环保型”抗菌添加剂。至今，尚未发现对大蒜素（allicin, **9-2**）产生耐药性的菌株，且在安全剂量范围内属于低毒性物质，使用起来非常安全[7]。因此，大蒜素作为食品或饲料添加剂具有显著的优势。

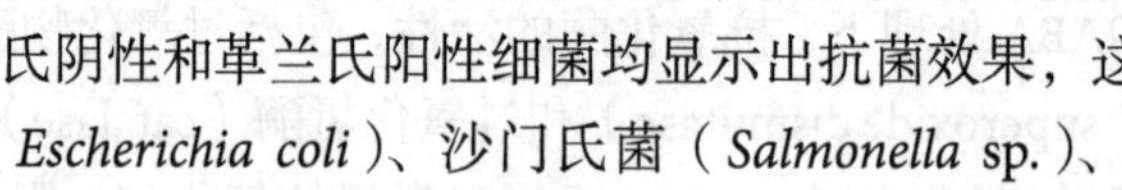

图 9-2　大蒜素和蒜氨酸的化学结构

各种大蒜制剂已被广泛记录具有抗菌特性，其历史源远流长。多样的大蒜配方对一系列革兰氏阴性和革兰氏阳性细菌均显示出抗菌效果，这些细菌包括但不限于大肠杆菌（*Escherichia coli*）、沙门氏菌（*Salmonella* sp.）、金黄色葡萄球菌（*Staphylococcus aureus*）、链球菌（*Streptococcus* sp.）、克雷伯氏菌（*Klebsiella* sp.）、变形杆菌（*Proteus* sp.）、芽孢杆菌（*Bacillus* sp.）和梭菌（*Clostridium* sp.）等。值得注意的是，即使是抗酸性细菌，如结核分枝杆菌（*Mycobacterium tuberculosis*），也显示出对大蒜的敏感性[8]。大蒜提取物还显示出对抗幽门螺杆菌（*Helicobacter pylori*）的活性，该细菌是胃溃疡的常见病因，研究发现[9]，对水溶性大蒜提取物（AGE）对抑制幽门螺杆菌（*H. pylori*）生长所需的 AGE 浓度在 2 ~ 5 mg/mL 之间，抑制 90%（MIC_{90}）为 5 mg/mL。此外，还研究了大蒜与质子泵抑制剂（奥美拉唑）以 250 : 1 的比例组合后的抗菌活性，发现有 47% 表现出协同效应。此外，大蒜提取物在达到 1.5%（质量体积分数）或更高浓度时能有效抑制金黄色葡萄球菌（*S. aureus*）的生长；而由 *S. aureus* 产生的肠毒素 A、B 和 C1 仅在肉汤中大蒜含量低于 1%时可被检测到，而肠毒素 D 则在大蒜含量低于 2%时才产生；此外，大蒜提取物还抑制了热核酸酶（TNAse）的生成，当浓度达到或超过 1.5%时，对其抑制作用尤为明显[10]。

（一）蒜氨酸的抗菌活性研究

蒜氨酸（9-3）是一种具有抗菌特性的化合物，对多种细菌显示出了显著的抑制效果[11]。具体来说，它对大肠杆菌（*E. coli*）、伤寒杆菌（*Salmonella typhi*）、金黄色葡萄球菌（*S. aureus*）和白色葡萄球菌（*Staphylococcus albus*）的 MIC 分别为 3.047 μg/mL、6.094 μg/mL、0.386 μg/mL 和 0.386 μg/mL。蒜氨酸（9-3）通过与细菌的蛋白质和酶蛋白结合，阻断了细菌与环境之间的物质交换，从而抑制了细菌的生命活动。尽管蒜氨酸（9-3）本身不具备杀菌活性，但它在体内可以转化为大蒜素（9-2），后者具有强大的杀菌作用。因此，蒜氨酸（9-3）是一种具有潜在抗菌应用价值的物质。在大多数情况下，大蒜素（9-2）的 50%致死剂量（LD_{50}）浓度略高于一些新型抗生素所需的浓度。引人注目的是，对抗生素产生耐药性的多种细菌株，包括耐甲氧西林金黄色葡萄球菌（*S. aureus*）（LD_{50} 为 12 μg/mL）以及多重耐药的产毒性大肠杆菌（*Escherichia coli*）（LD_{50} 为 15 μg/mL）、酿脓链球菌（*Streptococcus pyogenes*）（LD_{50} 为 3 μg/mL）、奇异变形杆菌（*Proteus mirabilis*）（LD_{50} 为 15 μg/mL）和克雷白氏肺炎杆菌（*Klebsiella pneumoniae*）（LD_{50} 为 8 μg/mL）等均对大蒜素表现出敏感性。然而，其他一些细菌株，如黏液型铜绿假单胞菌（*Pseudomonas aeruginosa*）、溶血性链球菌（*Streptococcus hemolyticus*）和粪肠球菌（*Enterococcus faecalis*），对大蒜素的作用具有抵抗力。

（二）大蒜素的抗菌活性研究

大蒜提取物展现了显著的抗真菌能力，能够有效抑制包括曲霉菌（*Aspergillus parasiticus*）产生的黄曲霉毒素在内的霉菌毒素的形成，其主要活性成分为大蒜素（9-2）。Davis 等[12]研究表明，含有 34%大蒜素、44%总硫代磺酸酯和 20%乙烯二硫的浓缩大蒜提取物，在体外对三种不同分离株的新生隐球菌（*Cryptococcus neoformans*）具有显著的抗真菌和杀菌效果。该提取物对 1×10^5 个隐球菌的 MIC 介于 6～12 μg/mL 之间。此外，该提取物还与两性霉素 B 在体外对所有隐球菌分离株显示出协同抗真菌活性。Yamada 和 Azuma[13]的研究发现大蒜素（9-2）在体外对多种真菌，包括白色念珠菌（*Candida albicans*）、新型隐球菌（*C. neoformans*）、烟曲霉（*Aspergillus fumigatus*）、须毛癣菌（*Trichophyton mentagrophytes*）、絮状麦皮癣菌（*Epidermophyton floccosum*）和石膏小孢子菌（*Microsporum gypseum*）均有效，MIC 介于 1.57 ~ 6.25 μg/mL 之间。研究还发现大蒜素在须毛癣菌（*T. mentagrophytes*）的菌丝中引起了形态异常。*T. mentagrophytes* 的孢子在 24 小时内的发芽率在大蒜素浓度为 3.13 μg/mL 时大幅降低，孢子的致死剂量大约是抑制真菌生长浓度的 4 倍。这些结果表明，大蒜素既抑制孢子的发芽，也抑制菌丝的生长。王焕丽等[14]研究发现化合物 **9-2** 对白色念珠菌（*C. albicans*）的 MIC 为 16 μg/mL。化合物 **9-2** 在低浓度（4 μg/mL）和高浓度（64 μg/mL）下对白色念珠菌生物膜形成的抑制率分别为 23.0%和 95.6%。此外，32 μg/mL 大蒜素对处于早期（0 小时）、中期（12 小时）及成熟期（48 小时）的生物膜显示出显著的抑制效果，抑制率分别为 88.5%、63.3%和 52.3%。此外，与空白对照组相比，不同浓度的大蒜素（4 ~ 32 μg/mL）对培养 30 分钟、60 分钟、90 分钟、120 分钟的白色念珠菌细胞黏附展现出显著的抑制效果。具体来说，空白对照组的芽管形成率为 91.2%，而 64 μg/mL 大蒜素处理组的芽管形成率显著降低至 2.2%。该研究表明，大蒜素对生物膜形成的抑制作用可能与其抑制白色念珠菌细胞黏附的能力密切相关。此外，大蒜素通过抑制白色念珠菌芽管的形成，进而阻断了菌丝的生长。此外，对多种临床重要的酵母菌对纯大蒜素的敏感性进行了评估，结果表明其敏感性非常高，对白色念珠菌（*C. albicans*）、近平滑念珠菌（*Candida parapsilosis*）、热带念珠菌（*Candida tropicalis*）、克鲁斯念珠菌（*Candida krusei*）、光滑球拟酵母（*Torulopsis glabrata*）的 MIC 分别为 0.3 μg/mL、0.8 μg/mL、0.15 μg/mL、0.3 μg/mL 和 0.3 μg/mL。

大蒜素的化学稳定性极为脆弱，容易受到多种环境因素的干扰，包括温度、pH 值、紫外线照射、药物作用持续时间以及贮藏期限等。这些因素均可能对大蒜素的稳定性和效能产生显著影响。研究者将大蒜素与 β-环糊精、纳米银和纳米金等药物载体联用后取得了良好的效果。Piletti 等研究者[15]通过利用 β-环糊精的包埋作用，成功地保护了大蒜油不受氧化和热降解的负面影响，从而维持了大蒜油的原始抗菌活性。研究发现，经过 β-环糊精包埋的大蒜油在热稳定性方面得到了显著提升，即使在 60℃下处理 1 小时后，仍然保持其抗菌活性。热重分析结果揭示，大蒜油在 30℃时开始发生热挥发和分解，而 β-环糊精在 100℃以下时，其结构上吸附的水分子挥发，导致质量损失约为 13.8%。进一步的分析显示，β-环糊精包埋的大蒜油在 65 ~ 283℃的温度区间内，质量损失约为 7%，这与纯 β-环糊精的结构特性密切相关。在抑菌实验中，β-环糊精包埋的大蒜油与未包埋的纯大蒜油对金黄色葡萄球菌展现出相似的抑菌效果，MIC 均在 5 ~ 10 mg/mL 的范围内。Robles-Martínez 等研究者[16]探究了大蒜提取物（简称 AsExt）与银纳米粒子（AgNPs）协同作用的抗真菌效果，发现这种联合（AsExt-AgNPs）应用显著增强了大蒜提取物的抗真菌活性。具体而言，当大蒜提取物（MIC 为 0.04 mg/mL）与不同浓度的银纳米粒子（0.01 mg/mL、0.02 mg/mL、0.04 mg/mL、0.06 mg/mL、0.08 mg/mL）混合使用时，观察到 AsExt-AgNPs 能有效抑制红色毛癣菌（*Trichophyton rubrum*）的生长，甚至在 AsExt 的质量浓度降至 0.4 μg/mL 时，仍能完全抑制菌体生长。

（三）大蒜素及其衍生物在农业和食品领域的应用

动物养殖方面，大蒜产品可以提高牛的生产性能和产品质量，增强机体免疫力，灌服加乳孔注入大蒜素还可以治疗金黄色葡萄球菌引起的乳房炎。王琪等[17]的研究发现，大蒜素在抑制金黄色葡萄球菌增殖方面表现出显著效果，其 MIC 为 28 mg/mL。在实验中，采用 28 mg/mL 大蒜素进行口服加乳头注射的方式，治愈率达到了最高的 87.5%。相比采用中药口服加乳头注射大蒜素的传统治疗方式，治愈率为 62.5%，这一效果优于仅使用传统中药口服的方式（37.5%）。这些结果表明，大蒜素对于由金黄色葡萄球菌引起的奶牛乳房炎具有较好的治疗效果。此外，大蒜素的外用与中药的内服展现出协同治疗作用，这不仅提高了传统中药的治愈率，且不产生耐药性。

在现代畜牧业中，仔猪断奶后出现的腹泻是一个严重挑战，它不仅会导致仔猪生长性能受损，还可能因为腹痛、虚弱和过度活动而引发动物福利问题，甚至导致死亡。大蒜制品作为一种环保的添加剂，含有多种含硫化合物，尤其是发酵大蒜中的含硫化合物含量更高，展现出强大的抗菌特性。这些化合物能够抑制大肠杆菌等病原体的生长，从而在多方面提升仔猪的健康和性能[18]。Jorge 等[19]研究表明，在小猪断奶期间，对微胶囊化牛至精油（OEO）和大蒜粉的两种不同浓度进行了评估，考察了它们对氧化状态、压力和炎症生物标志物的影响，以及对平均日增重（ADG）和平均出生体重（FBW）等生产参数的作用。结果显示，低剂量 OEO 能显著提升断奶小猪的 ADG，与除低剂量大蒜外的其他组别相比，其 ADG 值更高。同时，低剂量 OEO 和大蒜粉也显著提高了 FBW，与对照组和作为治疗性饮食添加物的氧化锌（ZnO）组相比，FBW 值更高。这些发现与低剂量 OEO 和大蒜粉补充组在氧化应激生物标志物、皮质醇和 CRP 方面的积极结果相一致。总体来看，0.4%剂量的 OEO 和大蒜粉在断奶期间未引起小猪的炎症、压力或氧化生物标志物的不利变化，并且相较于对照组和 ZnO 组，展现出了更佳的生产性能。而高剂量的 OEO 和大蒜粉则效果不佳，可能对动物健康产生不利影响。这些结果强调了在小猪日粮中补充 OEO 或大蒜粉时，合理控制剂量的重要性。此外，刘英杰[20]评估了大蒜素对鲤鱼生长效率和抗氧化防御机制的影响。实验持续了 60 天，对照组仅投喂标准饲料，而大蒜素处理组分别在基础饲料中添加了 100 g/kg、200 g/kg 和 400 g/kg 的大蒜素。实验结果揭示，相较于对照组，大蒜素处理组（100 g/kg、200 g/kg 和 400 g/kg）的平均日增重分别提升了 5.29%、5.53% 和 5.29%。在抗氧化酶活性方面，大蒜素 200 g/kg 处理组和 400 g/kg 处理组的谷胱甘肽过氧化物酶活性相较于对照组分别增强了 26.87% 和 21.00%，而超氧化歧化酶活性在大蒜素处理组（100 g/kg、200 g/kg 和 400 g/kg）中分别提升了 10.75%、29.20% 和 17.74%。在各大蒜素处理组间比较中，大蒜素 200 g/kg 处理组的超氧化歧化酶活性显著高于组大蒜素 100 g/kg 处理组。此外，与对照组相比，大蒜素 200 g/kg 处理组和 400 g/kg 处理组的丙二醛含量分别降低了 18.29% 和 12.45%。综上所述，饲料中添加大蒜素能够显著提升鲤鱼的生长效率，增强血清中的谷胱甘肽过氧化物酶和超氧化歧化酶活性，并降低丙二醛含量。这些结果表明大蒜素能够增强鲤鱼的生长性能和抗氧化能力，其中以 200 g/kg 的添加量效果最佳。

在果蔬和肉类保鲜方面，许萍等[21]以新鲜大口黑鲈（*Micropterus salmoides*）为原料，探究了大蒜素、大蒜素与茶多酚复配以及葡萄籽提取物处理对在低温条件（4℃）下贮藏 15 天的鲈鱼肉品质的影响。结果显示，与对照组相比，复配保鲜剂能更有效地保持鱼肉品质和延长保鲜期，有效减缓脂质氧化，延缓菌落总数、挥发性盐基氮值和汁液流失率的升高，并保持鱼肉的 pH 值、感官评分和 Ca^{2+}-ATPase 活力。具体来说，首先，微生物是导致水产品腐败的关键因素之一，而菌落总数是衡量腐败程度的一个重要指标。鲈鱼的初始菌落总数为 3.57 lg CFU/g，表明鲈鱼在贮藏初期具有较好的品质。随着贮藏时间的延长，对照组的菌落总数在第 9 天时已经超过了新鲜鱼片菌落总数的可接受限度值 7 lg CFU/g。相比之下，经过大蒜素处理和复配保鲜剂处理的鲈鱼均符合水产品食用标准。当贮藏至第 12 天时，经大蒜素处理的鲈鱼菌落总数达到 7.08 lg CFU/g，标志着其贮藏期限的终点；而经过复配保鲜剂处理的鲈鱼，其菌落总数为 6.25 lg CFU/g，直至贮藏第 15 天，菌落总数才达到 7.04 lg CFU/g，同样标志着贮藏期限的终点。因此，对照组的货架期大约为 9 天，而经过大蒜素处理的鲈鱼，其货架期可延长至大约 12 天。相比之下，经过复配保鲜剂处理的鲈鱼，货架期达到了 15 天，相较于对照组，大约延长了 6 天。此外，大蒜素处理组和复配保鲜剂处理组的挥发性盐基氮值分别在第 12 天和第 15 天超过 25.9 mg/100 g，与对照组相比，分别延长了鲈鱼的贮藏货架期 3 天和 6 天。大蒜素复配保鲜剂能有效抑制肌原纤维蛋白 Ca^{2+}-ATPase 活力的下降，贮藏 15 天后，对照组酶活力比贮藏初期显著下降了 59.9%，而大蒜素和大蒜素复配保鲜剂处理组分别下降了 47.6% 和 38.0%。大蒜素复配保鲜剂具有经济环保的优势，对人体无害，可为开发以天然提取物为基底的水产保鲜剂提供数据支持。

　　赵梅等[22]以香菇（*Lentinus edodes*）为实验材料，评估了大蒜提取物在香菇保鲜中的功效。实验结果揭示，大蒜提取物在不同浓度下均能显著抑制香菇的呼吸活性、减少重量损失、降低细胞膜通透性及腐败程度，从而减缓香菇的衰老和腐败过程，维持其外观品质。随着贮藏时间的延长，香菇的腐败程度逐渐增加，尤其是经蒸馏水处理的香菇，其腐败程度增长最为迅速，至贮藏第 6 天时腐败程度已达 32%，此时香菇的食用价值已大幅降低。相比之下，经大蒜提取物处理的香菇，其腐败程度得到了不同程度的控制，且随着提取物与介质比例的提高，大蒜提取物对香菇腐败程度的抑制效果逐渐增强。具体来说，以 1∶5 的比例配制的大蒜提取物处理的香菇，在贮藏至第 8 天时，其腐败程度仅为 15%。在感官品质方面，经四种不同浓度大蒜提取物处理的香菇，其感官评价均优于对照组，表明不同浓度的大蒜提取物对香菇的保鲜效果具有不同程度的积极作用。其中，以 1∶5 的比例配制的大蒜提取物对香菇的保鲜效果最为显著，其次是 1∶10 比例的大蒜提取物，而 1∶20 比例的大蒜提取物效果相对较差。综上所述，大蒜提取物作为一种天然的保鲜剂，对香菇的保鲜具有显著效果，尤其在提高香菇的贮藏寿命和维持其感官品质方面表现出色。这些发现为开发和利用天然保鲜剂提供了科学依据，对于提升香菇等食用菌的保鲜技术具有重要的实践意义。

　　杨光[23]以大蒜为研究材料，通过抑菌圈法对大蒜提取物的抗菌特性进行了系统评估，针对大肠埃希氏杆菌（*Escherichia coli*）、金黄色葡萄球菌（*Staphylococcus aureus*）、枯草芽孢杆菌（*Bacillus subtilis*）、黑曲霉（*Aspergillus niger*）、根霉（*Rhizopus* sp.）、毛霉（*Mucor* sp.）和青霉（*Penicillium* sp.）等微生物进行了抑菌效果的测定。并重点考察了大蒜及其与壳聚糖和荔枝皮复合液对柑橘保鲜效果的影响，并对其失重率、SOD 活性、丙二醛（MDA）含量、维生素 C（Vc）含量、可滴定酸度和霉变率等指标进行了综合评估。结果发现，使用 50%乙醇提取的大蒜成分对黑曲霉具有较强的抑制作用，而 30%乙醇提取条件下对青霉、大肠杆菌等其他微生物的抑制效果最佳，表明大蒜提取物对这些微生物均具有较强的抗菌活性。此外，实验结果还显示，乙醇浓度较低时，抗菌作用更为显著。在大蒜与乙醇的比例为 2∶1 时，抑菌圈最大，抑菌效果依次为黑曲霉（29.3 mm）、青霉（24.8 mm）、金黄色葡萄球菌（23.8 mm）、大肠杆菌（22.5 mm）、根霉（21.9 mm）、毛霉（21.4 mm）和枯草芽孢杆菌（20.9 mm）。此外，综合柑橘的失重率、MDA 含量、SOD 活性、Vc 含量、可滴定酸度和霉变率等六项指标，发现在大蒜与 30%乙醇的料液比为 2∶1 的条件下，添加 2%壳聚糖的大蒜醇提液和大蒜醇提液与荔枝皮醇提液之比为 2∶1 且添加 1.5%壳聚糖的溶液对柑橘的抑菌保鲜效果最为显著。本研究为大蒜提取物在食品保鲜领域的应用提供了科学依据，特别是在提高柑橘等水果的保鲜效果方面显示出巨大潜力。

　　综上所述，大蒜素因其独特的含硫醚基和烯丙基的化学结构而表现出卓越的抗菌活性。其作用机制是多方面的：它能够与细菌的巯基酶发生竞争性抑制，破坏病原微生物的细胞结构，侵入并瓦解其防御体系，抑制并消除生物被膜，以及通过作用于多个靶点产生多重抑制效应。这些机制的协同作用，赋予大蒜素强大的抗菌能力，且尚未发现对大蒜素产生耐药性的菌株。同时，作为日常生活来源的天然调味品中的抗菌剂，大蒜素具有极高的安全性。因此，大蒜素作为食品或饲料添加剂具有显著的优势。然而，大蒜素及其衍生物的应用也存在局限性：化学稳定性差，在热处理或碱性条件下容易丧失抗菌特性；纯大蒜素携带的浓郁大蒜气味可能限制了其在市场上的接受度和应用范围；大蒜素的提取过程较为复杂，且成本较高，影响了其在大规模生产和应用中的可行性。若能有效解决这些问题，大蒜素作为绿色抗菌剂的应用前景将极为广阔。

第三节　异硫氰酸酯类化合物

　　异硫氰酸酯类化合物（isothiocyanates，ITCs）是十字花科植物及其近缘植物：如芸薹属西兰花（*Brassica oleracea*）、甘蓝（*B. oleracea*）、芥蓝（*B. alboglabra*）和卷心菜（*B. oleracea* var. *capitata*）、白芥属白芥（*Sinapis alba*）、山萮菜属块茎山萮菜（*Eutrema yunnanense*）等中硫代葡萄糖苷［如萝卜硫苷（**9-4**）］（图9-3）的内源性硫代葡萄糖苷酶解产物[24]。根据它们的化学结构，ITCs主要分为三大类：脂肪族、吲哚类和芳香族。代表化合物烯丙基异硫氰酸酯（AITC）是辣根和芥末独特辛辣口感的主要成分，它有时被添加到预制蔬菜中，以提升食物的风味。由于其挥发性，天然源异硫氰酸酯类化合物能在低浓度下抑制多种细菌的生长，这使得它们成为潜在的植物源杀菌剂。在针对人类病原体的研究中，萝卜硫素（SFN，**9-5**）、烯丙基异硫氰酸酯（AITC，**9-6**）、苄基异硫氰酸酯（BITC，**9-7**）（图9-3）显示出最强的抗菌效果。这些化合物对革兰氏阳性和革兰氏阴性细菌都具有广泛的抗菌作用。特别是烯丙基异硫氰酸酯（**9-6**），它对革兰氏阴性细菌更为有效，尤其是对大肠杆菌菌株。而苄基异硫氰酸酯（**9-7**）则对金黄色葡萄球菌显示出更高的活性，包括对多药耐药菌株。萝卜硫素（**9-5**）则对幽门螺旋杆菌表现出强大的抗菌活性[25]。自20世纪末起，这种具有刺激性的挥发性化合物便已在日本被用作一种天然的食品防腐剂。

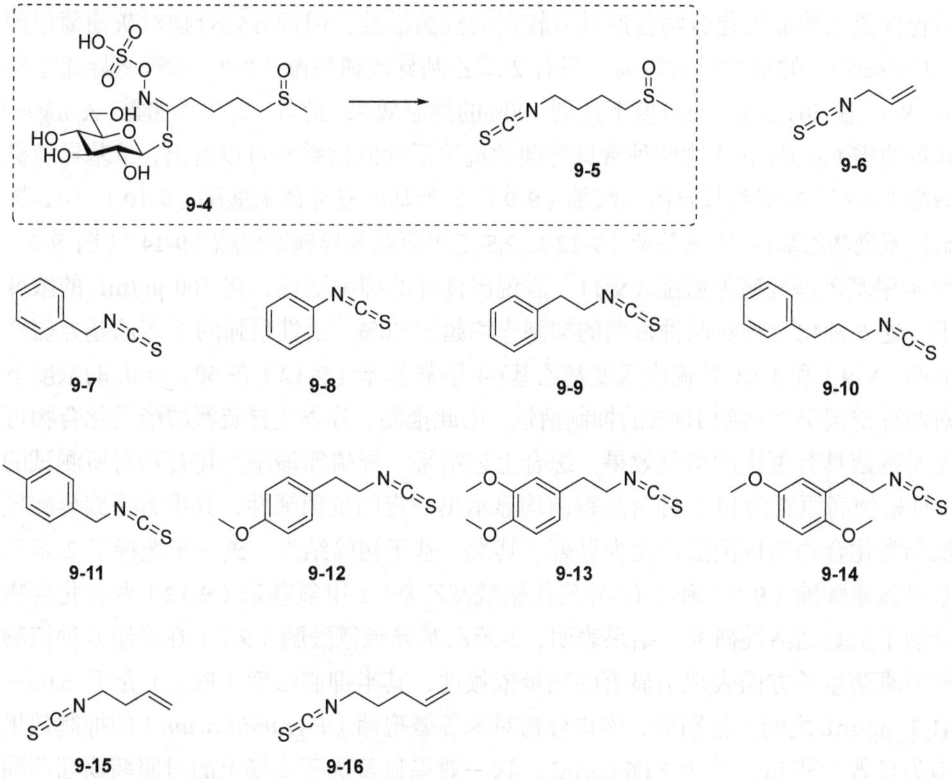

图 9-3　异硫氰酸酯类的化学结构

异硫氰酸酯类化合物（ITCs）具有显著的抗菌活性。孙钰[25]详细研究了 18 种天然来源的异硫氰酸酯类化合物对 6 种植物病原真菌和 2 种食源性霉菌的抑制效果。6 种植物病原真菌分别为：禾谷镰孢菌（*Fusarium graminearum*）、水稻稻瘟病病菌（*Magnaporthe oryzae*）、棉花枯萎病病菌尖孢镰刀菌（*F. oxysporum* f. sp. *vasinfectum*），灰葡萄孢（*Botrytis cinerea*），核盘菌（*Sclerotinia sclerotiorum*）和立枯丝核菌（*Rhizoctonia solani*），2 种食源性霉菌为黑曲霉（*Aspergillus niger*）和黄曲霉（*Aspergillus flavus*）。首先，通过初筛发现，18 种异硫氰酸酯类化合物在 100 μg/mL 浓度下对 6 种植物病原真菌均表现出一定的抗菌活性。特别地，2-苯乙基异硫氰酸酯（9-9）（图 9-3）在 100 μg/mL 时对所有测试的植物病原真菌均实现了 100%的抑制效果。此外，在 50 μg/mL 的浓度下，除了对棉花枯萎病病菌（*F. oxysporum* f. sp. *vasinfectum*）外，该化合物对其他五种植物病原真菌也达到了 100%的抑菌活性。同时，苄基异硫氰酸酯（9-7）、4-甲基苯基异硫氰酸酯（9-11）、1-(2-异硫代氰酰乙基)-4-甲氧基苯（9-12）、2-(3,4-二甲氧基苯基)乙基异硫代氰酸酯（9-13）（图 9-3）在 50 μg/mL 的浓度下，对部分菌株也显示出 100%的抑制效果。

尽管异硫氰酸酯类化合物普遍具有较强的抗菌活性，但部分化合物对灰葡萄孢菌（*B. cinerea*）的活性相对较弱，只有 2-苯乙基异硫氰酸酯（**9-9**）和苄基异硫氰酸酯（**9-7**）在 50 μg/mL 的浓度下达到 100%的抑制效果。此外，对于黑曲霉（*A. niger*）和黄曲霉（*A. flavus*）这两种常见霉菌的抗菌活性测试结果可以看出，苄基异硫氰酸酯（**9-7**）、2-苯乙基异硫氰酸酯（**9-9**）、3-苯基丙基异硫氰酸酯（**9-10**）、1-(2-异硫代氰酰基乙基)-4-甲氧基苯（**9-12**）、2,5-二甲氧基苯异硫氰酸酯（**9-14**）（图 9-3）和 4-甲基苯基异硫氰酸酯（**9-11**）展现出良好的抑菌活性，在 100 μg/mL 的浓度下，这 6 种化合物对两种霉菌的抑制率均超过 50%。活性最强的 2-苯乙基异硫氰酸酯（**9-9**）和 1-(2-异硫代氰酰基乙基)-4-甲氧基苯（**9-12**）在 50 μg/mL 的浓度下对两种霉菌仍能达到 100%的抑制活性。由此推测，芳香族异硫氰酸酯类化合物可能对霉菌具有更优的抑制效果。综合上述结果，异硫氰酸酯类化合物对所测试的 6 种植物病原真菌和 2 种常见霉菌均显示出一定的抗菌活性，其中芳香族异硫氰酸酯类化合物的抗菌活性尤为显著。其次，基于初筛结果，进一步选择了 2-苯乙基异硫氰酸酯（**9-7**）和 1-(2-异硫代氰酰基乙基)-4-甲氧基苯（**9-12**）两种化合物开展了抗真菌活性研究。结果表明，2-苯乙基异硫氰酸酯（**9-7**）在抑制 6 种植物病原真菌生长方面表现出显著的剂量依赖性，其半抑制浓度（EC_{50}）介于 5.06 ~ 41.37 μg/mL 之间。特别地，该化合物对禾谷镰孢菌（*F. graminearum*）的抑制效果最为显著，其 EC_{50} 值为 5.06 μg/mL，这一效果显著优于市场上的对照药物嘧菌酯（EC_{50} 值为 27.43 μg/mL）。此外，1-(2-异硫代氰酰基乙基)-4-甲氧基苯（**9-12**）对禾谷镰孢菌（*F. graminearum*）和黑曲霉（*A. niger*）具有较高的抑制效果，其 EC_{50} 值分别为 6.39 μg/mL 和 4.19 μg/mL。同时，研究了 2-苯乙基异硫氰酸酯（**9-7**）和 1-(2-异硫代氰酰基乙基)-4-甲氧基苯（**9-12**）与特定植物精油（包括牛至精油、百里香精油、肉桂精油和丁香精油）以及若干小分子酚类化合物（如丁香酚、百里香酚和香芹酚）的混合使用，发现在防控由核盘菌（*S. sclerotiorum*）、立枯丝核菌（*R. solani*）、黑曲霉（*A. niger*）和黄曲霉（*A. flavus*）等真菌引起的植物病害方面显示出显著的协同增效效应，增强其抗菌效能。这种协同作用可能为开发新型、高效的植物病害防控策略提供了科学依据。最后，研究者还选择 1-(2-异硫代氰酰基乙基)-4-甲氧基苯（**9-12**）作为研究对象，以黑曲霉（*A. niger*）为研究模型，深入探究其抗菌作用机制。其作用机制主要涉及促进活性氧（ROS）的生成，这一过程对线粒体功能产生负面影响，进而干扰三羧酸（TCA）循环，破坏细胞内的氧化还原平衡。此外，该化合物还可能通过引发黑曲霉细胞膜的脂质过氧化反应，导致细胞膜结构的破坏。

Jang 等[26]研究了从十字花科芸薹属中发现的 4 种异硫氰酸酯：3-丁烯基异硫

氰酸酯（**9-15**）、4-戊烯基异硫氰酸酯（**9-16**）、2-苯乙基异硫氰酸酯（**9-7**）和苄基异硫氰酸酯（**9-8**），对 4 种革兰氏阳性菌蜡样芽孢杆菌（*Bacillus cereus*）、枯草杆菌（*Bacillus subtilis*）、单核细胞增生李斯特菌（*Listeria monocytogenes*）和金黄色葡萄球菌（*Staphylococcus aureus*）以及 7 种革兰氏阴性菌嗜水气单胞菌（*Aeromonas hydrophila*）、铜绿假单胞菌（*Pseudomonas aeruginosa*）、肠炎沙门氏菌（*Salmonella choleaesuis*）、鼠伤寒沙门氏菌（*Salmonella typhimurium*）、创伤弧菌（*vibrio vulnificus*）、宋内氏志贺菌（*Shigella sonnei*）和霍乱弧菌（*Vibrio cholerae*）的抗菌活性。苄基异硫氰酸酯（**9-8**）在 0.1 μL/mL 浓度下对蜡样芽孢杆菌的 IZ 大于 90.00 mm，2-苯乙基异硫氰酸酯（**9-7**）在 0.2 μL/mL 浓度下对蜡样芽孢杆菌的 IZ 为 58.33 mm。同时，在 1.0 μL/mL 浓度下，3-丁烯基异硫氰酸酯（**9-15**）和 4-戊烯基异硫氰酸酯（**9-16**）对嗜水气单胞菌（*Aeromonas hydrophila*）表现出强大的抗菌活性，其 IZ 分别为 21.67 mm 和 19.67 mm。苄基异硫氰酸酯（**9-8**）和 2-苯乙基异硫氰酸酯（**9-7**）相较于 3-丁烯基异硫氰酸酯（**9-15**）和 4-戊烯基异硫氰酸酯（**9-16**）（图 9-3），对大多数致病细菌显示出更高的活性，并且对革兰氏阳性菌的抑制效果优于革兰氏阴性菌。陈虹霞[27]也发现 2-苯乙基异硫氰酸酯（**9-7**）对植物病原菌梨黑腐皮壳（*Cytospora sp.*）、柑橘溃疡病菌（*Xanthomonas axonopodis* pv. *citri*）和辣椒疫霉菌（*Phytophthora capsici*）具有良好的抑菌作用，它们的有 EC_{50} 分别为 0.7 μg/mL、1.2 μg/mL 和 3.7 μg/mL，EC_{90} 分别为 2.38 μg/mL、5.52 μg/mL 和 28.4 μg/mL。

Yu 等[28]研究发现十字花科植物中发现的异硫氰酸酯（ITCs）：烯丙基异硫氰酸酯（AITC，**9-6**）、萝卜硫素（SFN，**9-5**）和 2-苯乙基异硫氰酸酯（**9-7**），显著抑制了南方玉米叶枯病的病原体（*Cochliobolus heterostrophus*）的菌丝生长，其中萝卜硫素（SFN，**9-5**）展现出最强的抑制作用，其半抑制浓度（IC_{50}）为 53.4 μmol/L。此外，这些成分对 *C. heterostrophus* 的分生孢子萌发和致病力也有明显抑制效果。蛋白质组学分析揭示，烯丙基异硫氰酸酯（AITC，**9-6**）抑制了 *C. heterostrophus* 中与能量代谢、氧化还原酶活性、黑色素生物合成和细胞壁降解酶相关基因的表达。研究者进一步运用转录组分析技术深入探讨了烯丙基异硫氰酸酯（**9-6**）对 *C. heterostrophus* 的影响[29]，并揭示了高渗透压途径在烯丙基异硫氰酸酯（**9-6**）处理下的显著上调。为了深入理解高渗透压途径在适应 **9-6** 中的作用，研究者构建了针对 ChSsk2、ChPbs2 和 ChHog1 这三个与高渗透压途径密切相关的基因的突变株系。实验结果表明，这些基因的缺失显著增加了 *C. heterostrophus* 对 **9-6** 的敏感性。此外，**9-6** 诱导了 ChHog1 的磷酸化反应，且该过程依赖于 ChSsk2 和 ChPbs2 的功能。进一步的研究显示，这些突变株在玉米叶上的致病力显著降低。这些发现揭示了高渗透压途径在 ITCs 耐受性和病原性中的重要作用。该研究不仅加深了对 9-6 抗真菌机制的认识，而且为将 ITCs 开发为针对 *C. heterostrophus* 的新型杀菌剂提供了新的洞见和潜在策略。这些成果为未来非十字花科作物病害的防控提供了新的思路，并可能对农业可持续发展产生积极影响。

实际应用研究方面，Mari 等[30]研究了挥发性烯丙基异硫氰酸酯（AITC，9-6）蒸汽对梨果（Conference 和 Kaiser 品种）上引起蓝霉病病原真菌扩展青霉（*Penicillium expansum*）的抑制效果进行了评估。研究发现，将梨果置于 5 mg/L 的 AITC 富集环境中 24 小时，能够实现对蓝霉病的最佳控制效果，且控制效果与接种的分生孢子密度有关。病变直径与 AITC 浓度呈负相关。在经 AITC 处理的梨果中，感染伤口的比例随分生孢子浓度的增加而上升，从每毫升 $1×10^3$ 个分生孢子时的低于 20% 增加至每毫升 $1×10^6$ 个分生孢子时的近 80%。与此相对照，未处理的梨果中，无论分生孢子浓度如何，感染伤口的比例均超过 98%。AITC 处理在接种后对 Conference 品种有效长达 2 天，对 Kaiser 品种则长达 4 天。此外，AITC 处理还能有效控制对噻苯唑产生抗药性的 *P. expansum* 菌株，将两种品种的蓝霉病发病率降低了 90%。因此，利用从纯黑芥子酶或去脂印度芥菜粉中提取的 AITC，可能是替代合成杀菌剂、经济上可行的防治梨果蓝霉病的新方法。Li 等[31]探究了烯丙基异硫氰酸酯（AITC，9-6）针对肉毒梭菌（*Clostridium botulinum*）的抗菌作用及其在鲜肉保鲜中的潜在应用。AITC 对 *C. botulinum* 的营养型细胞 d 的 MIC 为 0.1 μL/mL，而时间-杀灭动力学分析结果揭示了 AITC 对 *C. botulinum* 生长的显著抑制作用。扫描电子显微镜（SEM）、荧光显微镜和紫外吸收物质检测的结果显示，AITC 处理导致 *C. botulinum* 细胞膜损伤，引起细胞膜完整性的丧失和细胞内物质的外泄。荧光猝灭实验进一步表明，AITC 与 *C. botulinum* 细胞膜蛋白发生相互作用，导致膜蛋白构象的改变。活性氧种（ROS）水平的测定和流式细胞仪分析证实，AITC 能够通过引发氧化应激来诱导细胞凋亡。此外，AITC 通过结晶紫方法抑制了 *C. botulinum* 生物膜的形成。实际应用研究发现，AITC 对熟猪肉中的 *C. botulinum* 孢子具有显著的抑制效果。对在 37℃ 下储存 6 小时并添加了 0.5% AITC 和未添加 AITC 的熟猪肉样本进行了感官评价。尽管 AITC 的添加使得样本呈现出轻微的黄色，但两组样本在外观和颜色上的差异很小。在质地和风味方面，对照组的表现较差，这与 *C. botulinum* 的快速生长有关，导致样本质地差和不愉快的腐烂气味，而经 AITC 处理的样本得分较高。尽管有轻微的刺激性气味，但评审员认为这是可以接受的，这表明天然抗菌剂 AITC 有望成为肉类保鲜领域新型防腐剂的有力候选物质。Barea-Ramos 等研究者[32]探究了在室温条件下利用芥末种子（*Brassica nigra*）释放的烯丙基异硫氰酸酯（AITC）来延缓番茄采后灰霉病

（*Botrytis cinerea*）的进展，并运用电子鼻（E-nose）技术区分了番茄的正向与负向气味。研究发现，在 AITC 存在的条件下，接种的番茄直至储存的第八天微生物才显著增长，而 AITC 的最高抑制浓度在第 3 天达到了 175.18 ppb。相较之下，在缺乏 AITC 的环境中，接种的番茄在储存的第三天便开始产生霉变气味，其中与 *B. cinerea* 相关的标志性化合物为庚烯-2-酮和丁酸。此外，电子鼻的分析结果表明，AITC 并未对番茄果实造成任何异常的负面气味。因此，AITC 作为一种天然的添加剂，展现出在番茄采后期间延缓 *B. cinerea* 发展的巨大潜力。尽管如此，为了将这些发现应用于实际商业环境，仍需开展进一步的研究工作。

异硫氰酸酯类化合物（ITCs）虽已被证实能有效抑制导致果蔬在储存过程中腐烂的病原真菌。然而，由于其强烈的刺激性，使其在果蔬保鲜领域的应用受到了限制。基于此，Wu 等[33]的研究指出，微胶囊化技术可能是解决这一问题的可行途径。研究中，以辣根（*Armoracia rusticana*）中提取的 AITC 作为芯材，辅以最高 2%（质量体积分数）的明胶和阿拉伯胶作为壁材，按照 1∶2 的芯材与壁材比例制备 AITC 微胶囊，所得微胶囊的包封效率（EE）介于 68.51%～94.22%之间，有效控制了 AITC 的释放速率，降低了其刺激性。通过将微胶囊化技术与缓释介质相结合，研制出的软膏制剂显著延长了番茄的储存期。具体表现在：在 0.5～1.0 g/L 的 AITC 微胶囊浓度范围内，番茄的腐烂率显著降低；1.0 g/L AITC 微胶囊处理的番茄失重率增长最为缓慢；处理组番茄果实硬度的下降趋势也比对照组缓慢；1.0 g/L 和 2.0 g/L AITC 微胶囊处理组的番茄酸度变化相较于其他组别更为缓慢；与对照组相比，AITC 处理组，尤其是 2.0 g/L AITC 微胶囊处理组的番茄总可溶性固形物含量下降速度较慢，这可能延缓了番茄的成熟进程，从而延长了其保鲜期限。因此，AITC 微胶囊作为一种保鲜技术，展现出了广阔的应用前景和开发潜力。

此外，彭超[34]通过从芥子（*Sinapis alba*）和山葵（山嵛菜，*Wasabia japonica*）中提取异硫氰酸酯混合物（提取率分别为 0.6%～0.8%和 0.4%～0.6%）。在芥子提取物中鉴定出共 14 种化合物，其中包括 6 种异硫氰酸酯，其相对含量合计占总提取物的 86.33%。在山葵提取物中检测出 22 种化合物，其中 8 种为异硫氰酸酯类化合物，其相对含量合计占总提取物的 69.58%。芥子和山葵提取物均显示出对一系列病原细菌的抑制作用，包括金黄色葡萄球菌（*Staphylococcus aureus*）、藤黄八叠球菌（*Micrococcus luteus* 或 *Sarcina luteus*)）、白色葡萄球菌（*Staphylococcus albus*）、枯草芽孢杆菌（*Bacillus subtilis*）、铜绿假单胞杆菌（*Pseudomonas aeruginosa*）、沙门氏菌（*Salmonella* sp.）、荧光假单胞杆菌（*Pseudomonas fluorescens*）和宋内志贺氏菌（*Shigella sonnei*）。山葵提取物的抑菌活性优于芥子提取物，两种提取物对上述 8 种测试细菌的 MIC 范围分别为 128～512 μg/mL 和 512～1024 μg/mL。特别地，研究发现这些提取物对革兰氏阳性菌的抑制效果显著优于革兰氏阴性菌。为了增强其稳定性并减少刺激性，本研究选用明胶和阿拉伯胶作为壁材，以天然产物京尼平作为固化剂，成功制备了以山葵提取物为芯材的复合凝聚微胶囊。研究团队进一步深入研究了微胶囊的固化工艺、理化特性及贮藏稳定性，旨在优化微胶囊的性能，并评估其在实际应用中的潜力。在所有测试的储存条件下，与未包覆的异硫氰酸酯相比，包覆后的异硫氰酸酯展现出更高的稳定性。这些发现揭示了从芥子和山葵中提取的异硫氰酸酯混合物在食品保存领域具有潜在的应用价值，尤其是在抑制病原细菌生长方面。

展望异硫氰酸酯类化合物（ITCs）的未来，我们可以预见其在多个领域的重要应用前景：包括食品保存领域的应用、农业病害控制、医药领域的潜力、抗菌机制的研究、异硫氰酸酯类化合物的剂型开发。综上所述，ITCs 的研究和应用前景广阔，它们不仅在食品保存和农业病害控制中发挥作用，还有望成为医药领域新的抗癌药物和抗菌剂。随着科技的进步和研究的深入，ITCs 的应用将更加多样化和高效。

第四节　小分子有机酸

有机酸是一类具有酸性特性的有机化合物。在这些化合物中，其酸性主要来源于羧基（COOH），常见的有机酸包括水杨酸（SA，**9-17**）、苯甲酸（**9-18**）、茉莉酸（JA，**9-19**）、抗坏血酸（**9-20**）、甲酸（**9-21**）、丙酸（**9-22**）、乳酸（**9-23**）、苹果酸（**9-24**）、柠檬酸（**9-25**）、富马酸（**9-26**）、山梨酸（**9-27**）（图 9-4）等。众多有机酸在植物防御机制中扮演着激发子的角色，它们作为天然的干预手段，有效减少果实腐败。

Khan 等[35]探究了 4 种有机酸：水杨酸（SA，**9-17**）、苯甲酸（**9-18**）、茉莉酸（JA，**9-19**）和抗坏血酸（**9-20**）对指状青霉（*Penicillium digitatum*）的防控效果，发现水杨酸（SA，**9-17**）通过激活柑橘果实的防御机制，对指状青霉（*P. digitatum*）引发的绿霉病的防控效果尤为显著。

向文娟[36]的研究探讨了水杨酸（SA，**9-17**）与控制气氛贮藏（CA）相结合对宁夏枸杞采后保鲜效果及其生理活动的影响。该研究以新鲜的宁夏枸杞为实验材料，采用 SA 处理并结合三种不同的气体环境，评估了在 7℃条件下延长枸杞货架寿命的可能性及其潜在的作用机制。研究结果综合分析显示，在 SA 和 CA 联合处理下，枸杞能够在 7℃下保存长达 28 天，且其品质与新鲜枸杞最为接近，效果优于其他所有处理组。与单独使用 SA 或 CA 相比，两者的结合使用在控制枸杞的失

重、保持可溶性固形物含量、降低腐败指数以及维持颜色质量方面表现出更优的
效果，并且对于保持果实的硬度更为有利。此外，SA 与 CA 的结合使用还增强了
抗氧化系统的活性，显著影响了不饱和脂肪酸的合成，调节了糖和有机酸的代谢
途径，有效抑制了丙二醛的产生，从而有助于维持果实的硬度和提升贮藏品质。
这些发现为枸杞等易腐果蔬的采后保鲜提供了新的策略。

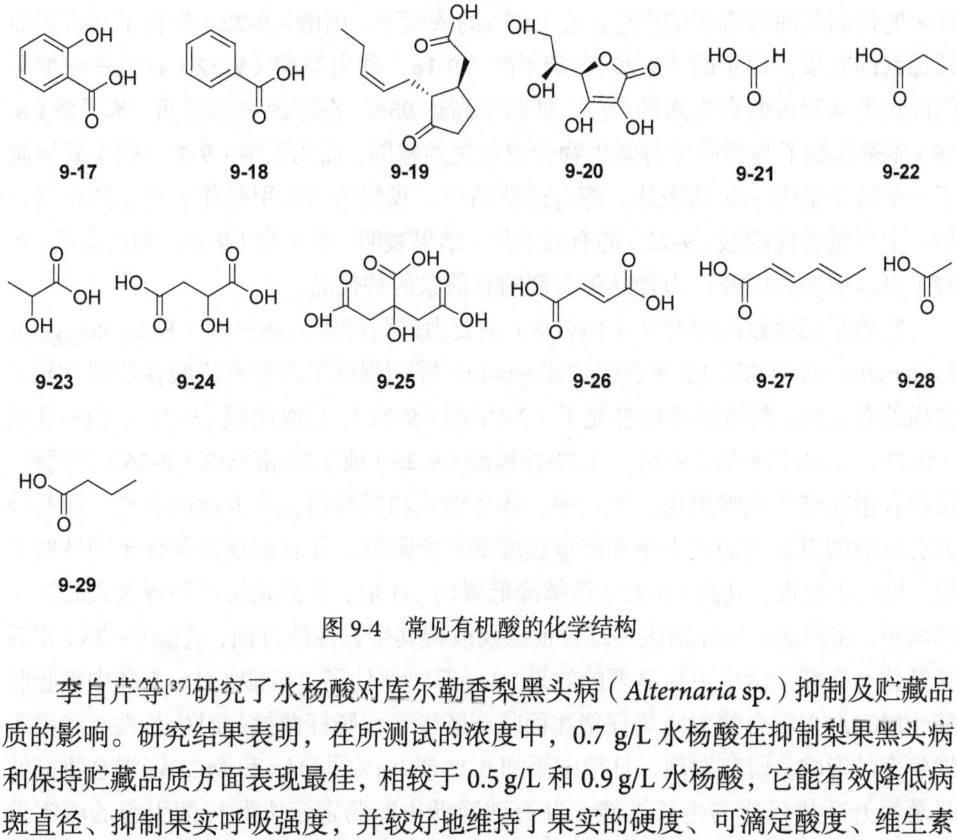

图 9-4　常见有机酸的化学结构

　　李自芹等[37]研究了水杨酸对库尔勒香梨黑头病（*Alternaria* sp.）抑制及贮藏品
质的影响。研究结果表明，在所测试的浓度中，0.7 g/L 水杨酸在抑制梨果黑头病
和保持贮藏品质方面表现最佳，相较于 0.5 g/L 和 0.9 g/L 水杨酸，它能有效降低病
斑直径、抑制果实呼吸强度，并较好地维持了果实的硬度、可滴定酸度、维生素
C 和丙二醛含量。尽管 0.7 g/L 水杨酸处理的可溶性固形物含量与其他处理相比没
有显著差异，但 0.9 g/L 水杨酸对梨果果皮造成了损伤。综合考虑，冷藏环境结合
0.7 g/L 水杨酸处理在抑制库尔勒香梨黑头病和保持贮藏品质方面效果最为显著，
为梨果贮藏保鲜及进一步抑制库尔勒香梨黑头病提供了实验依据。
　　黄曲霉毒素是黄曲霉菌（*Aspergillus flavus*）产生的致癌物质，对人类和动物
的健康构成严重威胁，它们极易受到黄曲霉毒素引发的疾病的影响。Moon 等[38]评
估了 18 种食品添加剂对抗黄曲霉（*A. flavus*）的抗真菌和抗黄曲霉毒素活性。其
中，丙酸（**9-22**）被传统用作食品防腐剂。由于其添加浓度较高（高达 0.3%）和

难闻的气味，人们越来越有兴趣开发丙酸的替代品。丙酸（**9-22**）在 0.5% 的浓度下完全抑制了黄曲霉的生长。此外，当培养基中添加 0.05% 的苯甲酸（**9-18**）、0.1% 的山梨酸（sorbic acid，**9-27**）、0.5% 的乙酸（**9-28**）或 0.5% 的丁酸（**9-29**）（图 9-4）时，也未检测到真菌的生长。与其他食品添加剂相比，丙酸的抗真菌效果相对较弱。然而，丙酸（**9-22**）、丁酸（**9-29**）、苯甲酸（**9-18**）和山梨酸（**9-27**）在 0.1% 的浓度下展现出了显著的抗黄曲霉毒素活性。值得注意的是，0.1% 的乙酸（**9-28**）并未能抑制黄曲霉毒素的产生。在 0.05% 的浓度下，丙酸（**9-22**）失去了其抗黄曲霉毒素的效果，而丁酸（**9-29**）、苯甲酸（**9-18**）和山梨酸（**9-27**）在这一浓度下仍能显著抑制黄曲霉毒素的产生，抑制率高达 95%。在基因表达层面，苯甲酸（**8-18**）显著抑制了与黄曲霉毒素生物合成相关的基因，而山梨酸（**9-27**）则主要抑制了一个转录基因 yab 的表达。综合这些结果，我们认为苯甲酸作为食品防腐剂，是一个有望替代丙酸（**9-22**）的有效选择。结果表明，苯甲酸（**9-18**）和山梨酸（**9-27**）可以被视为丙酸作为食品防腐剂的有前景的替代品。

　　动物断奶后腹泻综合征（PWDS）主要由产肠毒素大肠杆菌（Enterotoxigenic *Escherichia coli*，ETEC）菌株引起。Tsiloyiannis 等[39]测试了六种有机酸在控制 PWDS 方面的有效性，测试组提供补充了 1.2% 甲酸（**9-21**）、1.0% 丙酸（**9-22**）、1.6% 乳酸（**9-23**）、1.2% 苹果酸（**9-24**）、1.5% 柠檬酸（**9-25**）或 1.5% 富马酸（**9-26**）的饲料。比较各组在临床症状出现、死亡率、体重增长和饲料转化率方面的表现。所有补充有机酸的组腹泻的发生率和严重程度都有所降低，并且表现显著优于阴性对照组。进一步发现，乳酸（**9-23**）能够降低胃内 pH 值，从而延缓产肠毒素大肠杆菌的增殖。在控制断奶仔猪腹泻综合征以及改善其生长性能方面，乳酸（**9-23**）相较于其他有机酸显示出更为显著的效果。Lei 等[40]评估了有机酸（OAs）和中链脂肪酸（MCFAs）混合物对断奶仔猪在面临产肠毒素大肠杆菌挑战时生长性能和腹泻发生率的影响。研究发现，日粮中添加 0.2% 或 0.4% 的 OAs 和 MCFAs 混合物能够显著提升断奶仔猪的生长性能，并有效降低由产肠毒素大肠杆菌引起的腹泻发生率。

参 考 文 献

[1]　Feng Y, Zhang Y, Liu C Y, et al. Metabolism, application in the food industry, and enrichment strategies of gamma-aminobutyric acid[J]. Trends in Food Science and Technology, 2024, 154: 104773.

[2]　Yu C, Zeng L, Sheng K, et al. γ-Aminobutyric acid induces resistance against *Penicillium expansum* by priming of defence responses in pear fruit[J]. Food Chemistry, 2014, 159(15): 29-37.

[3]　Yang J L, Sun C, Zhang Y Y, et al. Induced resistance in tomato fruit by γ-aminobutyric acid for the control of *alternaria* rot caused by *Alternaria alternata*[J]. Food Chemistry, 2017, 221: 1014-1020.

[4]　Li W H, Dai M, Wang X R, et al. The PpWRKY22-PpWRKY70 regulatory module enhances resistance to *Monilinia fructicola* by regulating the gamma-aminobutyric acid shunt in peach fruit[J]. Postharvest Biology and Technology, 2025, 220: 113306.

[5]　Fufa B. Anti-bacterial and anti-fungal properties of garlic extract (*Allium sativum*): a review[J]. Microbiology Research Journal International, 2019, 28: 1-5.

[6]　Marchese A, Barbieri R, Sanches-Silva A, et al. Antifungal and antibacterial activities of allicin: A review[J]. Trends in Food Science and Technology, 2016, 52: 49-56.

[7]　Rana S V, Pal R, Vaiphei K, et al. Garlic in health and disease[J]. Nutrition Research Reviews, 2011, 24(1): 60-71.

[8]　Ankri S, Mirelman D. Antimicrobial properties of allicin from garlic[J]. Microbes and Infection, 1999, 1(2): 125-129.

[9]　Cellini L, Di Campli E, Masulli M, et al. Inhibition of Helicobacter pylori by garlic extract (*Allium sativum*)[J]. FEMS Immunology and Medical Microbiology, 1996, 13: 273-277.

[10]　Gonzalez-Fandos E, Garcia-Lopez M L, Sierra M L, et al. Staphylococcal growth and enterotoxins (A-D) and thermonuclease synthesis in the presence of dehydrated garlic[J]. Journal of Applied Bacteriology, 1994, 77: 549-552.

[11]　李明强, 代露露, 韩志俊, 等. 蒜氨酸抗菌机制研究[J]. 世界科学技术-中医药现代化, 2021, 23(5): 1684-1691.

[12]　Davis L E, Shen J, Royer R E. In vitro synergism of concentrated *Allium sativum* extract and amphotericin B against *Cryptococcus neoformans*[J]. Planta Medica, 1994, 60: 546-549.

[13]　Yamada Y, Azuma K. Evaluation of the in vitro antifungal activity of allicin[J]. Antimicrobial Agents and Chemotherapy, 1997, 11: 743-749.

[14]　王焕丽, 张锡宝, 陈兴平. 大蒜素体外抗白念珠菌生物膜作用的初步研究[J]. 中国真菌学杂志, 2010, 5(3): 44-45.

[15]　Piletti R, Zanetti M, Jung G, et al. Microencapsulation of garlic oil by *β*-cyclodextrin as a thermal protection method for antibacterial action[J]. Materials Science and Engineering C, 2019, 94: 139-149.

[16]　Robles-Martíncz M, González J F C, Pérez-Vázquez F J, et al. Antimycotic activity potentiation of *Allium sativum* extract and silver nanoparticles against *Trichophyton rubrum*[J]. Chemistry and Biodiversity, 2019, 16(4): e1800525.

[17]　王琪, 李占臻. 大蒜素对金黄色葡萄球菌引起的奶牛乳房炎的治疗效果[J]. 黑龙江畜牧兽医, 2017, 8: 124-125.

[18]　张伟, 付朝晖, 刘公言, 等. 大蒜及其副产物的主要功效以及在动物生产中的应用[J]. 饲料研究, 2019, 42(1): 126-128.

[19]　Jorge R G, Peres R C, Martínez C C, et al. Effects of dietary supplementation of garlic and oregano essential oil on biomarkers of oxidative status, stress and inflammation in postweaning piglets[J]. Animals (Basel), 2020, 10(11): 2093.

[20]　刘英杰. 大蒜素对鲤鱼生长性能和抗氧化能力的影响[J]. 中兽医学杂志, 2021, 6: 14-16.

[21]　许萍, 黄敏, 廖涛, 等. 大蒜素复配保鲜剂对大口黑鲈保鲜效果的影响[J]. 食品科学技术学报, 2021, 39(4): 148-155.

[22]　赵梅, 刘园园. 大蒜提取液对香菇保鲜效果的影响[J]. 食品科技, 2011, 36(12): 216-218.

[23]　杨光. 大蒜抑菌性抗氧化性及对柑橘保鲜的研究[D]. 南昌: 南昌大学, 2011.

[24] 李燕敏, 许彬, 刘玉平. 异硫氰酸酯类食用香料研究进展[J]. 中国调味品, 2016, 41(7): 157-161.

[25] 孙钰. 天然源苯酞类化合物和异硫氰酸酯类化合物杀菌活性评价及作用机制研究[D]. 兰州: 兰州大学, 2021.

[26] Jang M, Hong E, Kim G H. Evaluation of antibacterial activity of 3-butenyl, 4-pentenyl, 2-phenylethyl, and benzyl isothiocyanate in *Brassica* vegetables[J]. Journal of Food Science, 2010, 75(7): 412-416.

[27] 陈虹霞. 辣根中异硫氰酸酯的制备和生物活性研究[D]. 北京: 中国林业科学研究院, 2009.

[28] Yu H L, Jia W T, Zhao M X, et al. Antifungal mechanism of isothiocyanates against *Cochliobolus heterostrophus*[J]. Pest Management Science, 2022, 78: 5133-5141.

[29] Jia W, Yu H, Fan J, et al. Crucial roles of the high-osmolarity glycerol pathway in the antifungal activity of isothiocyanates against *Cochliobolus heterostrophus*[J]. Journal of Agricultural and Food Chemistry, 2023, 71: 15466-15475.

[30] Mari M, Leoni O, Iori R, et al. Antifungal vapour-phase activity of allyl-isothiocyanate against *Penicillium expansum* on pears[J]. Plant Pathology, 2002, 51(2): 231-236.

[31] Li L Y, Lin Y L, Addo K A, et al. Effect of allyl isothiocyanate on the growth and virulence of *Clostridium perfringens* and its application on cooked pork [J]. Food Research International, 2023, 172: 113110.

[32] Barea-Ramos J D, Rodriguez M J, Calvo P, et al. Inhibition of *Botrytis cinerea* in tomatoes by allyl-isothiocyanate release from black mustard (*Brassica nigra*) seeds and detection by E-nose[J]. Food Chemistry, 2024, 432: 137222.

[33] Wu H, Xue N, Hou C L, et al. Microcapsule preparation of allyl isothiocyanate and its application on mature green tomato preservation[J]. Food Chemistry, 2015, 175(175): 344-349.

[34] 彭超. 山葵和芥子中异硫氰酸酯的抑菌活性成分与微胶囊研究[D]. 广州: 广东工业大学, 2014.

[35] Khan A A, Iqbal Z, Atiq M. Evaluation of organic acids to determine antifungal potential against green mold of citrus (*Kinnow mandrin*) caused by fungus *Penicillium digitatum* (Pers. Fr.) Sacc[J]. Pakistan Journal of Agricultural Research, 2020, 33(1): 47.

[36] 向文娟. 水杨酸结合气调保鲜对宁夏枸杞采后贮藏品质和生理活动影响的研究[D]. 广州: 华南理工大学, 2021.

[37] 李自芹, 郭慧静, 魏晓春, 等. 水杨酸对库尔勒香梨黑头病抑制及贮藏品质的影响[J]. 食品工业科技, 2022, 43 (8): 329-335.

[38] Moon Y S, Kim H M, Chun H S, et al. Organic acids suppress aflatoxin production via lowering expression of aflatoxin biosynthesis-related genes in *Aspergillus flavus*[J]. Food control, 2018, 88: 207-216.

[39] Tsiloyiannis V K, Kyriakis S C, Vlemmas J, et al. The effect of organic acids on the control of porcine post-weaning diarrhea[J]. Research in Veterinary Science, 2001, 70(3): 287-293.

[40] Lei X J, Park J W, Baek D H, et al. Feeding the blend of organic acids and medium chain fatty acids reduces the diarrhea in piglets orally challenged with enterotoxigenic *Escherichia coli* K88[J]. Animal Feed Science and Technology, 2017, 224(2): 46-51.